COMPLÉMENTS

DE

GÉOMÉTRIE MODERNE

COMPLÉMENTS

DE

GÉOMÉTRIE MODERNE

A L'USAGE DES

ÉLÈVES DE MATHÉMATIQUES SPÉCIALES
ET DES CANDIDATS A LA LICENCE ET A L'AGRÉGATION

PAR

Charles MICHEL

DOCTEUR ÈS SCIENCES
PROFESSEUR AU LYCÉE SAINT-LOUIS

PARIS

LIBRAIRIE VUIBERT
BOULEVARD SAINT-GERMAIN, 63

1926

COMPLÉMENTS
DE
GÉOMÉTRIE MODERNE

CHAPITRE I

LES CONIQUES CONSIDÉRÉES COMME COURBES UNICURSALES

1. Soit une conique Γ proprement dite. A, B, C, D étant quatre points fixes de la conique, donnés dans cet ordre, le rapport anharmonique (MA, MB, MC, MD) ou M(ABCD) des quatre droites qui joignent les points A, B, C, D à un point M de cette conique a, d'après un théorème dû à Chasles ([1]), une valeur indépendante de la position de M. Cette valeur est dite *rapport anharmonique des points* A, B, C, D *sur la conique* ; elle se représente par la notation (ABCD), employée aussi pour désigner le rapport anharmonique de quatre points A, B, C, D, donnés dans cet ordre, sur une droite.

2. Soient une conique proprement dite Γ et une droite Δ rencontrant Γ en deux points A et B, que nous supposerons d'abord distincts. O étant un point fixe de Γ autre que A et B, menons la tangente à Γ en O, rencontrant Δ en I. D'une manière générale, M étant un point de Γ et m étant un point de Δ, nous poserons

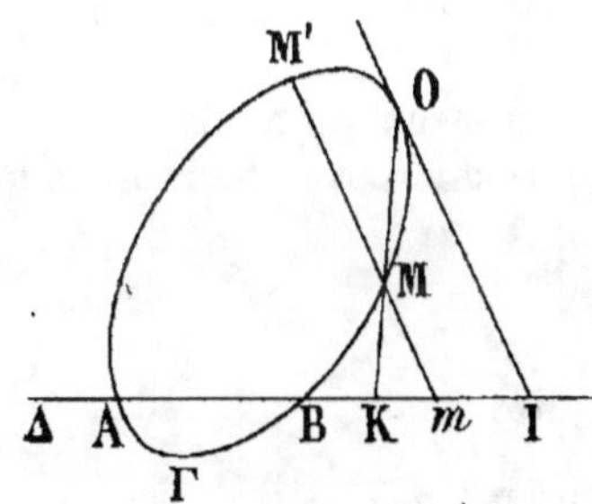

$$R = (ABMO),$$
$$r = (ABmI).$$

Cela posé, on a le théorème suivant :

([1]) Ce théorème est le suivant: *Les droites qui joignent deux points fixes d'une conique proprement dite à un point variable de cette conique sont les rayons homologues de deux faisceaux homographiques.*

Pour que deux points M *et* M′ *de* Γ *et un point* m *de* Δ *soient en ligne droite, il faut et il suffit que l'on ait*

$$RR' = r.$$

1° La condition énoncée est nécessaire. Supposons en effet que les points M, M′ et m soient en ligne droite. Menons la droite OM, qui rencontre Δ en K. On a

$$R = (ABMO) = O(ABMO) = (ABKI)$$

et
$$R' = (ABM'O) = M(ABM'O) = (ABmK).$$

Si, dans une représentation paramétrique linéaire de la droite Δ, a, b, k, μ et ω désignent respectivement les paramètres des points A, B, K, m et I, on a

$$R = (ABKI) = \frac{k-a}{k-b} : \frac{\omega-a}{\omega-b},$$

$$R' = (ABmK) = \frac{\mu-a}{\mu-b} : \frac{k-a}{k-b},$$

et par suite

$$RR' = \left(\frac{k-a}{k-b} : \frac{\omega-a}{\omega-b}\right) \cdot \left(\frac{\mu-a}{\mu-b} : \frac{k-a}{k-b}\right)$$

$$= \frac{\mu-a}{\mu-b} : \frac{\omega-a}{\omega-b} = (ab\mu\omega) = (ABmI) = r.$$

2° La condition énoncée est suffisante. Supposons en effet que M, M′ et m soient tels que l'on ait

$$RR' = r.$$

Menons la droite MM′ (qui sera la tangente en M si M′ est confondu avec M) ; soit m_1 son point d'intersection avec Δ. D'après la proposition directe, on a

$$RR' = r_1 ;$$

on en déduit que l'on a $r = r_1$, c'est-à-dire

$$(ABmI) = (ABm_1I),$$

ce qui exige que m_1 coïncide avec m. La réciproque est donc établie.

3. Applications. — 1° Supposons que la droite MM′ varie en passant par un point fixe m de Δ. Alors RR′ est constant. Soient

K et K′ les points d'intersection de Δ avec OM et OM′. On a

$$R = (ABKI), \quad R' = (ABK'I).$$

Si k et k' sont les paramètres de K et de K′ dans la représentation paramétrique linéaire précédemment considérée de la droite Δ, on a donc

$$\left(\frac{k-a}{k-b} : \frac{\omega-a}{\omega-b}\right) \cdot \left(\frac{k'-a}{k'-b} : \frac{\omega-a}{\omega-b}\right) = \text{const.}$$

et par suite

$$\frac{k-a}{k-b} \cdot \frac{k'-a}{k'-b} = \text{const.}$$

Si l'on fait un changement de représentation paramétrique de Δ en posant

$$\frac{k-a}{k-b} = \theta, \qquad \frac{k'-a}{k'-b} = \theta',$$

la relation précédente devient

$$\theta\theta' = \text{const.}$$

Elle exprime que les points K et K′ se correspondent en involution sur Δ et par suite que les points M et M′ se correspondent en involution sur la conique. C'est le *théorème de Frégier*.

2° Pour que la tangente en M à Γ passe par le point m de Δ, il faut et il suffit que l'on ait

$$R^2 = r,$$

d'où l'on tire

$$R = \pm \sqrt{r}.$$

On voit ainsi que du point m on peut mener deux tangentes à Γ.

Soient M_1 et M_2 les deux points de contact et m' le point d'intersection de la droite M_1M_2 avec Δ. On a

$$(ABM_1O) \cdot (ABM_2O) = -r = -(ABmI).$$

Mais, d'autre part, on a

$$(ABM_1O) \cdot (ABM_2O) = (ABm'I).$$

Par suite, on a

$$(ABm'I) = -(ABmI),$$

ce qui exprime que m' est conjugué harmonique de m par rapport à

A et B. C'est la propriété qui conduit à la définition de la *polaire d'un point par rapport à une conique*.

4. On a le théorème suivant:

Pour que quatre points M_1, M_2, M_3, M_4 *de* Γ, *distincts ou confondus, et deux points* m *et* m' *de* Δ, *distincts ou confondus, soient situés sur une même conique, il faut et il suffit que l'on ait*

$$R_1 R_2 R_3 R_4 = rr'.$$

$1°$ La condition énoncée est nécessaire. Supposons en effet qu'il existe une conique Γ' passant par les six points M_1, M_2, M_3, M_4, m et m'. Le faisceau linéaire ponctuel de coniques qui contient la conique Γ et la conique Γ' contient au moins une conique réduite à deux droites, l'une rencontrant la conique Γ par exemple aux deux points M_1 et M_2, distincts ou confondus, et la droite Δ au point μ, l'autre rencontrant Γ aux deux points M_3 et M_4, distincts ou confondus, et Δ au point μ'. Si l'on pose

$$\rho = (AB\mu I), \qquad \rho' = (AB\mu' I),$$

on a

$$R_1 R_2 = \rho, \qquad R_3 R_4 = \rho'$$

et par suite

$$R_1 R_2 R_3 R_4 = \rho\rho'.$$

Par application du théorème de Desargues[1], les trois couples de points (A, B), (μ, μ') et (m, m') appartiennent à une même involution. Il s'ensuit que l'on a

$$(AB\mu m) = (BA\mu' m').$$

Si, dans une représentation paramétrique linéaire de Δ, a, b, 0, $0'$, t, t' désignent les paramètres des points A, B, μ, μ', m, m' respectivement, et si ω désigne le paramètre du point I, l'égalité précédente s'écrit

$$\frac{0-a}{0-b} : \frac{t-a}{t-b} = \frac{0'-b}{0'-a} : \frac{t'-b}{t'-a},$$

c'est-à-dire

$$\frac{0-a}{0-b} \cdot \frac{0'-a}{0'-b} = \frac{t-a}{t-b} \cdot \frac{t'-a}{t'-b},$$

---

[1] Ce théorème s'énonce ainsi : *Les coniques d'un faisceau linéaire ponctuel sont rencontrées par une droite en des couples de points qui appartiennent à une même involution.*

c'est-à-dire encore

$$\frac{\dfrac{\theta-a}{\theta-b}}{\dfrac{\omega-a}{\omega-b}} \cdot \frac{\dfrac{\theta'-a}{\theta'-b}}{\dfrac{\omega-a}{\omega-b}} = \frac{\dfrac{t-a}{t-b}}{\dfrac{\omega-a}{\omega-b}} \cdot \frac{\dfrac{t'-a}{t'-b}}{\dfrac{\omega-a}{\omega-b}},$$

c'est-à-dire enfin $$\rho\rho' = rr'.$$

On a donc bien $$R_1 R_2 R_3 R_4 = rr'.$$

$2°$ La condition énoncée est suffisante. Supposons en effet que les six points M_1, M_2, M_3, M_4 et m, m' soient tels que l'on ait

$$R_1 R_2 R_3 R_4 = rr'.$$

Il existe une infinité de coniques rencontrant la conique Γ aux points M_1, M_2, M_3, M_4, distincts ou confondus. Ces coniques forment un faisceau linéaire ponctuel, et, parmi elles, il en existe une et une seule qui passe par m. Si m_1' est le second point d'intersection de cette conique avec Δ_1, on a, d'après la proposition directe,

$$R_1 R_2 R_3 R_4 = rr_1';$$

on en déduit que l'on a $r' = r_1'$, c'est-à-dire

$$(ABm'I) = (ABm_1'I),$$

ce qui exige que m_1' coïncide avec m'. La réciproque est donc établie.

5. Applications. — $1°$ Fixons les points m et m' d'intersection de la conique variable Γ' avec Δ et exprimons que Γ' est surosculatrice à Γ. Les points M_1, M_2, M_3, M_4 sont alors confondus en un seul point M, et l'on a

$$R^4 = rr',$$

équation du quatrième degré en R. Donc, *il existe quatre coniques surosculatrices à Γ qui passent par deux points donnés sur une droite Δ rencontrant Γ en deux points distincts.*

L'équation précédente se décompose en les deux suivantes :

$$R^2 = +\sqrt{rr'}, \qquad R^2 = -\sqrt{rr'}.$$

Les deux points M' et M_1' dont les R sont racines de la première équation sont sur la polaire du point ν' de la droite Δ tel que l'on ait

$$(AB\nu'I) = +\sqrt{rr'},$$

et les deux points M'' et M''_1 dont les R sont racines de la seconde équation sont sur la polaire du point v'' de Δ tel que l'on ait

$$(ABv''I) = -\sqrt{rr'}.$$

Ces deux points v' et v'' sont conjugués harmoniques par rapport aux points A et B, et ils sont aussi conjugués harmoniques par rapport aux points m et m'.

En particulier, supposons que la conique Γ soit une conique à centre et que les points m et m' soient les points cycliques. Les quatre coniques Γ' précédentes sont alors des cercles. Les points v' et v'' sont les points à l'infini qui correspondent aux directions principales de Γ ; leurs polaires par rapport à Γ sont les axes de Γ. *Il existe donc quatre cercles surosculateurs à Γ, et les points de contact avec Γ sont les sommets de Γ.*

$2°$ Fixons les points m et m' d'intersection de la conique variable Γ' avec Δ, puis exprimons que Γ' passe par un point M_1 de Γ et est osculatrice à Γ en un point M autre que M_1. Les trois points M_2, M_3, M_4 sont alors confondus en un seul point M, et l'on a

$$R^3 = \frac{rr'}{R_1},$$

équation du troisième degré en R. Donc, *il existe trois coniques passant par un point donné de Γ, osculatrices en un autre point à Γ, et passant par deux points donnés sur une droite Δ qui rencontre Γ en deux points distincts.*

Si R', R'', R''' sont les racines de l'équation en R, on a

$$R'R''R''' = \frac{rr'}{R_1},$$

c'est-à-dire $\qquad R_1R'R''R''' = rr',$

ce qui exprime que les trois points de contact avec Γ des coniques Γ' précédentes sont sur une même conique avec les points M_1, m et m'.

En particulier, supposons que la conique Γ soit une conique à centre et que les points m et m' soient les points cycliques. Les trois coniques Γ' précédentes sont alors des cercles. On voit ainsi que *par un point d'une conique à centre il passe trois cercles osculateurs à cette conique en des points autres que le point donné et que les trois points de contact sont situés sur un cercle qui passe par le point donné.*

6. Voici des formes particulières de la relation établie au § 4

entre les points d'intersection d'une conique variable avec une conique fixe et avec une droite fixe, lorsque cette conique et cette droite se coupent en deux points distincts.

1° Supposons que A et B soient les points cycliques. Alors, la conique Γ est un cercle et la droite Δ est la droite à l'infini. Si V est l'angle, défini à un multiple de π près, de la tangente en O à Γ avec la droite qui joint le point O au point M de Γ, on a, d'après un théorème dû à Laguerre,

$$R = e^{2iV}.$$

De même, v étant l'angle de la tangente en O à Γ avec la droite qui joint le point O au point m de la droite Δ, on a

$$r = e^{2iv}.$$

La relation considérée devient alors

$$V_1 + V_2 + V_3 + V_4 = v + v',$$

à un multiple de π près.

2° Supposons que Γ soit une ellipse et que Δ soit la droite à l'infini. Les points A et B sont alors imaginaires conjugués. Prenons sur l'ellipse comme point O une extrémité du grand axe et par suite comme point I le point à l'infini du petit axe. Si M est un point réel de l'ellipse, R est le quotient de deux imaginaires conjuguées, c'est une imaginaire de module 1, qui peut être mise sous la forme $e^{i\varphi}$, φ étant réel et défini à un multiple de 2π près. Montrons que φ est égal à l'anomalie excentrique du point M. Soit en effet P le point du cercle principal de l'ellipse qui est situé sur la perpendiculaire au grand axe menée par M et qui est du même côté que M par rapport au grand axe. Dans la transformation de P en M, le point O se transforme en lui-même, et les points cycliques se transforment en les points A et B. Le rapport anharmonique R des points A, B, M, O sur l'ellipse est égal au rapport anharmonique formé sur le cercle par les points cycliques, le point P et le point O. Si θ est l'angle

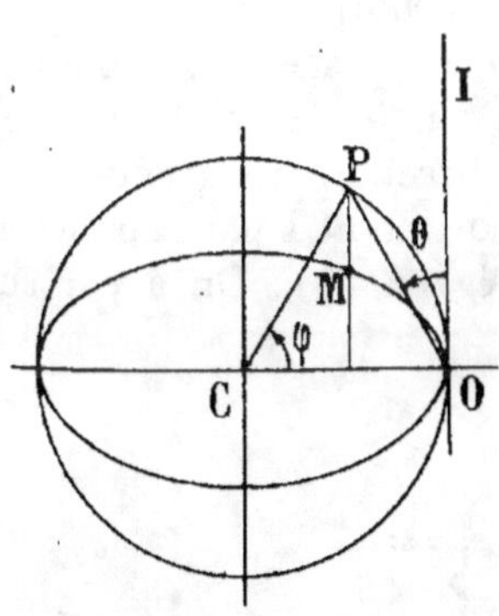

de la tangente en O avec la droite OP, R est égal à $e^{2i\theta}$; par suite,
on a

$$\varphi = 2\theta,$$

à un multiple de 2π près. On voit alors bien facilement que si C
est le centre de l'ellipse, φ est, à un multiple de 2π près, l'angle de
la demi-droite CO avec la demi-droite CP. On reconnaît la définition ordinaire de l'anomalie excentrique d'un point d'une ellipse.

Cela posé, cherchons la condition nécessaire et suffisante pour
que quatre points M_1, M_2, M_3, M_4 d'une ellipse, d'anomalies excentriques φ_1, φ_2, φ_3, φ_4, soient sur un même cercle. Comme un cercle
variable rencontre la droite à l'infini en deux points fixes, le pro-
duit $e^{i\varphi_1}.e^{i\varphi_2}.e^{i\varphi_3}.e^{i\varphi_4}$ a une valeur constante, et il en est de même de
la somme $\varphi_1 + \varphi_2 + \varphi_3 + \varphi_4$, à un multiple de 2π près. En particulier, considérons le cercle principal, qui touche l'ellipse aux deux
points d'anomalies excentriques 0 et π ; pour ce cercle, la somme
des φ relatifs aux points de rencontre avec l'ellipse est égale à 0, à
un multiple de 2π près. Donc, lorsque le cercle est quelconque,
on a la relation

$$\varphi_1 + \varphi_2 + \varphi_3 + \varphi_4 = 0,$$

à un multiple de 2π près ; c'est la condition nécessaire et suffisante
cherchée.

3° Cherchons la condition nécessaire et suffisante pour que
quatre points M_1, M_2, M_3, M_4 d'une ellipse, d'anomalies φ_1, φ_2, φ_3, φ_4,
soient sur une hyperbole équilatère dont les asymptotes sont paral-
lèles aux axes de l'ellipse. Un point de rencontre d'une telle hyperbole équilatère avec la droite à l'infini Δ est justement le point I à
l'infini de la tangente en O à l'ellipse Γ ; pour ce point, r est égal
à 1. Pour le point à l'infini dans la direction du grand axe de
l'ellipse, qui est conjugué harmonique du point I par rapport aux
points à l'infini A et B de l'ellipse, r est égal à -1. On a par suite
la relation

$$e^{i\varphi_1} \cdot e^{i\varphi_2} \cdot e^{i\varphi_3} \cdot e^{i\varphi_4} = -1,$$

c'est-à-dire

$$\varphi_1 + \varphi_2 + \varphi_3 + \varphi_4 = \pi,$$

à un multiple de 2π près ; c'est la condition nécessaire et suffisante
cherchée.

Considérons une hyperbole équilatère dont les asymptotes sont
parallèles aux axes de l'ellipse ; soient φ_1, φ_2, φ_3, φ_4 les anomalies
des quatre points de rencontre de cette hyperbole avec l'ellipse. Le

cercle qui passe par les trois points d'anomalies φ_1, φ_2, φ_3 rencontre l'ellipse en un quatrième point d'anomalie φ_4'. D'après ce qui précède, on a à la fois

$$\varphi_1 + \varphi_2 + \varphi_3 + \varphi_4 = \pi,$$
$$\varphi_1 + \varphi_2 + \varphi_3 + \varphi_4' = 0,$$

à un multiple de 2π près. Donc on a

$$\varphi_4 = \pi + \varphi_4',$$

à un multiple de 2π près. Les deux points d'anomalies φ_4 et φ sont donc diamétralement opposés sur l'ellipse.

Donc, *si l'on coupe une ellipse par une hyperbole équilatère dont les asymptotes sont parallèles aux axes de l'ellipse, trois des points d'intersection et le point de l'ellipse diamétralement opposé au quatrième sont sur un même cercle.*

4° Cherchons aussi la condition nécessaire et suffisante pour que

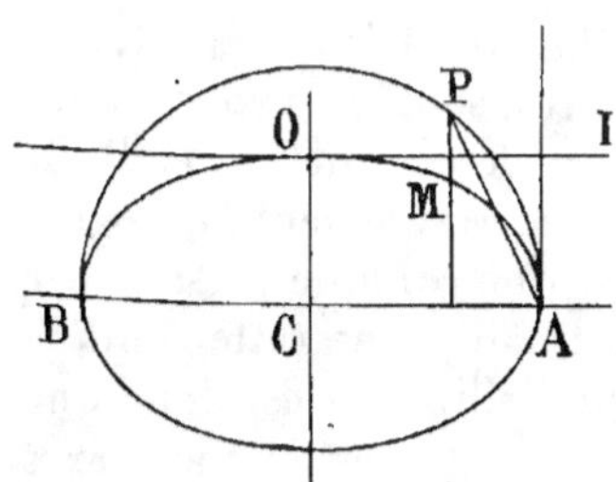

quatre points M_1, M_2, M_3, M_4 d'une ellipse, d'anomalies φ_1, φ_2, φ_3, φ_4, soient sur une conique passant par le centre C de l'ellipse et par le point à l'infini dans la direction du grand axe. Soient A et B les extrémités du grand axe, A étant d'anomalie 0, B, d'anomalie π. Si P est le point du cercle principal de l'ellipse qui est situé sur la perpendiculaire au grand axe menée par le point M de l'ellipse, d'anomalie φ, et qui est du même côté que M par rapport au grand axe, nous avons vu que l'angle de la tangente en A avec la droite AP est égal à $\dfrac{\varphi}{2}$, à un multiple de π près. Il en résulte que, si O est le point de l'ellipse qui a pour anomalie $\dfrac{\pi}{2}$, lequel point est une extrémité du petit axe, le rapport anharmonique R des quatre points A, B, M, O est égal à $\left(0, \infty, \operatorname{tg}\dfrac{\varphi}{2}, 1\right)$, c'est-à-dire à $\operatorname{tg}\dfrac{\varphi}{2}$.

Le point I est à l'infini. Le rapport anharmonique (ABII) est égal à 1, et le rapport anharmonique (ABCI) est égal à -1. La condition cherchée est donc

$$\operatorname{tg}\frac{\varphi_1}{2} \cdot \operatorname{tg}\frac{\varphi_2}{2} \cdot \operatorname{tg}\frac{\varphi_3}{2} \cdot \operatorname{tg}\frac{\varphi_4}{2} = -1.$$

Posons, d'une manière générale, $\operatorname{tg} \dfrac{\varphi}{2} = t$. La relation devient

$$t_1 t_2 t_3 t_4 = -1.$$

5° Voici une application de ce qui précède aux normales à l'ellipse.

Cherchons d'abord le lieu d'un point M tel que la polaire de ce point par rapport à l'ellipse soit perpendiculaire à la droite qui joint le point M à un point donné P.

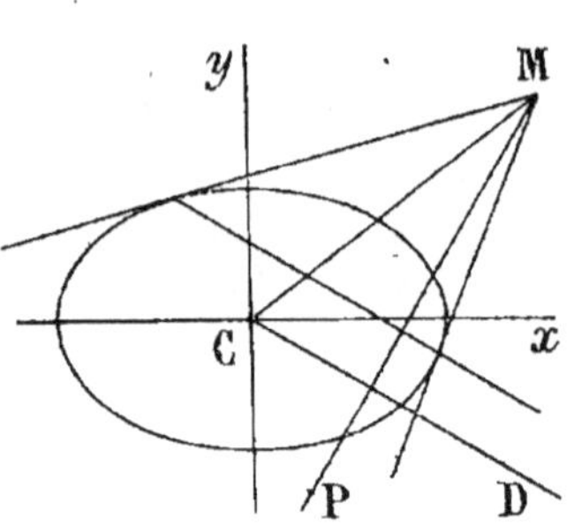

Menons pour cela par le centre C de l'ellipse la parallèle D à la polaire de M. Comme l'on sait, les deux droites CM et D sont deux diamètres conjugués de l'ellipse ; elles sont conjuguées harmoniques par rapport aux asymptotes de l'ellipse, et par suite elles se correspondent involutivement. D'autre part, les deux droites D et PM, qui sont rectangulaires, sont les rayons homologues de deux faisceaux homographiques, de sommets C et P. Il s'ensuit que les deux droites MC et MP se correspondent homographiquement, et que le lieu du point M est une conique passant par les points C et P ([1]). Il est facile de reconnaître que cette conique passe par les points à l'infini des axes de l'ellipse ; c'est donc une hyperbole équilatère H dont les asymptotes sont parallèles aux axes de l'ellipse ; on la désigne sous le nom d'*hyperbole d'Apollonius relative au point* P.

La polaire d'un point de l'ellipse étant la tangente en ce point, on voit que pour qu'un point de l'ellipse soit situé sur l'hyperbole H, il faut et il suffit que la normale en ce point à l'ellipse passe par P. L'hyperbole H rencontrant l'ellipse en quatre points, on a le théorème suivant :

Par un point P *il passe quatre normales à l'ellipse* Γ ; *les pieds de ces quatre normales sont situés sur une hyperbole* H *passant par* P, *par le centre de l'ellipse et par les points à l'infini des axes de l'ellipse.*

Cela posé, soient φ_1, φ_2, φ_3, φ_4 les anomalies des pieds M_1, M_2, M_3,

---

([1]) Chasles a démontré le théorème suivant : *Le lieu du point de rencontre des rayons homologues de deux faisceaux homographiques de sommets distincts* O *et* O′ *est une conique passant par les points* O *et* O′.

M_4 des quatre normales menées de P à l'ellipse Γ. Puisque ces points sont situés sur une hyperbole dont les asymptotes sont parallèles aux axes de l'ellipse, on a

$$\varphi_1 + \varphi_2 + \varphi_3 + \varphi_4 = \pi,$$

à $2k\pi$ près, k étant entier, c'est-à-dire

$$\frac{\varphi_1}{2} + \frac{\varphi_2}{2} + \frac{\varphi_3}{2} + \frac{\varphi_4}{2} = \frac{\pi}{2},$$

à $k\pi$ près ; autrement dit, $\operatorname{tg}\left(\dfrac{\varphi_1}{2} + \dfrac{\varphi_2}{2} + \dfrac{\varphi_3}{2} + \dfrac{\varphi_4}{2}\right)$ est infini. En posant, d'une manière générale, $\operatorname{tg}\dfrac{\varphi}{2} = t$, on a donc

$$1 - \Sigma t_1 t_2 + t_1 t_2 t_3 t_4 = 0.$$

D'autre part, puisque les points M_1, M_2, M_3, M_4 sont situés sur une conique passant par le centre de l'ellipse et par le point à l'infini du grand axe de l'ellipse, on a

$$t_1 t_2 t_3 t_4 = -1.$$

Grâce à cette seconde relation, la première peut s'écrire

$$\Sigma t_1 t_2 = 0.$$

On obtient ainsi deux conditions nécessaires et suffisantes pour que les normales en quatre points d'une ellipse concourent en un même point.

L'équation aux t des pieds des normales menées d'un point à une ellipse est de la forme

$$A t^4 + B t^3 + C t - A = 0.$$

D'ailleurs, si φ_1, φ_2, φ_3, φ_4 sont les anomalies des quatre points de rencontre de l'ellipse avec un cercle, on a

$$\operatorname{tg}\left(\frac{\varphi_1}{2} + \frac{\varphi_2}{2} + \frac{\varphi_3}{2} + \frac{\varphi_4}{2}\right) = 0,$$

et par suite $\qquad \Sigma t_1 = \Sigma t_1 t_2 t_3.$

L'équation aux t des points de rencontre d'une ellipse avec un cercle est de la forme

$$A t^4 + B t^3 + C t^2 + B t + D = 0.$$

De ce qui précède résulte le théorème suivant, dû à Joachimsthal :

Les pieds de trois des normales qu'on peut mener d'un point à une ellipse et le symétrique par rapport au centre de l'ellipse du pied de la quatrième normale sont situés sur un même cercle.

7. Dans ce qui précède, nous avons supposé que la droite Δ rencontrait la conique Γ en deux points distincts. Supposons maintenant

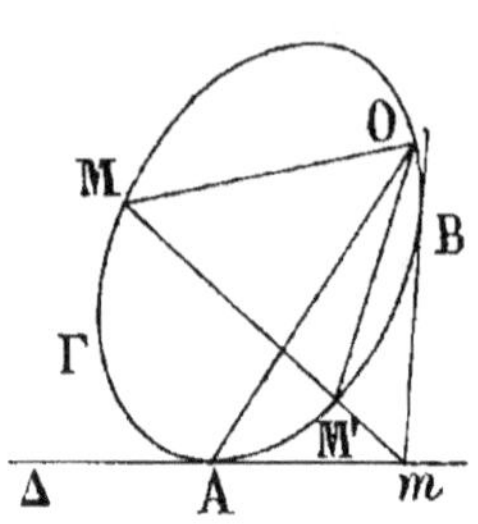

que Δ soit tangente à Γ en un point A, et proposons-nous d'établir une condition nécessaire et suffisante pour que quatre points de Γ et deux points de Δ soient situés sur une même conique. A cet effet, nous ferons correspondre à chaque point M de Γ un paramètre λ qui représente linéairement la droite OM autour du point O.

Considérons d'abord une droite rencontrant Γ en M et M' et Δ en m. Si la droite varie de façon que m reste fixe, d'après le théorème de Frégier, les droites OM et OM' se correspondent en involution. L'un des rayons doubles de l'involution est la droite OA, l'autre rayon double est la droite qui joint le point O au point de contact B de la seconde tangente menée de m à Γ. Si λ et λ' sont les paramètres de M et de M', α le paramètre de A et μ celui de B, on a l'égalité

$$\frac{1}{\lambda - \alpha} + \frac{1}{\lambda' - \alpha} = \frac{2}{\mu - \alpha}.$$

Cela posé, considérons une conique quelconque Γ' rencontrant Γ aux quatre points, distincts ou confondus, M_1, M_2, M_3, M_4 et la droite Δ aux points, distincts ou confondus, m et m'. Soient μ et μ' les paramètres des points de contact B et B' des secondes tangentes menées de m et de m' à la conique Γ. Si m et m' varient sur Δ dans une involution ayant A pour point double, le point de rencontre des tangentes en B et B' à Γ, en vertu du théorème corrélatif du théorème de Frégier, décrit une droite, et la droite BB' passe par un point fixe, pôle de cette droite par rapport à la conique Γ. Le couple des points B et B' varie donc en involution sur Γ ; d'ailleurs, A est un point double de l'involution ; par suite, la somme

$$\frac{1}{\mu - \alpha} + \frac{1}{\mu' - \alpha}$$

est constante.

Le faisceau linéaire ponctuel de coniques qui contient Γ et Γ' contient au moins une conique réduite à deux droites, l'une rencontrant Γ par exemple aux deux points M_1 et M_2 et la droite Δ au point m_1, l'autre rencontrant Γ aux deux points M_3 et M_4 et la droite Δ au point m_1'. Soient μ_1 et μ_1' les paramètres des points de contact B_1 et B_1' des secondes tangentes menées de m_1 et de m_1' à Γ. On a

$$\frac{1}{\lambda_1 - \alpha} + \frac{1}{\lambda_2 - \alpha} = \frac{2}{\mu_1 - \alpha}, \qquad \frac{1}{\lambda_3 - \alpha} + \frac{1}{\lambda_4 - \alpha} = \frac{2}{\mu_1' - \alpha}$$

et par suite

$$\frac{1}{\lambda_1 - \alpha} + \frac{1}{\lambda_2 - \alpha} + \frac{1}{\lambda_3 - \alpha} + \frac{1}{\lambda_4 - \alpha} = \frac{2}{\mu_1 - \alpha} + \frac{2}{\mu_1' - \alpha}.$$

Or, d'après le théorème de Desargues, les couples $(m,\ m')$ et $(m_1,\ m_1')$ définissent sur Δ une involution dont un point double est A ; donc, d'après ce qui précède, on a

$$\frac{1}{\mu_1 - \alpha} + \frac{1}{\mu_1' - \alpha} = \frac{1}{\mu - \alpha} + \frac{1}{\mu' - \alpha}.$$

On a finalement la condition nécessaire

$$\frac{1}{\lambda_1 - \alpha} + \frac{1}{\lambda_2 - \alpha} + \frac{1}{\lambda_3 - \alpha} + \frac{1}{\lambda_4 - \alpha} = \frac{2}{\mu - \alpha} + \frac{2}{\mu' - \alpha}.$$

Montrons que cette condition est suffisante. Supposons en effet que quatre points M_1, M_2, M_3, M_4 de Γ et deux points m et m' de Δ soient tels que la relation précédente ait lieu. Il existe une infinité de coniques rencontrant Γ aux points, distincts ou confondus, M_1, M_2, M_3, M_4. Les coniques forment un faisceau linéaire ponctuel, et, parmi elles, il en existe une et une seule qui passe par m. Si m'' est le second point d'intersection de cette conique avec Δ, en désignant par μ'' le paramètre du point B'' de contact de la seconde tangente menée de m'' à Γ, on a, d'après la proposition directe,

$$\frac{1}{\lambda_1 - \alpha} + \frac{1}{\lambda_2 - \alpha} + \frac{1}{\lambda_3 - \alpha} + \frac{1}{\lambda_4 - \alpha} = \frac{2}{\mu - \alpha} + \frac{2}{\mu'' - \alpha},$$

d'où

$$\frac{2}{\mu'' - \alpha} = \frac{2}{\mu' - \alpha},$$

c'est-à-dire $\mu'' = \mu'$, ce qui exige que m'' coïncide avec m'. La réciproque est donc établie.

Pour interpréter la condition trouvée, nous introduirons une notion nouvelle. D'une manière générale, nous appellerons *pôle harmonique* d'un point, de paramètre α, sur une courbe unicursale, par rapport à un système de points $M_1, M_2, \ldots, M_n$ situés sur cette courbe, de paramètres $\lambda_1, \lambda_2, \ldots, \lambda_n$, le point P de cette courbe dont le paramètre μ est défini par l'égalité

$$\frac{n}{\mu - \alpha} = \frac{1}{\lambda_1 - \alpha} + \frac{1}{\lambda_2 - \alpha} + \cdots + \frac{1}{\lambda_n - \alpha}.$$

Il est nécessaire de démontrer que la définition est indépendante de la représentation paramétrique, supposée propre, de la courbe unicursale, c'est-à-dire que la relation précédente subsiste si l'on effectue sur les paramètres $\lambda_1, \lambda_2, \ldots, \lambda_n, \mu$ et α une même transformation homographique. Or, comme on sait, une transformation homographique quelconque est le produit de transformations prises parmi les transformations homographiques, dites, élémentaires, $\lambda' = \lambda + h$, $\lambda' = h\lambda$, $\lambda' = \dfrac{1}{\lambda}$. On voit immédiatement que la relation considérée ne change pas de forme quand on effectue chacune des deux premières transformations homographiques élémentaires. Il reste à voir que c'est encore vrai quand on effectue la transformation $\lambda' = \dfrac{1}{\lambda}$. Or, en posant

$$\lambda_i = \frac{1}{\lambda'_i}, \qquad \mu = \frac{1}{\mu'}, \qquad \alpha = \frac{1}{\alpha'},$$

on a

$$\frac{n}{\dfrac{1}{\mu'} - \dfrac{1}{\alpha'}} = \frac{1}{\dfrac{1}{\lambda'_1} - \dfrac{1}{\alpha'}} + \cdots + \frac{1}{\dfrac{1}{\lambda'_n} - \dfrac{1}{\alpha'}},$$

c'est-à-dire, en simplifiant,

$$\frac{n\mu'}{\mu' - \alpha'} = \frac{\lambda'_1}{\lambda'_1 - \alpha'} + \cdots + \frac{\lambda'_n}{\lambda'_n - \alpha'}.$$

Mais on a

$$\frac{\mu'}{\mu' - \alpha'} = \frac{\alpha'}{\mu' - \alpha'} + 1, \qquad \frac{\lambda'_1}{\lambda'_1 - \alpha'} = \frac{\alpha'}{\lambda'_1 - \alpha'} + 1, \qquad \cdots$$

On voit bien ainsi que la relation se réduit à

$$\frac{n}{\mu' - \alpha'} = \frac{1}{\lambda_1' - \alpha'} + \cdots + \frac{1}{\lambda_n' - \alpha'}.$$

Le raisonnement suppose que α et α' sont finis. Si α, par exemple, est infini, il convient de remplacer la relation qui définit le pôle harmonique par la relation

$$n\mu = \lambda_1 + \lambda_2 + \cdots + \lambda_n,$$

comme on le reconnaît en faisant, dans ce qui précède, $\alpha' = 0$.

En particulier, si le système des points M se réduit à deux points, le pôle harmonique de A par rapport aux deux points M est le conjugué harmonique de A par rapport à ces deux points.

La relation précédemment établie entre les points de rencontre de Γ et de Δ avec une conique variable conduit ainsi au théorème suivant :

Étant données une conique Γ et une droite Δ tangentes en A, pour que quatre points M_1, M_2, M_3, M_4 de Γ et deux points m et m' de Δ soient situés sur une même conique, il faut et il suffit que le pôle harmonique de A par rapport au système des points M_1, M_2, M_3, M_4 soit conjugué harmonique de A par rapport aux points de contact avec Γ des secondes tangentes menées à Γ par les points m et m'.

Par dualité, appelons *polaire harmonique* d'une tangente à une courbe unicursale, de paramètre α, par rapport à un système de tangentes à cette courbe, de paramètres λ_1, λ_2, ..., λ_n, la tangente à la courbe dont le paramètre μ est défini par l'égalité

$$\frac{n}{\mu - \alpha} = \frac{1}{\lambda_1 - \alpha} + \cdots + \frac{1}{\lambda_n - \alpha}.$$

D'après cette définition, le point de contact de la polaire harmonique est le pôle harmonique du point de contact de la tangente de paramètre α par rapport au système des points de contact des tangentes de paramètres λ_1, λ_2, ..., λ_n.

Remarquons que la définition s'applique à l'ensemble des droites qui passent par un point. On a, en outre, dans ce cas, le théorème suivant, qui est immédiat :

Soient n droites concourantes D_1, D_2, ..., D_n, une droite Δ passant par leur point de concours, et la polaire harmonique Δ' de Δ par rapport aux droites D_1, D_2, ..., D_n. Si on coupe ces droites concourantes par une droite quelconque L ne passant pas par leur point commun, le point d'intersection avec Δ a pour pôle harmonique par rapport aux points d'intersection avec D_1, D_2, ..., D_n le point d'intersection avec Δ'.

Cela posé, on a, par dualité, le théorème suivant :

Étant donnés une conique Γ et un point A de cette conique, pour que quatre tangentes T_1, T_2, T_3, T_4 à Γ et deux droites t et t' menées par A soient tangentes à une même conique, il faut et il suffit que le pôle harmonique de A par rapport aux points de contact de T_1, T_2, T_3, T_4 soit conjugué harmonique de A par rapport aux points autres que A d'intersection de Γ avec les droites t et t'.

8. Applications. — 1° Remarquons que le pôle harmonique du point à l'infini d'une droite par rapport à un système de points de cette droite est le centre des moyennes distances de ces points. Cela posé, supposons, dans le premier théorème général établi au paragraphe précédent, que les points m et m' soient les points cycliques ; la conique Γ est alors une parabole et la conique variable, un cercle. Le conjugué harmonique du point à l'infini de la parabole par rapport aux points de contact des tangentes isotropes est, par raison de symétrie, le sommet de cette parabole. Donc, on a le théorème suivant :

Pour que quatre points d'une parabole soient situés sur un même cercle, il faut et il suffit que leur centre des moyennes distances soit situé sur l'axe de la parabole.

2° Supposons, dans le second théorème général établi au paragraphe précédent, que Γ soit une parabole et que A soit son point de contact avec la droite à l'infini. On obtient alors l'énoncé suivant :

Le centre des moyennes distances des points de contact avec une parabole des tangentes communes à cette parabole et à une conique de centre C est sur la parallèle à l'axe de la parabole menée par le point C.

9. La relation entre les six points de rencontre d'une conique variable avec une conique fixe Γ et avec une droite fixe Δ est illusoire si la conique variable passe par un point commun à Γ et à Δ.

Nous nous bornerons au cas où la conique Γ et la droite Δ sont tangentes en un point A. Considérons une conique variable passant par A et y admettant une tangente fixe, autre que Δ. Elle rencontre Γ en trois points variables M_1, M_2, M_3 et Δ en un point variable m. Les quatre points M_1, M_2, M_3 et m sont liés par une relation que nous nous proposons d'établir.

Prenons d'abord une conique variable rencontrant Δ en un point m' infiniment voisin de A et en un autre point m, rencontrant Γ en un point M_4 infiniment voisin de A et en trois autres points M_1, M_2, M_3. Reprenant les notations antérieurement définies, nous avons l'égalité·

$$\frac{1}{\lambda_1 - \alpha} + \frac{1}{\lambda_2 - \alpha} + \frac{1}{\lambda_3 - \alpha} + \frac{1}{\lambda_4 - \alpha} = \frac{2}{\mu - \alpha} + \frac{2}{\mu' - \alpha}$$

Soit M' le point de rencontre autre que M_4 de la droite $m'M_4$ avec Γ; si λ' est son paramètre, on a

$$\frac{1}{\lambda_4 - \alpha} + \frac{1}{\lambda' - \alpha} = \frac{2}{\mu' - \alpha}.$$

Par soustraction membre à membre des deux égalités précédentes, on obtient

$$\frac{1}{\lambda_1 - \alpha} + \frac{1}{\lambda_2 - \alpha} + \frac{1}{\lambda_3 - \alpha} - \frac{1}{\lambda' - \alpha} = \frac{2}{\mu - \alpha}.$$

A la limite, quand M_4 et m' sont confondus avec A, M' devient le point de rencontre, autre que A, de la tangente en A à la conique variable avec la conique Γ, et la relation précédente conserve un sens.

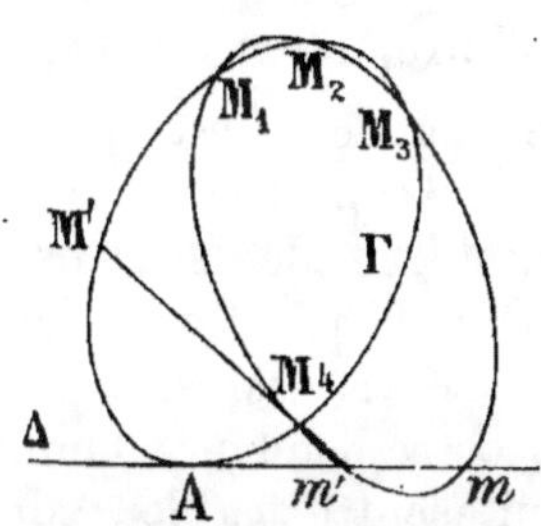

En particulier, supposons que la droite Δ soit à l'infini; la conique Γ est alors une parabole. Coupons cette parabole par une hyperbole équilatère variable ayant comme asymptote l'axe de la parabole. M' est par suite le sommet de la parabole, et c'est aussi le point de contact de la tangente autre que la droite à l'infini menée de m à la parabole. Donc, $\lambda' = \mu$ et la relation devient

$$\frac{1}{\lambda_1 - \alpha} + \frac{1}{\lambda_2 - \alpha} + \frac{1}{\lambda_3 - \alpha} = \frac{3}{\mu - \alpha}.$$

Elle exprime que le pôle harmonique du point à l'infini de la parabole par rapport au système des trois points de rencontre à distance finie de la parabole avec l'hyperbole coïncide avec le som-

met de la parabole ; par suite, le centre de gravité du triangle ayant
pour sommets ces trois points est sur l'axe de la parabole.

Voici l'application qu'on peut faire de ce résultat aux normales
à la parabole. Cherchons d'abord le lieu d'un point M tel que la

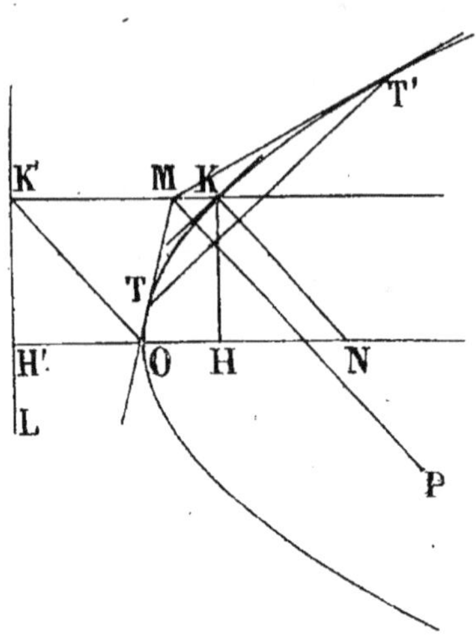

polaire de ce point par rapport à
la parabole soit perpendiculaire à
la droite qui joint le point M à
un point donné P. Menons pour
cela la parallèle à l'axe de la parabole qui passe par M ; elle rencontre la parabole en un point K,
en lequel la tangente est parallèle à la polaire de M et par suite
perpendiculaire à MP. Soient H
la projection de K sur l'axe, N le
point de rencontre avec l'axe de
la normale en K. Comme on sait,
HN est égal au paramètre de la
parabole. Menons par le sommet
O de la parabole la parallèle à MP
et à KN, rencontrant la droite MK
en K' ; si H' est la projection de K' sur l'axe, les deux triangles
K'H'O et KHN se déduisent l'un de l'autre par translation ;
comme $\overrightarrow{HN}$ est équipollent à un vecteur fixe, il en est de même
de $\overrightarrow{H'O}$, et ainsi le point H' est fixe, le lieu de K' est une droite
L perpendiculaire à l'axe de la parabole. D'après cela, la droite
OK' et la droite MK sont les rayons homologues de deux faisceaux
homographiques ayant pour sommets O et le point à l'infini sur
l'axe de la parabole. Comme les droites OK' et PM se déduisent
l'une de l'autre par translation, il y a correspondance homographique entre ces deux droites et par suite entre les deux droites
PM et MK. Le lieu du point M est donc une conique passant par
le point P et par le point à l'infini sur l'axe de la parabole. Ce
dernier point s'obtient dans la génération du lieu en supposant que
la droite PM devienne parallèle à l'axe de la parabole ; alors, K vient
en O, la droite MK coïncide avec l'axe de la parabole, et ainsi, on
voit que l'axe de la parabole est asymptote à la conique trouvée.
D'autre part, il est facile de reconnaître que le point à l'infini dans
la direction perpendiculaire à l'axe de la parabole est un point du
lieu ; le lieu est donc une hyperbole équilatère asymptote à l'axe de
la parabole, dite *hyperbole d'Apollonius relative au point* P.

D'après cela, on a les théorèmes suivants :

1° *Pour que les normales à la parabole en trois points de la parabole soient concourantes, il faut et il suffit que le centre de gravité du triangle ayant pour sommets ces trois points soit sur l'axe de la parabole.*

2° *Pour que les normales à la parabole en trois points de cette parabole soient concourantes, il faut et il suffit que le cercle circonscrit au triangle qui a pour sommets ces trois points passe par le sommet de la parabole.*

CHAPITRE II

TRIANGLES CONJUGUÉS,
TRIANGLES INSCRITS ET TRIANGLES CIRCONSCRITS
AUX CONIQUES

---

1. On dit qu'un triangle est *conjugué* par rapport à une conique si la polaire de chacun de ses sommets coïncide avec le côté opposé et si, par le fait même, le pôle de chacun de ses côtés coïncide avec le sommet opposé. Deux quelconques des sommets sont conjugués par rapport à la conique, et il en est de même de deux quelconques des côtés.

Théorème. — *Les six sommets de deux triangles conjugués par rapport à une conique sont situés sur une même conique* ([1]).

Soient deux triangles ABC et A'B'C' conjugués par rapport à une conique Γ. Les coniques qui passent par les quatre points A, B, C, A' forment un faisceau linéaire ponctuel, et, d'après le théorème de Desargues, elles rencontrent la droite B'C' en des couples de points qui font partie d'une même involution. En particulier, la conique formée par les deux droites A'B et AC et la conique formée par les deux droites A'C et AB rencontrent B'C' en deux couples de points M, N et M', N' qui appartiennent à cette involution. Or, les points M et N sont conjugués par rapport à Γ, ainsi que les points M' et N'. Par suite, l'involution précédente a deux couples communs avec l'involution formée par les couples de points situés sur B'C' et conjugués par rapport à Γ; elle coïncide donc avec cette involution et contient ainsi le couple des points B' et C'; autrement dit, il existe une conique passant par A, B, C, A' et passant par B' et C'. Le théorème est démontré.

Remarquons qu'il peut arriver que la conique passant par les

([1]) Ce théorème est dû à Poncelet.

six sommets des deux triangles soit formée de deux droites ; ces deux droites sont alors conjuguées par rapport à Γ

Théorème corrélatif. — Par application du principe de dualité, ou par transformation par polaires réciproques par rapport à la conique Γ, on obtient le théorème suivant :

Les six côtés de deux triangles conjugués par rapport à une conique sont tangents à une même conique.

Remarquons que la conique tangente aux six côtés des deux triangles peut être formée de deux points ; les deux points sont alors conjugués par rapport à Γ.

Théorème. — *Étant données deux coniques* Γ *et* Γ′, *s'il existe un triangle à la fois inscrit à* Γ′ *et conjugué par rapport à* Γ, *il en existe une infinité, de façon qu'on puisse prendre pour un des sommets d'un tel triangle un point arbitraire de* Γ′.

Soit en effet ABC le triangle à la fois inscrit à Γ′ et conjugué par rapport à Γ. A′ étant un point arbitrairement choisi sur Γ′, la polaire de A′ par rapport à Γ rencontre Γ′ en deux points B′ et C′, qui, d'après la démonstration même du théorème de Poncelet, sont conjugués par rapport à Γ. Le triangle A′B′C′ est à la fois inscrit à Γ′ et conjugué par rapport à Γ.

La conique Γ′ est alors dite *harmoniquement circonscrite à la conique* Γ.

Par dualité, *étant données deux coniques* Γ *et* Γ′, *s'il existe un triangle à la fois circonscrit à* Γ′ *et conjugué par rapport à* Γ, *il en existe une infinité, de façon qu'on puisse prendre pour un des côtés d'un tel triangle une tangente arbitraire à* Γ′.

La conique Γ′ est alors dite *harmoniquement inscrite à la conique* Γ.

2. Applications. — 1° Soit une hyperbole équilatère de centre O. Le triangle qui a pour sommets le point O et les points cycliques I et J est conjugué par rapport à l'hyperbole. ABC étant un triangle conjugué par rapport à l'hyperbole, les six points A, B, C, O, I, J sont situés sur une même conique. Autrement dit,

Le cercle circonscrit à un triangle conjugué par rapport à une hyperbole équilatère passe par le centre de cette hyperbole.

On a aussi les théorèmes suivants :

Si un cercle passe par le centre d'une hyperbole équilatère, il existe une infinité de triangles à la fois inscrits au cercle et conjugués par rapport à l'hyperbole.

Le lieu des centres des hyperboles équilatères qui admettent un triangle donné comme triangle conjugué est le cercle circonscrit à ce triangle.

2° Soient une hyperbole équilatère H et un cercle C ayant son centre ω sur l'hyperbole. Le triangle qui a pour sommets le centre ω du cercle et les points à l'infini de l'hyperbole est à la fois inscrit à l'hyperbole et conjugué par rapport au cercle. Donc, *si une hyperbole équilatère passe par le centre d'un cercle, elle est harmoniquement circonscrite à ce cercle.*

Montrons que, réciproquement, *si une hyperbole équilatère est harmoniquement circonscrite à un cercle, elle passe par le centre du cercle.* En effet, un point à l'infini de l'hyperbole est un sommet d'un triangle à la fois inscrit à l'hyperbole et conjugué par rapport au cercle. Le côté du triangle opposé à ce sommet est perpendiculaire à la direction des droites qui passent par ce point à l'infini ; il passe donc par l'autre point à l'infini, qui est ainsi un second sommet du triangle. Le troisième sommet est nécessairement le centre du cercle ; le centre du cercle est donc situé sur l'hyperbole ; la réciproque est démontrée.

3° Étant donnés un triangle ABC et deux points ω, ω', il existe

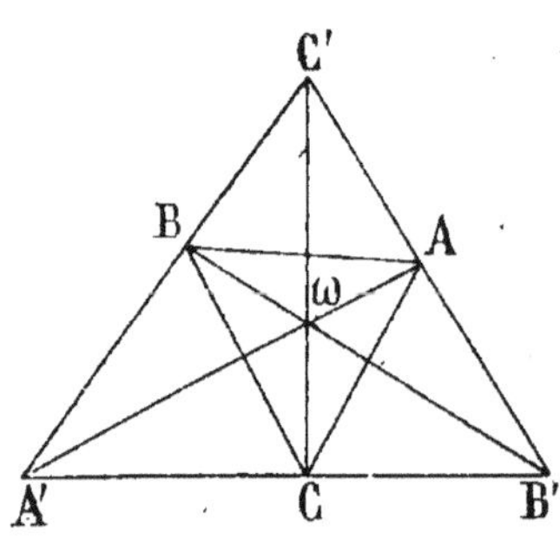

une conique et en général une seule passant par les points ω, ω' et admettant le triangle ABC comme triangle conjugué. En effet, il existe un quadrangle admettant le point ω pour un de ses sommets et tel que les points de rencontre de ses côtés opposés soient les points A, B, C. Ce quadrangle admet pour côtés les droites ωA, ωB, ωC, puis, respectivement opposées à ces droites, la droite B'C' conjuguée harmonique de ωA par rapport à AB et AC, la droite C'A' conjuguée harmonique de ωB par rapport à BC et BA, la droite A'B' conjuguée harmonique de ωC par rapport à CA et CB. Pour qu'une conique passe par ω et admette le triangle ABC comme triangle conjugué, il faut et il suffit qu'elle passe par les quatre points ω, A', B',

C′. On voit ainsi qu'il existe une conique et en général une seule passant par ω, ω' et admettant le triangle ABC comme triangle conjugué ; c'est la conique qui passe par les cinq points ω, ω', A′, B′, C′.

En particulier, en supposant que les points ω et ω' sont les points cycliques, on voit qu'il existe un cercle Γ et un seul admettant un triangle ABC comme triangle conjugué. La polaire d'un point par rapport à un cercle étant perpendiculaire au diamètre qui passe par ce point, le centre du cercle Γ n'est autre que le point de concours H des hauteurs (orthocentre) du triangle ABC. Si α, β, γ sont les points de rencontre des côtés BC, CA, AB du triangle respectivement avec les hauteurs AH, BH, CH, on a

$$\overline{HA} \cdot \overline{H\alpha} = \overline{HB} \cdot \overline{H\beta} = \overline{HC} \cdot \overline{H\gamma} = \rho^2,$$

ρ étant le rayon du cercle Γ. En supposant le triangle ABC réel, pour que le cercle Γ soit réel, il faut et il suffit que le triangle soit obtusangle.

Soit alors une hyperbole équilatère circonscrite au triangle ABC ; elle est harmoniquement circonscrite au cercle Γ ; elle passe donc par le centre de ce cercle. Autrement dit, *si une hyperbole équilatère est circonscrite à un triangle, elle passe nécessairement par l'orthocentre de ce triangle.*

Réciproquement, soit une conique circonscrite à un triangle ABC et passant par le point H de concours des hauteurs ; montrons que c'est une hyperbole équilatère. En effet, cette conique est harmoniquement circonscrite au cercle Γ, de centre H, qui admet le triangle ABC comme triangle conjugué. Il existe un triangle inscrit à la conique ayant pour sommet le point H et conjugué par rapport au cercle Γ. Les deux autres sommets de ce triangle sont les points à l'infini de la conique ; ces points, étant conjugués par rapport à Γ, sont à l'infini dans deux directions rectangulaires ; la conique considérée est donc une hyperbole équilatère.

4° Soit une hyperbole équilatère de centre O. Le triangle qui a pour sommets le point O et les points cycliques I et J est conjugué par rapport à l'hyperbole. ABC étant un triangle conjugué par rapport à l'hyperbole, les trois côtés de ce triangle, les droites OI et OJ et la droite à l'infini sont six tangentes à une même conique. Autrement dit,

La conique qui admet comme foyer le centre d'une hyperbole équilatère et qui est inscrite à un triangle conjugué par rapport à cette hyperbole est une parabole.

5° Soit une parabole. Les points à l'infini dans deux directions rectangulaires variables se correspondent involutivement sur la droite à l'infini ; les points doubles de l'involution sont les points cycliques. Comme la droite à l'infini est tangente à la parabole, en vertu du théorème corrélatif du théorème de Frégier, le lieu du point de rencontre de deux tangentes rectangulaires variables à la parabole est une droite D qui passe par les points de contact des tangentes isotropes à la parabole ; cette droite est la polaire du foyer de la parabole par rapport à la parabole ; autrement dit, c'est la directrice de la parabole.

Cela posé, considérons les paraboles qui sont inscrites à un triangle ABC. Elles sont tangentes à quatre droites fixes, les côtés du triangle ABC et la droite à l'infini ; elles forment donc un faisceau linéaire tangentiel, et les couples de tangentes menées d'un point donné à ces paraboles font partie d'une même involution. Supposons que le point donné soit le point H de rencontre des hauteurs du triangle ABC. L'involution contient alors trois couples de droites rectangulaires, chacun de ces couples étant formé des droites qui joignent H à un sommet du triangle et au point à l'infini sur le côté opposé. Il s'ensuit que tous les couples de l'involution sont formés de droites rectangulaires ; autrement dit,

Si un triangle est circonscrit à une parabole, le point de rencontre des hauteurs du triangle est situé sur la directrice de la parabole.

Il en résulte que

Si une parabole est harmoniquement inscrite à un cercle, sa directrice passe par le centre du cercle.

Pour établir ce théorème, on peut encore raisonner comme il suit.

Soient une parabole et un triangle ABC qui lui est circonscrit. Considérons le cercle qui admet le triangle ABC comme triangle conjugué ; il a pour centre le point H de concours des hauteurs du triangle. La parabole étant harmoniquement inscrite au cercle, il existe un triangle circonscrit à la parabole et conjugué par rapport au cercle, dont un côté est la droite à l'infini, qui est une tangente à la parabole. Le sommet de ce triangle qui est opposé à la droite à l'infini coïncide avec H ; les deux côtés qui passent par H sont deux diamètres rectangulaires du cercle ; or, ce sont aussi les tangentes à la parabole qui passent par H. On voit ainsi que H est situé sur la directrice de la parabole.

Montrons maintenant que, réciproquement,

Étant donnés une parabole et un cercle, si la directrice de la parabole passe par le centre du cercle, la parabole est harmoniquement inscrite au cercle.

En effet, les tangentes à la parabole qui passent par le centre du cercle sont rectangulaires ; elles forment donc avec la droite à l'infini un triangle qui est à la fois circonscrit à la parabole et conjugué par rapport au cercle, ce qui démontre le théorème.

3. Théorème. — *Étant donnés deux triangles inscrits à une conique, il existe une conique admettant ces deux triangles comme triangles conjugués.*

Soient en effet deux triangles ABC et A'B'C' inscrits à une même conique Γ'. Les coniques qui passent par les quatre points A, B, C, A', parmi lesquelles se trouve la conique Γ', forment un faisceau linéaire ponctuel, et, d'après le théorème de Desargues, elles rencontrent la droite B'C' en des couples de points qui font partie d'une même involution. Parmi ces couples de points se trouvent le couple des points B' et C', le couple des points d'intersection α et α' de B'C' respectivement avec les droites A'A et BC, le couple des

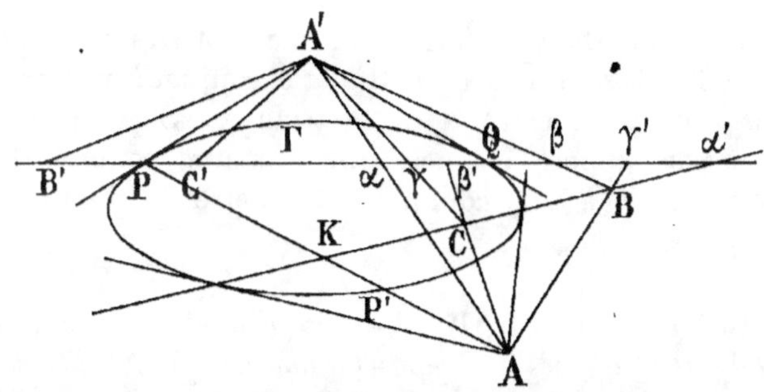

points d'intersection β et β' de B'C' respectivement avec les droites A'B et CA, le couple des points d'intersection γ et γ' de B'C' respectivement avec les droites A'C et AB. S'il existe une conique admettant les deux triangles ABC et A'B'C' comme triangles conjugués, chacun des couples de points (α, α'), (β, β'), (γ, γ') est formé de points conjugués par rapport à cette conique, qui doit donc passer par les points doubles P et Q de l'involution précédente et être tangente en P et Q aux droites A'P et A'Q. En outre, cette conique doit passer par le conjugué harmonique P' du point P par rapport au point A et au point d'intersection K de la droite AP avec la droite BC. Or, il existe effectivement une conique Γ qui est tangente en P et Q aux deux droites A'P et A'Q et qui passe par P'. Cette conique Γ admet le triangle A'B'C' comme triangle conjugué. Pour démontrer le théorème, il suffit d'établir que le triangle ABC est conjugué par rapport à Γ. Or, la polaire de α' par rapport à Γ passe par A' et par α, elle passe donc par A ; par suite, la polaire de A par rapport à Γ passe par α' ; comme elle passe aussi par K, c'est la droite BC. Ensuite, la polaire de β' par rapport à Γ est la droite A'β qui passe par B ; donc la polaire de B, qui passe par A, passe aussi par β' et coïncide ainsi avec AC ; de même, la polaire de C est la droite AB. Le triangle ABC est bien conjugué par rapport à Γ.

Théorème corrélatif. — Par application du principe de dualité, on a le théorème suivant :

Étant donnés deux triangles circonscrits à une conique, il existe une conique admettant les deux triangles comme triangles conjugués.

Théorème. — *Les triangles inscrits à une conique Γ' et conjugués par rapport à une conique Γ sont circonscrits à une conique Γ'', polaire réciproque de Γ' par rapport à Γ.*

En effet, dans la transformation par polaires réciproques par rapport à Γ, les sommets d'un triangle conjugué par rapport à Γ se transforment en les côtés de ce triangle. Si donc un triangle conjugué par rapport à Γ est inscrit à une conique Γ', il est aussi circonscrit à une conique Γ'', polaire réciproque de Γ' par rapport à Γ.

Théorème corrélatif. — *Les triangles circonscrits à une conique Γ'' et conjugués par rapport à une conique Γ sont inscrits à une conique Γ', polaire réciproque de Γ'' par rapport à Γ.*

Il suffit d'appliquer le principe de dualité à la démonstration du théorème précédent.

4. Des théorèmes qui viennent d'être établis, il résulte les théorèmes suivants :

1° *Si deux triangles sont inscrits à une même conique, ils sont aussi circonscrits à une même conique.*

En effet, si deux triangles sont inscrits à une même conique, il existe une conique par rapport à laquelle ils sont conjugués ; par suite, d'après le théorème corrélatif du théorème de Poncelet, ils sont circonscrits à une même conique.

2° *Si deux triangles sont circonscrits à une même conique, ils sont aussi inscrits à une même conique.*

En effet, si deux triangles sont circonscrits à une même conique, il existe une conique par rapport à laquelle ils sont conjugués; par suite, d'après le théorème de Poncelet, ils sont inscrits à une même conique.

Théorème. — *Étant données deux coniques Γ_1 et Γ_2, s'il existe un triangle à la fois inscrit à Γ_1 et circonscrit à Γ_2, il en existe une infinité, de façon qu'on puisse prendre pour un des sommets d'un tel triangle un point arbitraire de Γ_1 et de façon qu'on puisse prendre pour un des côtés d'un tel triangle une tangente arbitraire à Γ_2.*

En effet, soit ABC le triangle à la fois inscrit à Γ_1 et circonscrit à Γ_2. A' étant un point arbitrairement choisi sur Γ_1, menons de A' les tangentes à Γ_2; soient B' et C' les points d'intersection autres que A' de ces deux droites et de Γ_1. Les deux triangles ABC et A'B'C', étant inscrits à Γ_1, sont circonscrits à une même conique, laquelle coïncide avec la conique Γ_2, comme ayant cinq tangentes communes avec elle.

De même, soient B' et C' les points d'intersection avec Γ_1 d'une tangente à Γ_2 prise arbitrairement. De B' et de C' menons les tangentes à Γ_2 autres que B'C'; soit A' le point de rencontre de ces deux droites. Les deux triangles ABC et A'B'C', étant circonscrits à Γ_2, sont inscrits à une même conique, laquelle coïncide avec Γ_1, comme ayant cinq points communs avec elle.

Théorème. — *Les triangles inscrits à une conique Γ' et circonscrits à une conique Γ'' sont conjugués par rapport à une conique Γ.*

Soient en effet deux triangles ABC et A'B'C' inscrits à Γ' et circonscrits à Γ''. Il existe une conique Γ qui admet ces deux triangles comme triangles conjugués. La polaire réciproque de Γ' par rapport à Γ est inscrite aux deux triangles considérés et coïncide par suite avec la conique Γ'', comme ayant six tangentes communes avec elle. Il s'ensuit que les triangles inscrits à Γ' et conjugués par rapport à Γ sont circonscrits à Γ'', d'où résulte immédiatement que les triangles inscrits à Γ' et circonscrits à Γ'' sont conjugués par rapport à Γ.

5. Application. — Soit une parabole. Le triangle qui a pour

sommets le foyer F de cette parabole et les deux points cycliques
est circonscrit à la parabole. Il en résulte que les trois sommets d'un
triangle circonscrit à la parabole, le point F et les points cycliques
sont situés sur une même conique ; autrement dit,

*Le cercle circonscrit à un triangle circonscrit à une parabole passe
par le foyer de cette parabole,*

ou encore

*Le lieu des foyers des paraboles inscrites à un triangle est le cercle
circonscrit à ce triangle.*

On a aussi l'énoncé suivant :

*Si un cercle passe par le foyer d'une parabole, il existe une infinité
de triangles inscrits au cercle et circonscrits à la parabole.*

6. Théorème. — *Si une conique* Γ' *est harmoniquement circonscrite à une conique* Γ, *la conique* Γ *est harmoniquement inscrite à la
conique* Γ'.

En effet, soit ABC un triangle inscrit à Γ' et conjugué par
rapport à Γ.

Prenons une tangente quelconque à Γ, rencontrant Γ' en α et β.

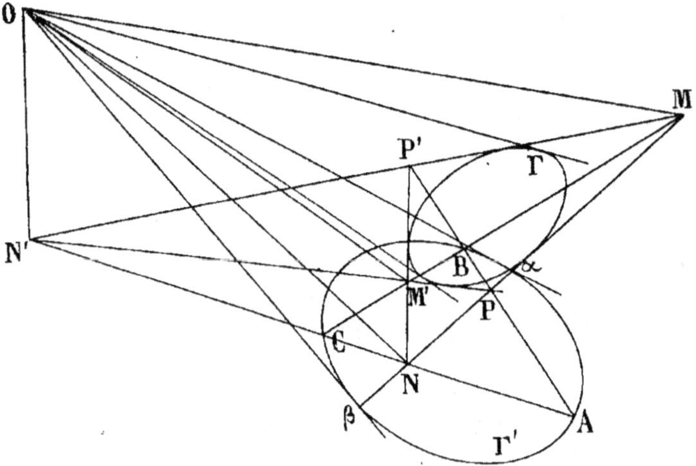

Il s'agit de montrer qu'il existe un triangle admettant cette droite
comme côté, à la fois circonscrit à Γ et conjugué par rapport à Γ'.
Cela revient à montrer que si O est le point de rencontre des

tangentes en α et β à Γ', les deux tangentes à Γ qui passent par O sont conjuguées harmoniques par rapport aux deux droites Oα et Oβ.

Or, la conique Γ qui est tangente à la droite $\alpha\beta$ est tangente à trois autres droites formant avec $\alpha\beta$ un quadrilatère complet qui admet comme diagonales les côtés du triangle ABC. Trois des sommets de ce quadrilatère complet sont les points d'intersection M, N, P de la droite $\alpha\beta$ respectivement avec les côtés BC, CA, AB du triangle ABC; soient M', N', P' les sommets du quadrilatère complet respectivement opposés à M, N, P. Les deux points M et M' sont conjugués harmoniques par rapport aux points B et C; ils sont donc conjugués par rapport à Γ'. Il s'ensuit que la droite OM' est la polaire de M par rapport à Γ' et qu'elle est ainsi conjuguée harmonique de OM par rapport aux deux droites Oα et Oβ. De même, ON' est conjuguée harmonique de ON, OP' est conjuguée harmonique de OP par rapport aux droites Oα et Oβ. Mais, en vertu du théorème de Desargues relatif aux faisceaux linéaires tangentiels de coniques, le couple des tangentes à Γ qui passent par O fait partie d'une involution qui contient les couples de droites (OM, OM'), (ON, ON'), (OP, OP'). Ce qui précède montre que Oα et Oβ sont les droites doubles de cette involution, et ainsi il est bien établi que les deux tangentes à Γ qui passent par O sont conjuguées harmoniques par rapport aux droites Oα et Oβ.

Théorème corrélatif. — *Si une conique Γ est harmoniquement inscrite à une conique Γ', la conique Γ' est harmoniquement circonscrite à la conique Γ.*

La démonstration de ce théorème se déduit de la précédente par application du principe de dualité.

7. Applications. — 1° Nous avons vu que pour qu'une hyperbole équilatère soit harmoniquement circonscrite à un cercle, il faut et il suffit qu'elle passe par le centre du cercle. On en déduit, par application de ce qui précède, que

La condition nécessaire et suffisante pour qu'un cercle soit harmoniquement inscrit à une hyperbole équilatère est que le centre de ce cercle soit situé sur l'hyperbole équilatère.

Il en résulte le théorème suivant :

Les hyperboles équilatères qui admettent un triangle donné comme triangle conjugué passent par les quatre points de concours des bissectrices de ce triangle.

Ces hyperboles équilatères forment un faisceau linéaire ponctuel de coniques, dont le triangle conjugué commun est le triangle donné.

2° Nous avons vu que pour qu'un cercle soit harmoniquement circonscrit à une hyperbole équilatère, il faut et il suffit que le cercle passe par le centre de l'hyperbole équilatère. On en déduit que

La condition nécessaire et suffisante pour qu'une hyperbole équilatère soit harmoniquement inscrite à un cercle est que son centre soit situé sur le cercle.

Il en résulte le théorème suivant :

Le lieu des centres des hyperboles équilatères inscrites à un triangle est le cercle qui admet ce triangle comme triangle conjugué.

3° Enfin, nous avons vu que pour qu'une parabole soit harmoniquement inscrite à un cercle, il faut et il suffit que la directrice de la parabole passe par le centre du cercle. On en déduit que

La condition nécessaire et suffisante pour qu'un cercle soit harmoniquement circonscrit à une parabole est que son centre soit situé sur la directrice de la parabole.

Le centre du cercle circonscrit à un triangle conjugué par rapport à une parabole est situé sur la directrice de la parabole.

8. Théorème. — *Parmi les coniques d'un faisceau linéaire ponctuel, il en existe une et, en général, une seule qui est harmoniquement circonscrite à une conique donnée* Γ. *S'il existe deux coniques du faisceau harmoniquement circonscrites à* Γ, *toute conique du faisceau est harmoniquement circonscrite à* Γ.

En effet, soit A un point commun aux coniques du faisceau linéaire ponctuel donné. La polaire Δ de A par rapport à Γ rencontre les coniques du faisceau en des couples de points qui forment une involution. D'autre part, il existe sur Δ une infinité de couples de points conjugués par rapport à Γ, qui forment aussi une involution. Pour qu'une conique du faisceau linéaire soit harmoniquement circonscrite à Γ, il faut et il suffit qu'elle rencontre Δ en deux points formant un couple commun à ces deux involutions. Or, ces deux involutions ont, en général, un couple commun et un seul ; d'autre part, si elles ont deux couples communs, elles coïncident. D'où le théorème.

Parmi les coniques du faisceau, il en existe en général trois qui sont formées de deux droites. Or, pour qu'une conique formée de deux droites soit harmoniquement circonscrite à Γ', il faut et il suffit que les deux droites soient conjuguées par rapport à Γ'. On voit ainsi que

Si deux couples de côtés opposés d'un quadrangle sont formés de droites conjuguées par rapport à une conique Γ, il en est de même du troisième couple de côtés opposés.

Théorème corrélatif. — Par application du principe de dualité, on a le théorème suivant :

Parmi les coniques d'un faisceau linéaire tangentiel, il en existe une et, en général, une seule qui est harmoniquement inscrite à une conique donnée Γ. S'il existe deux coniques du faisceau harmoniquement inscrites à Γ, toute conique du faisceau est harmoniquement inscrite à Γ.

En particulier,

Si deux couples de sommets opposés d'un quadrilatère complet sont formés de points conjugués par rapport à une conique Γ, il en est de même du troisième couple de sommets opposés.

9. Applications. — 1° Soient deux cercles C et C′ harmoniquement circonscrits à une conique Γ de centre O. Ces deux cercles définissent un faisceau linéaire ponctuel de coniques, qui contient la conique formée de la droite à l'infini et de l'axe radical Δ des deux cercles. Ces deux droites sont, d'après ce qui précède, conjuguées par rapport à Γ ; autrement dit, Δ passe par le centre O de Γ. On voit ainsi que le point O a même puissance par rapport à deux cercles quelconques harmoniquement circonscrits à Γ. Les cercles harmoniquement circonscrits à Γ sont donc orthogonaux à un cercle fixe ω concentrique à Γ.

Réciproquement, si un cercle C_1 est orthogonal au cercle ω, il est harmoniquement circonscrit à Γ. En effet, l'axe radical des cercles C et C_1 passe par O ; il forme par suite avec la droite à l'infini une conique harmoniquement circonscrite à Γ. Le cercle C étant harmoniquement circonscrit à Γ, le cercle C_1 qui fait partie d'un faisceau linéaire ponctuel de coniques contenant deux coniques harmoniquement circonscrites à Γ est lui-même harmoniquement circonscrit à Γ.

D'autre part, pour qu'un cercle de rayon nul soit harmoniquement circonscrit à Γ, il faut et il suffit que les deux droites isotropes qui le constituent soient conjuguées harmoniques par rapport aux tangentes à Γ qui passent par leur point d'intersection ; autrement dit, il faut et il suffit que les tangentes à Γ soient rectangulaires. Or, le cercle étant orthogonal à ω, son centre est situé sur le cercle ω. On a ainsi le théorème suivant, dû à Faure :

Pour qu'un cercle soit harmoniquement circonscrit à une conique à centre, il faut et il suffit qu'il soit orthogonal à un cercle fixe concentrique à la conique, qu'on peut définir comme étant le lieu des points de rencontre de deux tangentes rectangulaires à cette conique.

Ce cercle est dit *cercle orthoptique* de la conique.

Parmi les points de ce cercle se trouvent en particulier les sommets du rectangle qui a pour côtés les tangentes aux sommets de la conique. Il en résulte immédiatement que le carré du rayon du cercle orthoptique de la conique Γ est égal à la somme des carrés des demi-longueurs des axes de cette conique.

En particulier, quand la conique Γ est une hyperbole équilatère, le cercle orthoptique est de rayon nul ; il s'ensuit que pour qu'un cercle soit harmoniquement circonscrit à une hyperbole équilatère, il faut et il suffit qu'il passe par le centre de cette hyperbole. Nous retrouvons ainsi un résultat déjà démontré.

D'autre part, rappelons que, pour qu'un cercle soit harmoniquement circonscrit à une parabole, il faut et il suffit que son centre soit situé sur la directrice. On peut encore dire qu'il faut et qu'il suffit qu'il soit orthogonal à la directrice, laquelle est le lieu des points de rencontre de deux tangentes rectangulaires à la parabole. La directrice d'une parabole est aussi dite *droite orthoptique* de la parabole.

2° Cela posé, du théorème de Faure, on peut déduire par application d'un théorème précédent (§ 6) le théorème suivant :

Pour qu'une conique soit harmoniquement inscrite à un cercle, il faut et il suffit que son cercle (ou droite) orthoptique soit orthogonal au cercle.

On a immédiatement les énoncés qui suivent :

Le cercle (ou droite) orthoptique d'une conique inscrite à un triangle est orthogonal au cercle qui admet ce triangle comme triangle conjugué.

Le lieu des centres des coniques qui sont inscrites à un triangle et qui sont telles que la somme des carrés des longueurs de leurs axes soit constante est un cercle qui a pour centre le point de concours des hauteurs du triangle.

10. Soit une conique Γ' harmoniquement circonscrite à une conique Γ. Proposons-nous d'établir les relations qui existent entre les sommets des triangles tels que MNP qui sont inscrits à Γ' et conjugués par rapport à Γ.

Désignons par ABC une position particulière du triangle variable

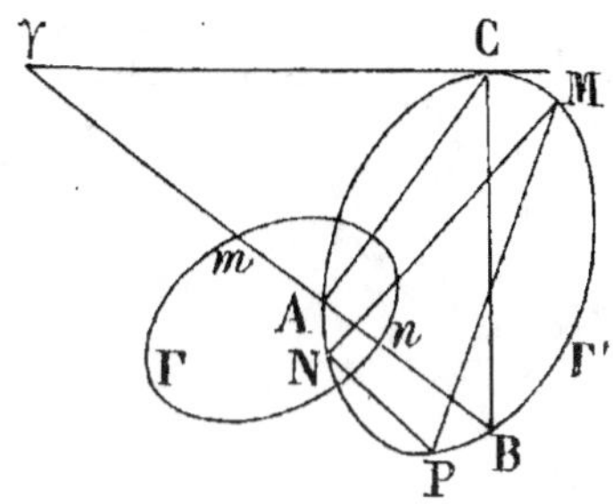

MNP. La droite AB rencontre Γ en deux points m et n conjugués harmoniques par rapport aux points A et B. Les coniques qui passent par les quatre points M, N, P, C sont harmoniquement circonscrites à la conique Γ et rencontrent par suite la droite AB en des couples de points conjugués harmoniques par rapport aux points m et n.

Parmi ces coniques, il en existe une qui est tangente en m à la droite AB.

Appliquons à cette conique la relation qui existe entre les six points de rencontre d'une conique variable avec une conique et une droite fixes se rencontrant en deux points distincts (I, § 4). Soit γ le point où la tangente en C à Γ' rencontre AB. Désignons par R_1, R_2, R_3 les rapports anharmoniques sur Γ' des points (A, B, M, C), (A, B, N, C), (A, B, P, C) et par r le rapport anharmonique sur AB des points A, B, m, γ. On a, quand le triangle MNP varie,

$$R_1 R_2 R_3 = r^2 = \text{const.}$$

C'est une première relation entre les trois sommets du triangle variable MNP. On obtient une seconde relation en considérant, au lieu du côté AB, l'un des deux autres côtés du triangle ABC. Il ne peut y avoir d'ailleurs plus de deux relations distinctes.

Cela posé, représentons un point variable de Γ' par un paramètre représentant linéairement autour d'un point fixe O de Γ' la droite qui joint le point O au point variable considéré. Soient a, b, c les paramètres des points M, N, P et λ_1, λ_2, λ_3 ceux des points A, B, C. Les relations précédentes deviennent

$$\frac{(a-\lambda_1)(b-\lambda_1)(c-\lambda_1)}{\alpha} = \frac{(a-\lambda_2)(b-\lambda_2)(c-\lambda_2)}{\beta}$$
$$= \frac{(a-\lambda_3)(b-\lambda_3)(c-\lambda_3)}{\gamma},$$

α, β, γ étant trois nombres non simultanément nuls qui restent constants quand, le triangle MNP variant, le triangle ABC est fixe.

Si donc a', b', c' sont les paramètres des sommets d'un autre triangle $M'N'P'$ inscrit à Γ' et conjugué par rapport à Γ, on a les égalités

$$\frac{(a-\lambda_1)(b-\lambda_1)(c-\lambda_1)}{(a'-\lambda_1)(b'-\lambda_1)(c'-\lambda_1)} = \frac{(a-\lambda_2)(b-\lambda_2)(c-\lambda_2)}{(a'-\lambda_2)(b'-\lambda_2)(c'-\lambda_2)}$$
$$= \frac{(a-\lambda_3)(b-\lambda_3)(c-\lambda_3)}{(a'-\lambda_3)(b'-\lambda_3)(c'-\lambda_3)}.$$

Si nous posons

$$g(\lambda) = (\lambda-a)(\lambda-b)(\lambda-c), \qquad h(\lambda) = (\lambda-a')(\lambda-b')(\lambda-c'),$$

ces égalités deviennent

$$\frac{g(\lambda_1)}{h(\lambda_1)} = \frac{g(\lambda_2)}{h(\lambda_2)} = \frac{g(\lambda_3)}{h(\lambda_3)}.$$

Il en résulte que λ_1, λ_2, λ_3 sont les racines d'une équation du troisième degré de la forme

$$g(\lambda) - \rho h(\lambda) = 0,$$

$g(\lambda)$ et $h(\lambda)$ étant des polynomes dont les coefficients sont déterminés quand on donne les deux triangles MNP et $M'N'P'$, ρ étant variable en même temps que le triangle ABC.

Or, le triangle ABC est une position quelconque du triangle MNP. Donc,

L'équation aux paramètres des sommets d'un triangle inscrit à une conique Γ' qui varie en restant conjugué par rapport à une conique fixe Γ, c'est-à-dire en restant circonscrit à une conique fixe Γ'', est de la forme

$$g(\lambda) - \rho h(\lambda) = 0,$$

ρ *étant un nombre variable.*

Ce théorème admet un théorème corrélatif concernant les paramètres de trois tangentes variables à une conique Γ''' formant un triangle qui reste conjugué par rapport à une conique fixe Γ, c'est-à-dire inscrit à une conique fixe Γ'.

11. Applications. — 1° Voici une application de la relation

$$R_1 R_2 R_3 = \text{const.}$$

établie au paragraphe précédent.

Reprenant les mêmes notations, supposons que les points A et B soient les points cycliques. Alors, la conique Γ'' est un cercle et la conique Γ''' est une parabole ayant son foyer en C. On a le théorème suivant :

On considère les triangles circonscrits à une parabole et inscrits à un cercle passant par le foyer de la parabole. La somme des angles que font avec une direction fixe les droites qui joignent le foyer de la parabole aux sommets d'un tel triangle est constante.

En même temps, la conique Γ par rapport à laquelle les triangles précédents sont conjugués est une hyperbole équilatère qui a pour centre le foyer de la parabole. On a ainsi le théorème suivant :

On considère les triangles conjugués par rapport à une hyperbole équilatère et inscrits à un cercle passant par le centre de l'hyperbole. La somme des angles que font avec une direction fixe les droites qui joignent le centre de l'hyperbole aux sommets d'un tel triangle est constante.

2° Les points m et n où la conique Γ rencontre la droite AB sont conjugués harmoniques par rapport aux points A et B. Le rapport anharmonique des points A, B, n, γ sur la droite AB est donc égal à $-r$. Cela posé, considérons la conique qui passe par les cinq points M, N, P, m, n. Elle rencontre la conique Γ' en un quatrième point Q. Je dis que ce point est fixe quand le triangle MNP varie. En effet, posons

$$R = (ABQC).$$

Par application de la relation entre les six points de rencontre d'une conique variable avec la conique Γ' et avec la droite AB, on a

$$RR_1R_2R_3 = -r^2.$$

Or, on a

$$R_1R_2R_3 = r^2\,;$$

donc on a $R = -1$. Par suite, le point Q est le conjugué harmonique, sur Γ', du point C par rapport aux points A et B.

En particulier, supposons que m et n soient les points cycliques. On a alors le théorème suivant :

Étant donnés une hyperbole équilatère et un cercle ayant son centre O sur l'hyperbole, il existe une infinité de triangles inscrits à l'hyper-

bole et conjugués par rapport au cercle. Le cercle circonscrit à un tel triangle passe par un point fixe, qui est le point de l'hyperbole équilatère diamétralement opposé au point O.

En outre, le cercle variable, étant, d'après le théorème de Faure, orthogonal au cercle orthoptique du cercle donné, passe par un second point fixe situé sur le diamètre de l'hyperbole qui passe par O. Par suite,

Le centre du cercle circonscrit au triangle variable décrit une droite perpendiculaire au diamètre de l'hyperbole équilatère qui passe par le point O.

12. Le raisonnement précédent suppose que la droite AB rencontre la conique Γ en deux points distincts. Étudions le cas où les points A et B sont confondus.

Parmi les triangles inscrits à une conique Γ' et conjugués par

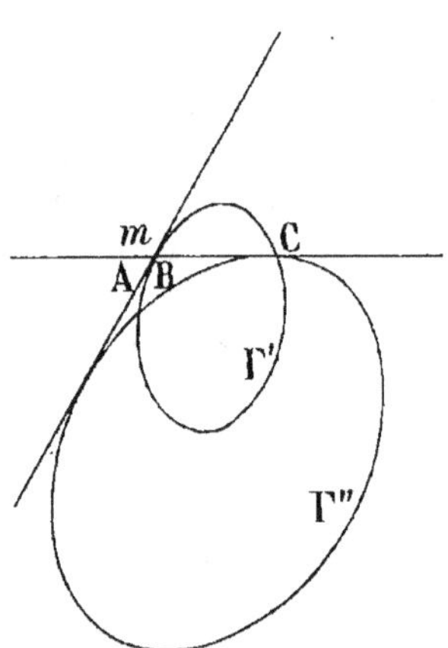

rapport à une conique Γ, il en existe, en général, quatre qui sont tels que deux de leurs sommets soient confondus, ainsi que deux de leurs côtés. Un sommet C d'un de ces quatre triangles coïncide avec un point d'intersection de Γ' et de Γ'''; les deux autres sommets A et B sont confondus avec le point *m* d'intersection autre que C de la conique Γ' et de la tangente en C à Γ'''. Le point *m* est à l'intersection de Γ' et de Γ, et le côté double CA (ou CB) est une tangente commune à Γ''' et à Γ. Enfin, le côté AB est une tangente commune à Γ' et à Γ'''.

Soit *n* le second point d'intersection de ce côté avec Γ. Si MNP est un triangle inscrit à Γ' et conjugué par rapport à Γ, les coniques qui passent par les quatre points M, N, P, C sont harmoniquement circonscrites à Γ et rencontrent la droite *mn* en des couples de points conjugués harmoniques par rapport aux points *m* et *n*. Parmi ces coniques, il en existe une qui est tangente à la droite *mn* en *n*.

Appliquons à cette conique la relation qui existe entre les six points de rencontre d'une conique variable avec une conique et une droite fixes se touchant en un point (I, § 7). Soient, sur la conique Γ', $\lambda_1, \lambda_2, \lambda_3$ les paramètres des points M, N, P, α le paramètre du point *m*, h le paramètre du point C, enfin, μ le paramètre du point de contact de la tangente, autre que mn, menée de n à la conique Γ''. On a la relation

$$\frac{1}{\lambda_1 - \alpha} + \frac{1}{\lambda_2 - \alpha} + \frac{1}{\lambda_3 - \alpha} + \frac{1}{h - \alpha} = \frac{4}{\mu - \alpha},$$

d'où

$$\frac{1}{\lambda_1 - \alpha} + \frac{1}{\lambda_2 - \alpha} + \frac{1}{\lambda_3 - \alpha} = \text{const.}$$

On a ainsi les théorèmes suivants :

S'il existe une infinité de triangles inscrits à une conique Γ' et circonscrits à une conique Γ'', le pôle harmonique sur Γ' du point de contact avec Γ' d'une tangente commune à Γ' et à Γ'' par rapport aux sommets de l'un de ces triangles est un point fixe.

En particulier,

S'il existe une infinité de triangles inscrits à une parabole P_1 et circonscrits à une parabole P_2, les centres de gravité de ces triangles sont situés sur une même droite parallèle à l'axe de la parabole P_1.

S'il existe une infinité de triangles circonscrits à une parabole et inscrits à une conique dont une direction asymptotique coïncide avec celle de la parabole, les centres de gravité des triangles qui ont pour sommets les points de contact des côtés des premiers triangles avec la parabole sont situés sur une même droite parallèle à l'axe de la parabole.

CHAPITRE III

THÉORÈMES RELATIFS AUX FAISCEAUX LINÉAIRES PONCTUELS ET TANGENTIELS DE CONIQUES

---

1. Théorème. — *Les polaires d'un point* P *par rapport aux coniques d'un faisceau linéaire ponctuel passent par un même point* P′. *Les polaires de* P′ *par rapport à ces coniques passent par* P.

Soient en effet Δ_1 et Δ_2 les polaires de P par rapport à deux coniques Γ_1 et Γ_2 du faisceau. En général, ces deux droites sont distinctes et ont un point commun P′. Les coniques du faisceau sont rencontrées par la droite PP′ en des couples de points qui font partie d'une même involution. Or, le couple des points P et P′ est harmonique par rapport aux deux couples de points d'intersection de la droite PP′ avec les coniques Γ_1 et Γ_2; il s'ensuit que P et P′ sont les points doubles de l'involution et qu'ils sont conjugués harmoniques par rapport aux points d'intersection de la droite PP′ avec une conique quelconque Γ du faisceau; autrement dit, la polaire de P par rapport à la conique Γ passe par P′.

Il peut arriver que les droites Δ_1 et Δ_2 soient confondues suivant une droite Δ; alors, le raisonnement précédent s'applique si l'on prend pour point P′ un point quelconque de Δ. Il en résulte que les polaires de P par rapport à toutes les coniques du faisceau sont confondues avec Δ. On sait que pour qu'il en soit ainsi, il faut et il suffit que P soit un point double d'une conique décomposée en deux droites faisant partie du faisceau linéaire considéré.

Comme la polaire de P par rapport à une conique Γ du faisceau passe par P′, la polaire de P′ par rapport à Γ passe par P.

En supposant que P n'a pas même polaire par rapport aux coniques Γ, montrons que *toute droite qui passe par* P′ *est la polaire de* P *par rapport à une conique* Γ.

En effet, soit Δ une droite passant par P′. Menons par P une droite quelconque rencontrant Δ en un point Q distinct de P′. Pour que la conique Γ soit telle que la polaire de P par rapport à cette conique soit Δ, il faut et il suffit que le couple des points de rencontre de cette conique Γ avec la droite PQ fasse partie de

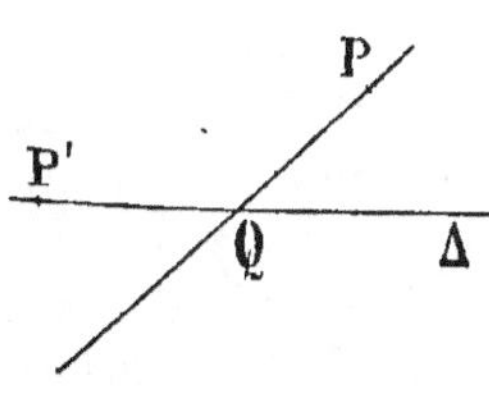

l'involution qui a pour points doubles P et Q et par suite soit commun à cette involution et à l'involution formée par les couples de points d'intersection des coniques Γ et de la droite PQ. Or, ces deux involutions sont distinctes, sinon le point P aurait la même polaire Δ par rapport aux coniques Γ; étant distinctes, elles ont un couple commun et un seul, et la proposition est établie.

Si l'on considère une conique Γ décomposée en deux droites qui se coupent en un point O, les points P et P′ sont conjugués par rapport à cette conique; autrement dit, les droites OP et OP′ sont conjuguées harmoniques par rapport aux deux droites qui forment la conique Γ.

Théorème corrélatif. — Par application du principe de dualité, on a le théorème suivant :

Les pôles d'une droite Δ par rapport aux coniques d'un faisceau linéaire tangentiel sont sur une même droite Δ'. Les pôles de Δ' par rapport à ces coniques sont sur la droite Δ.

Il peut arriver que la droite Δ ait même pôle par rapport aux coniques du faisceau. Pour qu'il en soit ainsi, il faut et il suffit qu'elle joigne les deux points qui forment une conique décomposée du faisceau.

Si l'on suppose que Δ n'a pas même pôle par rapport aux coniques du faisceau, tout point de Δ' est pôle de Δ par rapport à une de ces coniques.

Si I et I′ sont les deux points qui forment une conique décomposée du faisceau, les droites Δ et Δ' rencontrent la droite II′ en deux points conjugués harmoniques par rapport aux points I et I′.

Applications. — 1° Soit un faisceau linéaire ponctuel de cercles Γ. Parmi les cercles de ce faisceau se trouvent, en général, deux cercles de rayon nul, de centres A et A′. Les polaires de P par rapport à ces deux cercles sont les perpendiculaires menées par A et A′ respectivement aux droites AP et A′P ; le point P′ commun aux polaires de P par rapport aux cercles Γ est le point d'intersection de ces deux droites ; on voit qu'il est diamétralement opposé à P sur le cercle qui passe par P, A et A′. Les points P et P′ sont conjugués par rapport au cercle singulier formé par l'axe radical Δ des cercles Γ et la droite à l'infini ; autrement dit, le milieu H du segment PP' est situé sur Δ.

Lorsque les cercles Γ sont tangents entre eux en un point A, le point P' est diamétralement opposé au point P sur le cercle qui passe par P et qui est tangent en A à la ligne des centres des cercles Γ.

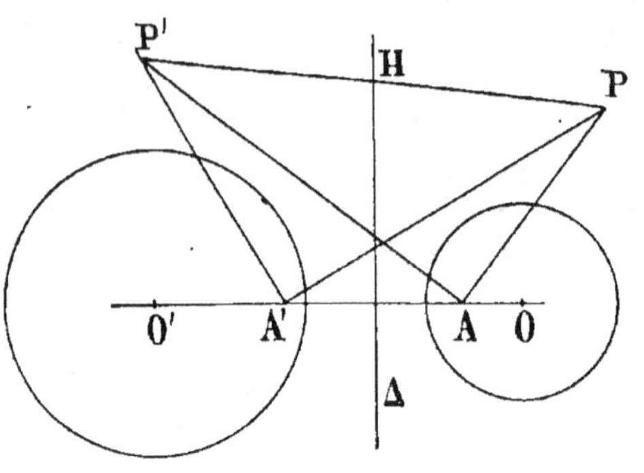

2° Soient les coniques tangentes aux quatre côtés d'un quadrilatère complet ; elles forment un faisceau linéaire tangentiel. Les centres de ces coniques étant les pôles de la droite à l'infini par rapport à ces coniques, on a le théorème suivant :

Le lieu des centres des coniques tangentes aux quatre côtés d'un quadrilatère complet est une droite.

Cette droite passe par les milieux des diagonales du quadrilatère, et, pour cette raison, elle est dite *médiane du quadrilatère*. D'autre part, elle est parallèle à la direction asymptotique de la parabole inscrite au quadrilatère.

3° Soit une conique à centre ayant pour foyers réels les deux points F et F'. Il existe une infinité de coniques Γ ayant pour foyers F et F' ; ces coniques sont inscrites à un quadrilatère complet qui a pour côtés les deux droites FI et FJ et les deux droites F'I et F'J, I et J étant les points cycliques. Les points F et F', d'une part, les points I et J, d'autre part, forment deux couples de sommets opposés du quadrilatère ; le troisième couple de sommets opposés est formé de deux points imaginaires conjugués φ et φ', qui sont aussi foyers de chacune des coniques Γ. Le lieu des pôles d'une droite Δ par rapport à ces coniques est une droite Δ' qui rencontre la droite à l'infini au point conjugué harmonique du point à l'infini de Δ par rapport aux points cycliques ; autrement dit, *les droites Δ et Δ' sont rectangulaires.* Ces droites rencontrent l'axe focal FF' en deux points conjugués harmoniques par rapport aux points F et F'.

4° Soient les paraboles Γ qui ont un foyer F donné et un axe donné. Elles forment un faisceau linéaire tangentiel qui contient comme conique décomposée le couple des points cycliques. Le lieu des pôles d'une droite Δ par rapport à ces paraboles est encore une droite Δ' perpendiculaire à Δ. Les deux droites Δ et Δ' rencontrent l'axe commun des paraboles Γ en deux points symétriques par rapport au foyer F.

2. Théorème. — *Étant données quatre coniques d'un faisceau linéaire ponctuel, les quatre polaires d'un point variable* P *par rapport à ces coniques ont un rapport anharmonique constant.*

Soient en effet une conique variable Γ d'un faisceau linéaire

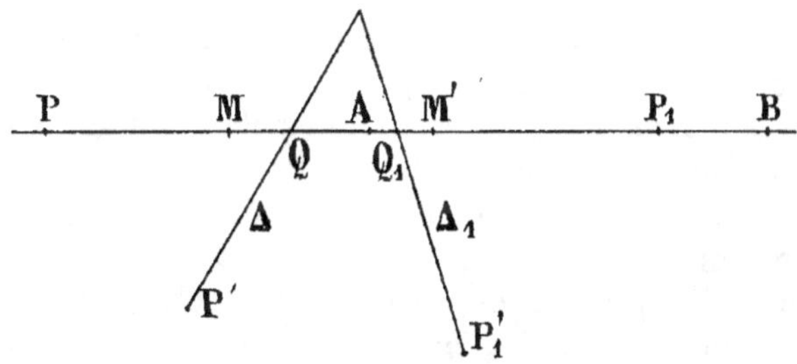

ponctuel, et deux points fixes P et P_1. Les polaires Δ et Δ_1 de P et de P_1 par rapport à Γ passent respectivement par deux points fixes P' et P_1'. Elles rencontrent la droite PP_1 en deux points Q et Q_1 qui sont conjugués harmoniques de P et de P_1 par rapport aux deux points de rencontre M et M' de la droite PP_1 avec la conique Γ.

Soient A et B les points doubles de l'involution formée par les couples de points d'intersection de la droite PP_1 et des coniques du faisceau linéaire ponctuel donné. Les couples de points (P, Q), (P_1, Q_1) et (A, B) font partie d'une même involution qui a pour points doubles M et M' ; il s'ensuit que l'on a

$$(QQ_1AB) = (PP_1BA) = \text{const.}$$

Les points Q et Q_1 décrivent donc sur la droite PP_1 des divisions homographiques ayant pour points doubles les points A et B ; les droites Δ et Δ_1 décrivent des faisceaux homographiques de sommets P' et P_1' ; le rapport anharmonique de quatre positions de Δ est égal au rapport anharmonique des quatre positions correspondantes de Δ_1.

La démonstration précédente suppose que les points A et B sont distincts, autrement dit, que la droite PP_1 ne passe pas par un point commun aux coniques Γ. Si PP_1 passe par un point commun aux coniques Γ, on considérera un point P_2 tel que les droites PP_2 et P_1P_2 ne passent ni l'une ni l'autre par un point commun aux coniques Γ, et on appliquera la démonstration précédente aux points P et P_2, d'une part, aux points P_1 et P_2, d'autre part.

Théorème corrélatif. — *Étant données quatre coniques d'un faisceau linéaire tangentiel, les quatre pôles d'une droite variable Δ par rapport à ces coniques ont un rapport anharmonique constant.*

Il suffit d'appliquer à la démonstration précédente le principe de dualité.

Définitions. — Étant données quatre coniques d'un faisceau linéaire ponctuel, on appelle *rapport anharmonique de ces coniques* le rapport anharmonique constant des polaires d'un point quelconque par rapport à ces coniques. Il est égal au rapport anharmonique des tangentes à ces coniques en l'un quelconque de leurs points communs.

Étant données quatre coniques d'un faisceau linéaire tangentiel, on appelle *rapport anharmonique de ces coniques* le rapport anharmonique constant des pôles d'une droite quelconque par rapport à ces coniques. Il est égal au rapport anharmonique des points de contact avec ces coniques de l'une quelconque de leurs tangentes communes.

Applications. — 1° Soient deux cercles Γ et Γ' se rencontrant en deux points A et B. Il existe deux cercles de rayon nul qui passent par A et B et qui font partie du faisceau linéaire ponctuel de cercles contenant les deux cercles donnés. Le rapport anharmonique des deux cercles de rayon nul et des deux cercles Γ et Γ', considérés dans cet ordre, est égal au rapport anharmonique de leurs tangentes en A ; or, les deux premières tangentes sont les droites isotropes qui passent par A ; donc, d'après la formule de Laguerre, le rapport anharmonique des quatre cercles est égal à $e^{\pm 2iV}$, V étant l'angle des tangentes en A aux cercles Γ et Γ'. En particulier, il est égal à -1 quand les cercles Γ et Γ' sont orthogonaux.

2° Soient deux coniques Γ et Γ' se coupant aux quatre points A, B, C, D. Une tangente Δ commune aux deux coniques les touche respectivement aux points P et Q ; soient M et M' les points de rencontre de Δ avec les droites AB et CD, N et N' les points de rencontre de Δ avec les droites AC et BD. Considérons une représentation paramétrique linéaire de Δ telle que les points P et Q

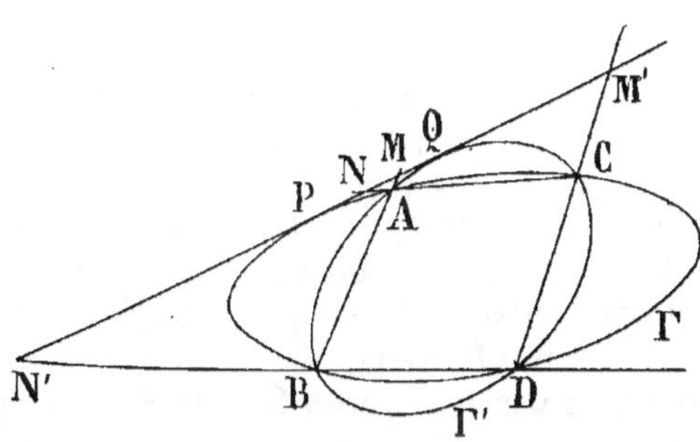

aient respectivement pour paramètres o et ∞. Les points M et M', qui, d'après le théorème de Desargues, sont conjugués harmoniques par rapport aux points P et Q, ont des paramètres opposés, λ et $-\lambda$; de même, N et N' ont des paramètres opposés, μ et $-\mu$. Il est facile de voir que, O étant le point de Δ qui a pour paramètre 1, les conjugués E et F de O par rapport aux points M et M' et par rapport aux points N et N' ont pour paramètres λ^2 et μ^2. Or, le rapport anharmonique des deux coniques Γ et Γ', de la conique formée par les droites AB et CD et de la conique formée par les droites AC et BD est égal au rapport anharmonique des quatre points P, Q, E, F où les polaires de O par rapport à ces coniques rencontrent Δ, lequel est égal à $\dfrac{\lambda^2}{\mu^2}$. D'autre part, le rapport anharmonique des quatre points M, M', N et N' est égal à

$$\left(\frac{\lambda-\mu}{\lambda+\mu}\right)^2 \qquad \text{ou} \qquad \frac{\left(\dfrac{\lambda}{\mu}-1\right)^2}{\left(\dfrac{\lambda}{\mu}+1\right)^2}.$$

Il s'ensuit que si le premier rapport anharmonique est constant, il en est de même du second. Par exemple, supposons que les coniques Γ et Γ' passent par quatre points fixes A, B, C, D et varient de façon que leurs tangentes en A aient un rapport anharmonique constant avec les droites AB et AC. Le rapport anharmonique des quatre points de rencontre d'une tangente commune Δ à ces coniques avec les quatre droites AB, CD, AC, BD est constant, et la droite Δ a pour enveloppe, d'après le théorème corrélatif du théorème de Chasles, une conique tangente à ces quatre droites.

En particulier,

Si deux cercles passant par deux points fixes varient de façon à se couper sous un angle constant, l'enveloppe de leurs tangentes com-

munes est une conique qui admet les deux points fixes comme foyers.

Ce théorème est dû à Faure ([1]).

3. Théorème. — *Le lieu des pôles d'une droite fixe par rapport aux coniques d'un faisceau linéaire ponctuel est une conique.*

En effet, soient P_1 et P_2 deux points de la droite fixe D, Δ_1 et Δ_2 les polaires de P_1 et de P_2 par rapport à une conique Γ variable du faisceau. Le pôle de D par rapport à Γ est le point M d'intersection de Δ_1 et de Δ_2. Or, quand Γ varie, les droites Δ_1 et Δ_2 varient en passant respectivement par deux points fixes P_1' et P_2', et le rapport anharmonique de quatre positions de Δ_1 est égal au rapport anharmonique des quatre positions correspondantes de Δ_2 ; les droites Δ_1 et Δ_2 se correspondent donc homographiquement, et, d'après le théorème de Chasles, le lieu S du point M est une conique.

Pour que cette conique S se décompose, il faut et il suffit qu'il existe une conique Γ du faisceau linéaire ponctuel telle que les points de D aient tous même polaire par rapport à Γ. On voit facilement que pour que cette condition soit remplie, il faut et il suffit que D passe par un point double O d'une conique Γ décomposée du faisceau ; le lieu est alors formé de la polaire unique de ce point double O par rapport aux coniques Γ et de la droite conjuguée harmonique de D par rapport aux droites qui forment la conique Γ décomposée.

En général, le lieu S est une conique proprement dite qui passe par tout point ayant même polaire par rapport aux coniques Γ.

Soit O un point double d'une conique Γ décomposée en deux droites OA et OB ; c'est un point de la conique S ; cherchons la tangente en ce point. A cet effet, prenons sur la droite comme point P_1 le point de rencontre de D avec la polaire L de O par rapport aux coniques Γ et comme point P_2 le point de rencontre de D avec la droite conjuguée harmo-

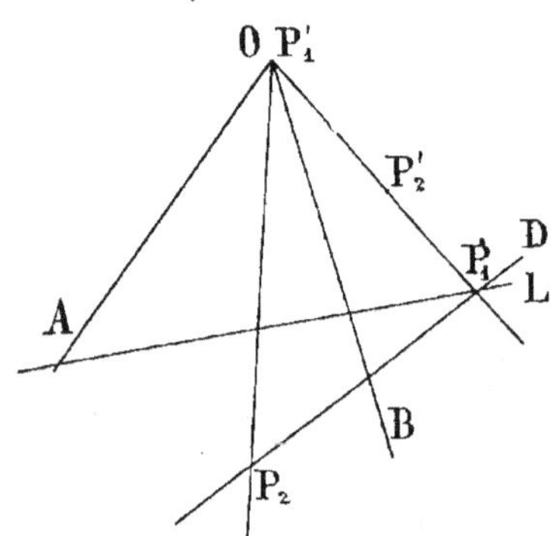

---

nique de OP_1 par rapport aux droites OA et OB. Le point P_1' coïncide avec le point O et le point P_2' est situé sur la droite OP_1, polaire de P_2 par rapport à la conique Γ de point double O. Quand la conique variable du faisceau tend vers cette conique décomposée, les polaires Δ_1 et Δ_2 de P_1 et de P_2 par rapport à cette conique variable tendent respectivement vers OP_2, c'est-à-dire $P_1'P_2$, et vers OP_1, c'est-à-dire $P_2'O$; ces deux droites se rencontrent en O qui est un point du lieu, et la tangente en ce point est la droite OP_2.

Supposons que les coniques Γ aient quatre points communs dis-

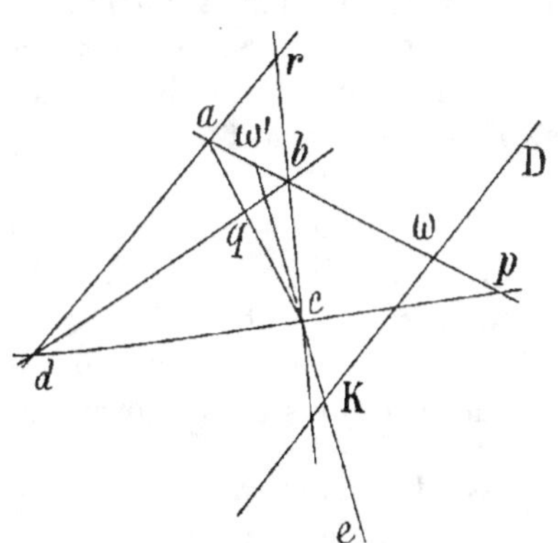

tincts a, b, c, d. Soient p, q, r les points de rencontre de ab et de cd, de ac et de db, de ad et de bc, respectivement. La conique S est circonscrite au triangle pqr, qui est conjugué par rapport à chacune des coniques Γ. Voici, grâce à la considération de ce triangle, une autre démonstration du théorème précédent. Il existe deux coniques Γ qui sont tangentes à D en deux points I et J. Si M est le pôle de D par rapport à une conique Γ quelconque, le triangle MIJ est conjugué par rapport à cette conique. D'après le théorème de Poncelet (II, § 1), les six points p, q, r, M, I, J sont sur une même conique S, qui est fixe, passant par les cinq points fixes p, q, r, I, J, et est ainsi le lieu du point M.

Montrons que la conique S passe par tout point conjugué harmonique par rapport à deux quelconques des sommets du quadrangle $abcd$ du point de rencontre du côté du quadrangle qui passe par ces deux points avec la droite D. Par exemple, soient ω le point d'intersection de D et de la droite ab et ω' le conjugué harmonique de ω par rapport aux points a et b. Menons la droite $\omega'c$ qui rencontre la droite D en K; soit e le conjugué harmonique de c par rapport aux points ω' et K. Il existe une conique Γ qui passe par e; la polaire de ω par rapport à cette conique Γ passe par K, conjugué harmonique de ω' par rapport aux points c et e, et par ω, conjugué harmonique de ω' par rapport aux points a et b; elle coïncide donc avec D, et ainsi le point ω' est le pôle de D par rapport à une conique Γ.

Il existe six points tels que ω'; la conique S passe par onze points remarquables : les six points ω', les trois points p, q, r et les deux points I et J.

Applications. — 1° Supposons que la droite D soit la droite à l'infini. On a alors le théorème suivant :

Le lieu des centres des coniques d'un faisceau linéaire ponctuel est une conique.

Les directions asymptotiques de cette conique sont les directions asymptotiques des coniques du faisceau qui sont tangentes à la droite à l'infini.

2° En particulier, supposons que les coniques Γ passent par les sommets a, b, c, d d'un quadrangle orthocentrique ; ce sont des hyperboles équilatères qui rencontrent la droite à l'infini en des couples de points qui forment une involution ayant pour points doubles les points cycliques I et J.

Les points cycliques sont les points à l'infini de la conique S, qui est donc un cercle. Ce cercle passe par les milieux des côtés du quadrangle et par les points de rencontre des côtés opposés du quadrangle ; il est le cercle des neuf points commun aux quatre triangles qui ont pour sommets trois des sommets du quadrangle.

3° Supposons que les coniques Γ passent par quatre points a, b, c, d situés sur un même cercle, qui est une conique Γ particulière. Ces coniques rencontrent la droite à l'infini en des couples de points en involution, parmi lesquels se trouve le couple des points cycliques. Les points doubles de l'involution sont donc à l'infini dans deux directions rectangulaires, qui sont les directions asymptotiques du lieu S. Ainsi, dans ce cas, la conique S est une hyperbole équilatère.

Théorème corrélatif. — Par application du principe de dualité, on a le théorème suivant :

L'enveloppe Σ des polaires d'un point fixe P par rapport aux coniques d'un faisceau linéaire tangentiel est une conique.

Cette conique est en général proprement dite ; elle ne se décompose en deux points que si le point donné est situé sur une tangente double d'une conique décomposée du faisceau.

La conique Σ est tangente à toute droite L ayant même pôle O par rapport aux coniques du faisceau ; le point de contact de L et de Σ est le conjugué harmonique du point d'intersection des droites OP et L par rapport aux deux points situés sur L qui forment une conique décomposée du faisceau.

Les tangentes menées par le point donné P à la conique Σ sont les tangentes en P aux coniques du faisceau qui passent par ce point. Si les coniques du faisceau ont quatre tangentes communes distinctes, elles ont un triangle conjugué commun, et l'enveloppe Σ est inscrite à ce triangle.

Applications. — 1° En particulier, l'enveloppe Σ des polaires d'un point P par rapport aux coniques homofocales à une ellipse donnée est une parabole tangente aux deux axes de ces coniques. Les tangentes menées à Σ par le centre O de ces coniques sont rectangulaires ; il en est de même des tangentes menées par P à Σ ; il s'ensuit que la directrice de la parabole Σ est la droite OP.

2° Soient les paraboles, dites *homofocales*, qui ont un foyer et un axe donnés ; elles forment un faisceau linéaire tangentiel de coniques tangentes en un même point α à la droite à l'infini. Parmi ces coniques se trouve une conique décomposée en les deux points cycliques I et J. L'enveloppe Σ des polaires d'un point P par rapport aux paraboles homofocales est une conique qui est tangente à la droite à l'infini, cette droite ayant même pôle α par rapport aux coniques du faisceau ; la conique Σ est donc une parabole. Son point de contact avec la droite à l'infini est conjugué harmonique de α par rapport aux points cycliques ; autrement dit, la parabole Σ a pour direction asymptotique la direction perpendiculaire à la direction asymptotique commune aux paraboles homofocales. D'autre part, l'axe des paraboles homofocales, ayant même pôle par rapport à ces coniques, est une tangente à la parabole Σ ; c'est la tangente au sommet de Σ. La directrice de Σ passe par P ; c'est la parallèle à l'axe des paraboles homofocales menée par ce point.

3° Soit un faisceau linéaire tangentiel de coniques contenant un cercle de centre O. L'enveloppe Σ des polaires de O par rapport à ces coniques est une parabole. Les tangentes à Σ qui passent par O sont les rayons doubles de l'involution formée par les couples de tangentes menées de O aux coniques du faisceau ; l'un de ces couples étant le couple des droites isotropes qui passent par O, les rayons doubles sont rectangulaires ; autrement dit, la directrice de la parabole Σ passe par le point O.

Théorème. — *Le lieu des pôles d'une droite D par rapport aux coniques* Γ *d'un faisceau linéaire ponctuel coïncide avec le lieu du point P' commun aux polaires par rapport à ces coniques d'un point P variable sur la droite D.*

En effet, les polaires de P' par rapport aux coniques Γ sont concourantes au point P, et, comme nous l'avons vu, toute droite passant par P est polaire de P' par rapport à une conique Γ. En particulier, il existe une conique Γ par rapport à laquelle le pôle de D est le point P', ce qui démontre le théorème.

Théorème corrélatif. — *L'enveloppe des polaires d'un point P par rapport aux coniques d'un faisceau linéaire tangentiel coïncide avec l'enveloppe de la droite Δ' lieu des pôles par rapport à ces coniques d'une droite Δ variable qui passe par le point P.*

Applications. — 1° Soient les coniques Γ qui ont mêmes foyers qu'une conique donnée de centre O. Le lieu des pôles d'une droite Δ par rapport à ces coniques est, comme nous l'avons vu, une droite Δ' perpendiculaire à Δ ; le point de rencontre de ces deux droites est le point de contact M avec la droite Δ de la conique Γ qui lui est tangente ; la droite Δ' est la normale en M à cette conique. On a donc le théorème suivant :

L'enveloppe de la normale à une conique variable Γ en un point M de contact d'une tangente menée par un point fixe P est une parabole tangente aux axes des coniques Γ et admettant pour directrice la droite OP.

2° Soient les paraboles Γ qui ont un foyer et un axe donnés. On a, relativement à ces paraboles homofocales, le théorème suivant :

L'enveloppe de la normale à une parabole variable Γ en un point M de contact d'une tangente menée par un point fixe P est une parabole ayant pour tangente au sommet l'axe des paraboles Γ et pour directrice la parallèle à cette droite menée par P.

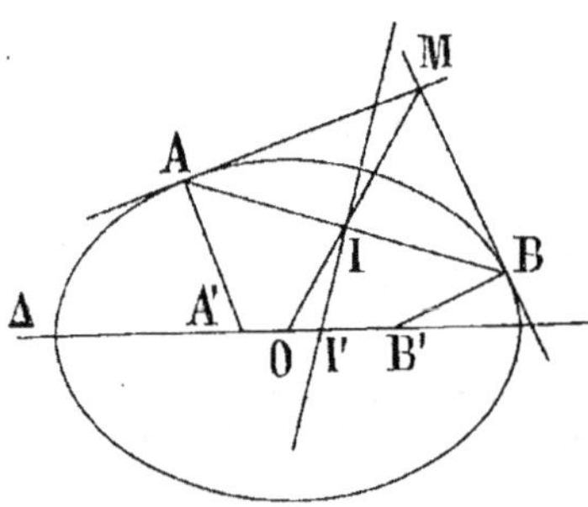

3° Soient une conique de centre O, A et B les points de contact des tangentes menées d'un point M à cette conique. D'après ce qui précède, il existe une parabole Π tangente aux axes de la conique, à la droite AB et aux normales en A et B à la conique ; cette parabole a pour directrice la droite OM. La droite OM rencontre AB en son milieu I, et, d'après une propriété de la directrice d'une parabole, la perpendiculaire en I à la droite AB est tangente à la parabole Π. Soient A', B', I' les points de rencontre d'un axe Δ de la conique donnée avec ses normales en A et B et avec la perpendiculaire menée par I à AB. D'après le théorème corrélatif du théorème de Chasles, les deux tangentes AB et Δ à la parabole Π sont partagées par les droites AA', BB', II' en vecteurs proportionnels. Comme I est le milieu de AB, I' est le milieu de A'B'. On a ainsi le théorème suivant, dû à Laguerre :

On donne deux points A et B d'une conique à centre. Si A' et B' sont les points de rencontre des normales en A et B avec un axe de la conique, la perpendiculaire à AB en son milieu rencontre l'axe au milieu de A'B'.

On en déduit le théorème suivant :

Soient deux points fixes A et B et un point variable C d'une conique à centre. Si I' et J' sont les points de rencontre avec un axe de la conique des perpendiculaires aux segments AC et BC en leurs milieux I et J, le vecteur I'J' est équipollent à un vecteur fixe.

4° Soient une parabole P, A et B les points de contact des tangentes menées d'un point M à cette parabole. D'après ce qui précède, il existe une parabole Π tangente à l'axe de la parabole P, à la droite AB, aux normales en A et B à la parabole P, et admettant pour directrice la parallèle menée par M à l'axe de la parabole P. Cette droite rencontre AB en son milieu I, et la perpendiculaire en I à la droite AB est aussi tangente à

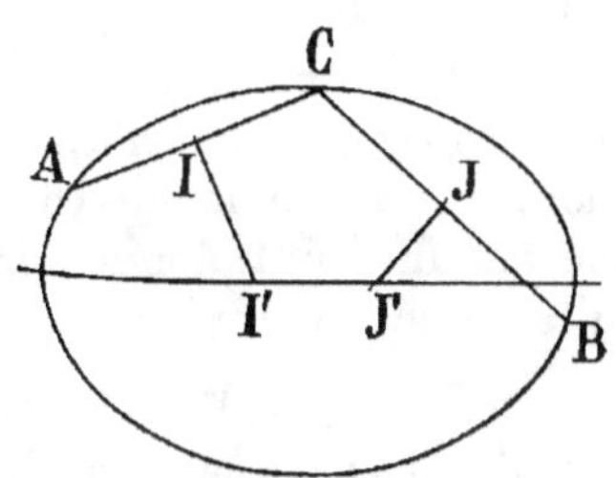

Π. On voit alors que le théorème de Laguerre et la conséquence qu'on en tire sont applicables aussi à la parabole.

4° Soient une conique à centre, A et B les points de contact des tangentes menées d'un point M à cette conique. Puisque les normales en A et B à la conique, les deux axes de la conique et la droite AB sont tangentes à une même parabole, les deux premières droites sont partagées par les trois dernières en vecteurs proportionnels. On a ainsi le théorème suivant :

A étant un point variable d'une conique à centre, si P et Q sont les points d'intersection de la normale en A avec l'axe focal et avec l'axe non focal, le rapport $\dfrac{AP}{AQ}$ est constant.

5° Soient une conique à centre Π variant de façon que ses foyers restent fixes, A et B les points de contact des tangentes menées à cette conique par un point fixe M. Le triangle T qui a pour côtés la droite AB et les normales en A et B à Γ est circonscrit à une parabole fixe Π. Un autre triangle circonscrit à cette parabole est le triangle qui a pour côtés les axes de la conique et la droite à l'infini. Il existe une conique ayant pour axes les axes fixes de la conique Γ et admettant le triangle T comme triangle conjugué.

Cela posé, supposons que la conique Γ vienne à passer par M ; les points A et B se confondent alors avec M, et le point de rencontre des normales en A et B à Γ se confond avec le centre de courbure de la conique Γ qui est relatif au point M. On a ainsi le théorème suivant :

La parabole Π touche les normales aux coniques Γ_1 et Γ_2 qui passent par M en deux points qui sont les centres de courbure I_1 et I_2 de ces coniques Γ relatifs au point M.

D'autre part, il existe une conique S ayant pour axes les axes des coniques Γ et admettant comme triangle conjugué le triangle aplati dont deux sommets sont confondus en M, la droite qui les joint étant la tangente en M à la conique Γ_1, et dont le troisième sommet est le point I_1. Cette conique S admet comme tangente en M la droite MI_1 qui est aussi tangente en M à Γ_2. Comme il n'existe qu'une conique admettant un triangle donné comme triangle conjugué et tangente à une droite donnée en un point donné, la conique S coïncide avec Γ_2. On a par suite le théorème suivant :

Étant données deux coniques à centre homofocales, si M est un de leurs points communs, le centre de courbure de l'une d'elles relatif à M est le pôle de la tangente en M à cette conique par rapport à l'autre conique,

ou encore

Étant données deux coniques à centre homofocales, si M est un de leurs points communs, les centres de courbure des coniques relatifs à M sont conjugués par rapport à chacune de ces coniques.

Si l'on considère des paraboles Γ homofocales, la démonstration précédente leur est applicable, à condition de remplacer le triangle formé par les axes des coniques homofocales à centre et la droite à l'infini par le triangle aplati dont deux côtés sont confondus avec la droite à l'infini, le point de rencontre de ces côtés étant le point à l'infini dans la direction perpendiculaire à la direction asymptotique des paraboles Γ, et dont le troisième côté est l'axe commun aux paraboles Γ.

Par application du théorème de Faure relatif aux triangles conjugués par rapport à une conique, on a aussi le théorème suivant :

Si I *est le centre de courbure relatif à un point* M *d'une conique* Γ, *le cercle de diamètre* MI *est orthogonal au cercle (ou droite) orthoptique de la conique homofocale à* Γ *qui passe par* M.

6° Soient une conique à centre Γ variant de façon que ses foyers restent fixes, A et B les points de contact des tangentes menées à cette conique par un point fixe M, N le point d'intersection des normales en A et B. On a le théorème suivant :

Le lieu du point N *est une droite* Δ.

En effet, le triangle NAB est circonscrit à une parabole fixe Π, et le cercle circonscrit au triangle NAB, qui passe par M, passe aussi par le foyer φ de la parabole Π. La droite φN, qui est la perpendiculaire en φ à la droite φM, est une droite fixe, et cette droite Δ est le lieu du point N.

De plus, M étant un point de la directrice de la parabole Π, sa polaire par rapport à Π est la droite Δ. Les deux tangentes NA et NB qu'on peut mener d'un point N de la droite Δ à la parabole Π sont conjuguées harmoniques par rapport à Δ et à la droite qui joint le point N au pôle M de Δ par rapport à la parabole Π. Il est donc facile de construire cette droite Δ connaissant les deux foyers réels F et F' des coniques Γ. Un point du lieu est le point N_1 diamétralement opposé à M sur le cercle circonscrit au triangle MFF' ; la droite Δ est la droite conjuguée harmonique de la droite N_1M par rapport aux droites N_1F et N_1F'.

Si la conique variable Γ vient à passer par M, le point N coïncide avec le centre de courbure de la conique Γ qui est relatif au point M. La droite Δ est la droite qui passe par les centres de courbure I_1 et I_2 relatifs à M des coniques Γ_1 et Γ_2 de foyers F et F' qui passent par M. Ce résultat donne un moyen de construire le centre de courbure relatif à un point M d'une conique à centre.

Avec des modifications faciles, le raisonnement s'applique aux paraboles homofocales.

CHAPITRE IV

TRANSFORMATION QUADRATIQUE.

1. Soit un faisceau linéaire ponctuel de coniques Γ, ayant quatre points communs distincts A, B, C, D. Parmi ces coniques, il en existe trois qui sont décomposées en deux côtés opposés du quadrangle ayant

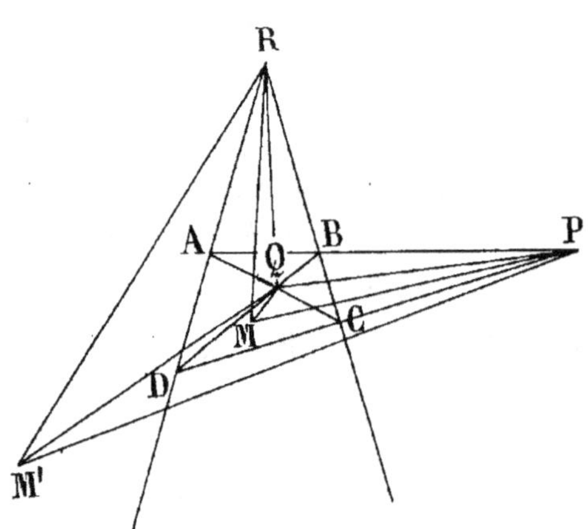

pour sommets A, B, C, D. Soient P, Q, R les points de rencontre respectifs des côtés AB et CD, AC et DB, AD et BC; le triangle PQR est conjugué par rapport à chacune des coniques Γ.

Les polaires d'un point M quelconque du plan par rapport aux coniques Γ sont concourantes en un point M', qui est, en particulier, le point commun aux droites conjuguées harmoniques des droites PM, QM et RM respectivement par rapport aux droites AB et CD, AC et DB, AD et BC. Le point M' sera dit *transformé quadratique de* M [1]. Comme les polaires de M' par rapport aux coniques Γ sont concourantes en M, le point M est le transformé quadratique de M' : la transformation ponctuelle du plan ainsi définie est réciproque.

Quand M est en un des points P, Q, R, par exemple en P, les polaires de M par rapport aux coniques Γ sont confondues suivant

---

(1) Plus habituellement, on entend par *transformation quadratique* toute transformation ponctuelle birationnelle qui fait correspondre à une droite quelconque une conique et, d'une manière générale, à une courbe algébrique quelconque de degré n une courbe algébrique de degré $2n$.

la droite QR ; le point M′ est indéterminé sur cette droite. Les points P, Q, R sont dits *points singuliers* de la transformation ; les droites QR, PR et PQ sont dites *lignes singulières* de la transformation.

Si le point M décrit une courbe S, le point M′ décrit une courbe S′ qui est dite *transformée de la courbe* S ; la transformation étant réciproque, la courbe S est la transformée de la courbe S′. Supposons que la courbe S passe par un point singulier, par P, par exemple ; quand M tend vers P, M′ tend vers une position limite μ sur la droite QR, la droite Pμ étant conjuguée harmonique de la tangente en P à la courbe S par rapport aux deux côtés du quadrangle ABCD qui se rencontrent en P.

Théorèmes. — 1° *La transformée d'une droite quelconque es une conique circonscrite au triangle* PQR.

Ce théorème a été établi au chapitre précédent, mais il y est énoncé sous une autre forme. La conique coïncide avec le lieu des pôles de la droite par rapport aux coniques Γ.

Quand la droite passe par un point singulier, P, par exemple, la transformée se décompose en la droite QR et une autre droite, conjuguée harmonique de la droite donnée par rapport aux deux droites PAB et PCD.

2° *Réciproquement, la transformée d'une conique circonscrite au triangle* PQR *est une droite.*

Soient en effet M_1 et M_2 deux points de cette conique, M_1' et M_2' leurs transformés. D'après le premier théorème, la droite $M_1'M_2'$ a pour transformée une conique circonscrite au triangle PQR et passant par M_1 et M_2 ; cette conique, ayant cinq points communs avec la conique donnée, coïncide avec elle. La transformation étant réciproque, la conique donnée a pour transformée la droite $M_1'M_2'$.

La tangente en P à la conique transformée d'une droite est conjuguée harmonique par rapport aux droites PAB et PCD de la droite qui joint le point P au point d'intersection de la droite donnée avec la droite QR.

Théorèmes. — 1° *La transformée d'une conique qui ne passe par aucun des points* P, Q, R *est une courbe du quatrième degré admettant les points* P, Q, R *comme points doubles.*

Cherchons en combien de points une droite Δ rencontre la

transformée S′ de la conique S. Comme la conique S ne passe par aucun des points P, Q, R, elle est rencontrée par la conique Δ′ transformée de la droite Δ en quatre points autres que P, Q, R. La droite Δ rencontre la courbe S′ en quatre points qui sont les transformés de ces quatre points; la courbe S′ est ainsi une courbe du quatrième degré.

Quand le point M variable sur la conique S tend vers un point d'intersection α de cette conique avec la droite QR, son transformé M′ tend vers P en décrivant une branche de la courbe S′ qui passe par P et admet comme tangente en P la droite conjuguée harmonique de la droite Pα par rapport aux droites PAB et PCD. Comme la conique S rencontre QR en deux points, la courbe S′ admet deux branches qui passent par P. Les points singuliers P, Q, R sont des points doubles de la quartique S.

2° *Réciproquement, la transformée d'une courbe du quatrième degré admettant les points* P, Q, R *comme points doubles est une conique ne passant par aucun des points* P, Q, R.

En effet, coupons la transformée S de la quartique S′ par une droite arbitraire Δ. Cette droite a pour transformée une conique Δ′ passant par P, Q, R. Les points d'intersection de S et de Δ ont pour transformés les points d'intersection autres que P, Q, R de S′ et de Δ′. Or, les courbes S′ et Δ′ se rencontrent en huit points dont six sont confondus avec P, Q, R ; il existe donc deux points variables d'intersection de S′ et de Δ′ et par suite deux points d'intersection de S et de Δ ; la courbe S est une conique. Cette conique ne passe par aucun des points P, Q, R ; sinon, sa transformée S′ serait une courbe algébrique de degré inférieur à 4.

Cas particuliers. — 1° Supposons que la conique S admette le triangle PQR comme triangle conjugué. La droite Pα est alors tangente en α à la conique S. Une droite variable δ passant par P rencontre S en deux points M_1 et M_2 qui tendent simultanément vers α quand δ tend vers la droite Pα. Les points M_1' et M_2' transformés de M_1 et de M_2 sont situés sur une droite variable δ' passant par P et conjuguée harmonique de δ par rapport aux droites PAB et PCD ; ces points tendent simultanément vers P, et la droite δ' tend vers la droite conjuguée harmonique de Pα par rapport aux droites PAB et PCD. Cette droite δ' rencontre la branche de la courbe S′ que décrivent M_1' et M_2' en trois points confondus avec le point P ; c'est une tangente d'inflexion. On a ainsi le théorème suivant :

La transformée d'une conique admettant le triangle PQR *comme triangle conjugué est une courbe du quatrième degré qui admet les points* P, Q, R *comme points doubles d'inflexion.*

Ce théorème s'applique, en particulier, aux coniques Γ proprement dites. Remarquons que chacun des points A, B, C, D coïncide avec son transformé; la quartique transformée d'une conique Γ passe par les quatre points A, B, C, D.

Ce théorème admet une réciproque.

2° Supposons que la conique S soit inscrite au triangle PQR. Le point P est encore un point double de la quartique transformée S′; mais, les deux points d'intersection de la conique S avec la droite QR étant confondus, les tangentes à S′ en P sont elles-mêmes confondues. On a ainsi le théorème suivant :

La transformée d'une conique inscrite au triangle PQR *est une courbe du quatrième degré admettant les points* P, Q, R *comme points de rebroussement.*

Ce théorème admet une réciproque.

Théorème. — *La transformée d'une conique* S *qui passe par un des points* P, Q, R, *par exemple* P, *est une cubique admettant le point* P *comme point double.*

Un raisonnement analogue à celui qui a été employé pour établir les théorèmes précédents montre qu'une droite quelconque rencontre la courbe S′ transformée de S en trois points.

Ce théorème admet une réciproque.

Théorème. — *La transformée d'une conique* S *qui passe par deux des points* P, Q, R, *par exemple* P *et* Q, *est une conique passant par ces deux points.*

Un raisonnement analogue aux précédents montre qu'une droite quelconque rencontre la courbe S′ transformée de S en deux points. D'autre part, si un point M varie sur S en tendant vers le point d'intersection autre que Q de la conique S avec la droite QR, son transformé M′ tend vers P en décrivant une branche de la conique S′ qui passe par P.

Par un raisonnement analogue aux précédents, on établit le théorème général suivant :

Une courbe algébrique de degré n *admettant les points* P, Q, R *respectivement comme points multiples d'ordres* p, q, r *a pour trans-*

formée une courbe algébrique de degré $2n - (p + q + r)$ *admettant les points* P, Q, R *respectivement comme points multiples d'ordre* $n - (q + r)$, $n - (p + r)$, $n - (p + q)$.

Pour rendre cet énoncé valable dans tous les cas, il convient de regarder une courbe algébrique qui ne passe pas par un des points P, Q, R comme une courbe qui admet ce point comme point multiple d'ordre o.

2. Corrélativement, soit un faisceau linéaire tangentiel de coniques Γ ayant quatre tangentes communes distinctes. Ces quatre droites sont les côtés d'un quadrilatère complet ; désignons par

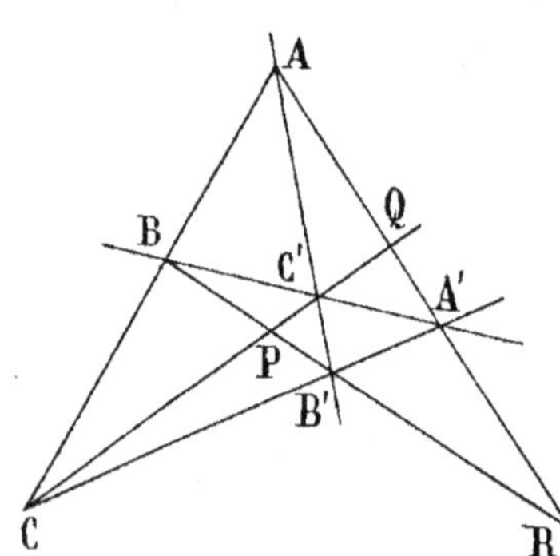

A, B, C trois sommets de ce quadrilatère situés sur un même côté et par A′, B′, C′ les sommets de ce quadrilatère respectivement opposés à A, B, C ; soient P, Q, R les points d'intersection des diagonales BB′ et CC′, CC′ et AA′, AA′ et BB′. Parmi les coniques du faisceau linéaire tangentiel, il en existe trois qui sont décomposées en deux sommets opposés du quadrilatère ; le triangle PQR est conjugué par rapport à chacune des coniques Γ.

Les pôles par rapport à ces coniques d'une droite Δ sont situés sur une même droite Δ′ qui passe par les conjugués harmoniques des points d'intersection de Δ avec les diagonales AA′, BB′, CC′, respectivement par rapport aux points A et A′, B et B′, C et C′. Cette droite Δ′ sera dite *transformée quadratique* de Δ. Comme les pôles de Δ′ par rapport aux coniques Γ sont situés sur Δ, Δ est la transformée quadratique de Δ′ : la transformation tangentielle du plan ainsi définie est réciproque.

Quand Δ coïncide avec une des droites AA′, BB′, CC′, côtés du triangle PQR, les pôles de Δ sont confondus avec le sommet opposé de ce triangle ; la droite Δ′ est une droite indéterminée passant par ce point. Les côtés du triangle PQR sont dits *droites singulières* de la transformation ; les sommets P, Q, R de ce triangle sont dits *enveloppes singulières* de la transformation.

Si la droite Δ enveloppe une courbe S, la droite Δ′ enveloppe une courbe S′ qui est dite *transformée de* S ; la transformation étant réciproque, la courbe S est la transformée de S′. Supposons que S soit tangente à une droite singulière, QR par exemple ; quand Δ tend vers QR, Δ' tend vers une position limite δ passant par P, le point d'intersection de δ avec QR étant conjugué harmonique du point de contact de QR avec S par rapport aux deux points A et A'.

On a les théorèmes suivants qui se déduisent des théorèmes établis relativement à la transformation quadratique ponctuelle par simple application du principe de dualité et qu'il nous suffira d'énoncer :

1° *La transformée d'une enveloppe réduite à un point est une conique inscrite au triangle* PQR. *Elle coïncide avec l'enveloppe des polaires de ce point par rapport aux coniques* Γ.

Quand le point donné est situé sur un des côtés du triangle PQR, QR par exemple, la conique se décompose en le point P et un autre point conjugué harmonique du point donné par rapport aux points A et A'.

2° *Réciproquement, la transformée d'une conique inscrite au triangle* PQR *est un point.*

3° *La transformée d'une conique* S *qui n'est tangente à aucun des côtés du triangle* PQR *est une courbe de la quatrième classe qui admet les trois côtés de ce triangle comme tangentes doubles, et réciproquement.*

Les points de contact de la tangente double QR sont conjugués harmoniques par rapport aux points A et A' des points de rencontre avec QR des tangentes à la conique S qui passent par P.

Si la conique S *admet le triangle* PQR *comme triangle conjugué, la transformée* S' *admet les trois côtés de ce triangle comme tangentes doubles de rebroussement, et réciproquement.*

Ce théorème s'applique en particulier aux coniques Γ du faisceau linéaire tangentiel donné.

Si la conique S *est circonscrite au triangle* PQR, *sa transformée admet les trois côtés de ce triangle comme tangentes d'inflexion, et réciproquement.*

4° *La transformée d'une conique qui est tangente à un des côtés du triangle* PQR *est une courbe de la troisième classe qui admet ce côté comme tangente double, et réciproquement.*

5° *La transformée d'une conique tangente à deux des côtés du triangle* PQR *est une conique tangente aussi à ces deux droites.*

3. Applications. — 1° Soient deux hyperboles équilatères concentriques. Si O est leur centre commun et si I et J sont les points cycliques, le triangle OIJ est le triangle conjugué commun à ces deux coniques. Considérons le faisceau linéaire ponctuel des coniques Γ qui contient les deux hyperboles données. Le triangle OIJ étant conjugué par rapport à chacune de ces coniques, il s'ensuit que chaque conique Γ est une hyperbole équilatère de centre O.

La transformation d'un point M du plan en le point M′ commun aux polaires de M par rapport aux coniques Γ a des propriétés particulières qui la rattachent à l'inversion.

Les sécantes D et D′ qui passent par O et qui sont communes aux coniques Γ sont rectangulaires ; une de ces droites, soit D, rencontre les coniques Γ en deux points réels ; soit A un de ces deux points ; il se transforme en lui-même. Les droites OM et OM′ sont conjuguées harmoniques par rapport aux droites D et D′ et par suite symétriques par rapport à D. D'autre part, la transformée d'une droite Δ est un cercle passant par O ; la tangente à ce cercle en O est symétrique par rapport à D de la parallèle menée par O à la droite Δ ; réciproquement, la transformée d'un cercle passant par O est une droite parallèle à la symétrique par rapport à D de la tangente en O au cercle.

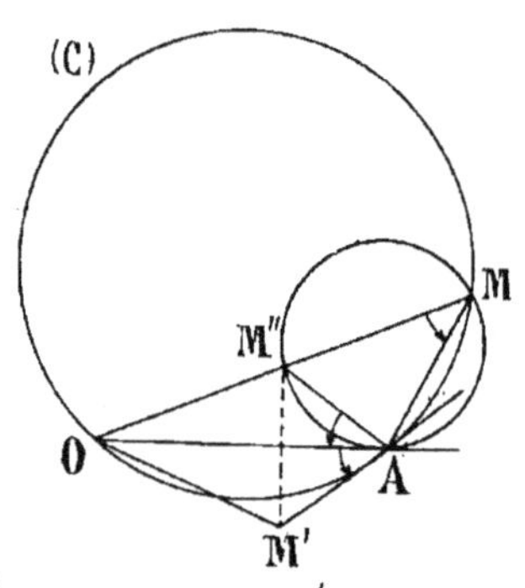

Cela posé, M étant un point quelconque du plan, considérons le cercle qui passe par les points O, A, M ; il a pour courbe transformée une droite passant par A, qui, étant parallèle à la symétrique de la tangente en O par rapport à OA, coïncide avec la tangente en A au cercle. Soit M″ le symétrique de M′ par rapport à OA ; c'est un point de la droite OM. Or, on a les relations angulaires suivantes :

$$(AM'', OA) = (OA, AM') = (OM, MA),$$

et il en résulte que le cercle AMM″ est tangent en A à la droite OA. Par suite, on a

$$\overline{OM} \cdot \overline{OM''} = \overline{OA}^2 = \text{const.}$$

La transformation de M en M″ est une inversion de pôle O ; *la transformation de M en M′ est le produit d'une inversion de pôle O et d'une symétrie par rapport à une droite passant par O.*

Voici des applications.

α. Soit une conique S autre qu'un cercle et supposons que cette conique ne passe pas par O. La transformation précédente la transforme en une quartique S′ qui admet le point O et les points cycliques I et J comme points doubles. Comme cette transformation est le produit d'une inversion de pôle O et d'une symétrie par rapport à une droite passant par O, on a le théorème suivant :

L'inverse d'une conique, autre qu'un cercle, dans une inversion qui a pour pôle un point O non situé sur la conique est une quartique bicirculaire admettant le point O comme point double, les tangentes en ce point étant parallèles aux directions asymptotiques de la conique.

Ce théorème admet une réciproque :

L'inverse d'une quartique bicirculaire qui admet un point double O à distance finie, dans une inversion qui a pour pôle le point O, est une conique, autre qu'un cercle, qui ne passe pas par O et dont les directions asymptotiques sont les directions des tangentes en O à la quartique.

En effet, considérons un faisceau linéaire ponctuel d'hyperboles équilatères Γ admettant le triangle OIJ comme triangle conjugué commun, et la transformation quadratique ponctuelle définie au moyen de ce faisceau de coniques. La transformée de la quartique est, d'après un théorème antérieur (§ 1), une conique S ne passant par aucun des points O, I, J. Comme la transformation quadratique considérée est le produit d'une inversion de pôle O et d'une symétrie par rapport à une droite D passant par O, la quartique est l'inverse, dans une inversion de pôle O, de la courbe symétrique de S par rapport à D, qui est aussi une conique ne passant par aucun des points O, I, J.

En particulier, soit une conique S admettant le triangle OIJ comme triangle conjugué ; c'est une hyperbole équilatère de centre O. La transformation précédente transforme cette hyperbole en une quartique S′ qui admet le point O et les points cycliques I et J comme points doubles d'inflexion. Le point O est centre de cette courbe, car si deux points M sont symétriques par rapport à O, il en est de même de leurs transformés M′. Les tangentes en O à la quartique S′ sont conjuguées harmoniques respectivement des directions asymptotiques de S par rapport aux deux droites rectangulaires D et D′; il s'ensuit que les tangentes en O à S′ sont rectangulaires. On a ainsi le théorème suivant :

L'inverse d'une hyperbole équilatère dans une inversion ayant pour pôle le centre O de l'hyperbole est une quartique admettant les points cycliques comme points doubles d'inflexion, le point O comme centre et comme point double d'inflexion, les tangentes en ce point étant rectangulaires et étant d'ailleurs les asymptotes de l'hyperbole équilatère.

F et F′ étant les foyers réels de l'hyperbole équilatère, prenons comme puissance d'inversion $\overline{OF}^2$ ou $\overline{OF'}^2$. Soit M_1 l'inverse du point M de l'hyperbole. On a

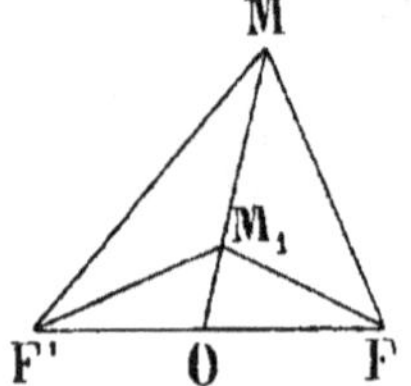

$$M_1F = MF \cdot \frac{OF}{OM}, \qquad M_1F' = MF' \cdot \frac{OF'}{OM},$$

d'où $\qquad M_1F \cdot M_1F' = \overline{OF}^2 \cdot \frac{MF \cdot MF'}{\overline{OM}^2}.$

Or, on a, d'après la définition élémentaire de l'hyperbole,

$$|MF - MF'| = \text{const.} = OF\sqrt{2},$$

d'où $\qquad \overline{MF}^2 + \overline{MF'}^2 - 2MF \cdot MF' = 2\overline{OF}^2,$

et d'autre part, d'après le théorème de la médiane,

$$\overline{MF}^2 + \overline{MF'}^2 = 2\overline{OM}^2 + 2\overline{OF}^2.$$

On en déduit $\qquad MF \cdot MF' = \overline{OM}^2,$

et par suite $\qquad M_1F \cdot M_1F' = \overline{OF}^2.$

Si l'on change la puissance d'inversion, l'inverse de la conique est remplacée par une courbe homothétique du lieu de M_1 par rapport à O. On obtient ainsi le théorème suivant :

L'inverse d'une hyperbole équilatère par rapport à son centre est une courbe lieu des points dont le produit des distances à deux points fixes est constant et égal au carré de la demi-distance de ces deux points fixes.

Une telle courbe est dite *lemniscate de Bernoulli,* et l'on a le théorème suivant :

La lemniscate de Bernoulli est une quartique bicirculaire qui admet les points cycliques comme points doubles d'inflexion, qui a un troisième point double à distance finie centre de la courbe, nécessairement point double d'inflexion, les tangentes en ce point étant rectangulaires ([1]).

Soit inversement une quartique bicirculaire admettant un point double O à distance finie, centre de la courbe et à tangentes rectangulaires. Considérons un faisceau linéaire ponctuel d'hyperboles équilatères Γ admettant le triangle OIJ comme triangle conjugué commun, et la transformation quadratique ponctuelle définie au moyen de ce faisceau de coniques. La transformée de la quartique est une conique qui admet le triangle OIJ comme triangle conjugué ; c'est donc une hyperbole équilatère de centre O. Il s'ensuit que la quartique est l'inverse, dans une inversion de pôle O, d'une hyperbole équilatère de centre O, symétrique de l'hyperbole équilatère précédente par rapport à une certaine droite passant par O ; autrement dit, la quartique est une lemniscate de Bernoulli.

Soit une conique S admettant pour foyer le point O ; cette conique est tangente aux deux droites OI et OJ ; par suite, elle a pour transformée une quartique S' admettant le point O comme point double et les points cycliques I et J comme points de rebroussement. On a ainsi le théorème suivant :

L'inverse d'une conique dans une inversion ayant pour pôle un foyer O de la conique est une quartique qui admet les points cycliques comme points de rebroussement et qui admet aussi le point O comme point double, les tangentes en ce point étant d'ailleurs parallèles aux directions asymptotiques de la conique.

Soit inversement une quartique bicirculaire admettant les points cycliques comme points de rebroussement et un point double O à distance finie. Considérons un faisceau linéaire ponctuel d'hyperboles équilatères Γ admettant le triangle OIJ comme triangle conjugué commun, et la transformation quadratique ponctuelle définie au moyen de ce faisceau de coniques. La transformée de la quartique est, d'après un théorème antérieur, une conique tangente aux côtés OI et OJ du triangle OIJ, c'est-à-dire admettant le point O comme foyer. Il s'ensuit que la quartique est l'inverse, dans une inversion de pôle O, d'une conique de foyer O, symétrique de la conique précédente par rapport à une certaine droite passant par O.

([1]) On appelle *ovale de Cassini* le lieu des points dont le produit des distances à deux points fixes F et F' est constant. La lemniscate est l'ovale de Cassini qui passe par le milieu O du segment FF', ce point étant nécessairement un point double de la courbe.

β. Considérons un faisceau linéaire ponctuel d'hyperboles équilatères de même centre O et la transformation quadratique ponctuelle définie au moyen de ce faisceau de coniques. Soit une conique S, autre qu'un cercle, passant par O. La transformation considérée la transforme en une cubique S′ passant par les points cycliques et admettant le point O comme point double. Il s'ensuit que l'on a le théorème suivant :

L'inverse d'une conique, autre qu'un cercle, dans une inversion qui a pour pôle un point O de la conique est une cubique circulaire admettant le point O comme point double, les tangentes en ce point étant parallèles aux directions asymptotiques de la conique.

Ce théorème admet une réciproque :

L'inverse d'une cubique circulaire à point double, dans une inversion qui a pour pôle le point double, est une conique qui passe par le point double et dont les directions asymptotiques sont les directions des tangentes au point double.

En particulier, l'inverse d'une parabole, dans une inversion qui a pour pôle un point de la parabole, est une cubique circulaire ayant le pôle d'inversion comme point de rebroussement. Une telle cubique est dite une *cissoïde.*

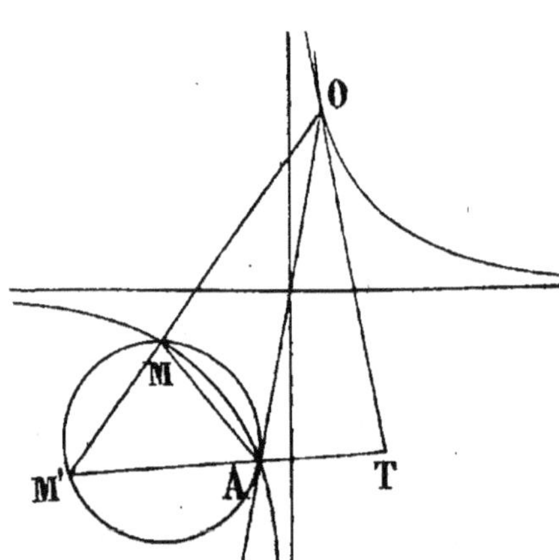

L'inverse d'une hyperbole équilatère, dans une inversion qui a pour pôle un point de l'hyperbole, est une cubique circulaire ayant le pôle d'inversion comme point double à tangentes rectangulaires. Une telle cubique est dite une *strophoïde.* Soit A le point diamétralement opposé au point O sur l'hyperbole. Prenons pour puissance d'inversion $\overline{OA}^2$. M étant un point de l'hyperbole, son inverse M′ est à l'intersection de la droite OM et du cercle tangent en A à la droite OA et passant par M. La droite OA et la tangente OT en O à l'hyperbole, de même que les droites MO et MA, font des angles opposés avec une asymptote ; donc, on a

$$(AM, AO) = (OT, OM).$$

D'autre part, on a

$$(AM, AO) = (M'M, M'A).$$

On a donc

$$(M'M, M'A) = (OT, OM),$$

ce qui prouve que, si T est le point d'intersection de la tangente en O à l'hyperbole et de la droite M'A, on a $TM' = TO$. On retrouve ainsi la définition élémentaire de la strophoïde.

γ. Soient deux courbes S et S_1 polaires réciproques l'une de l'autre par rapport à un cercle ω de centre O. Il est immédiat que l'inverse de l'une de ces courbes dans une inversion qui a pour pôle O et pour puissance le carré du rayon du cercle ω, coïncide avec la podaire de l'autre par rapport au point O. Or, si l'une des deux courbes est une conique qui ne passe pas par O, l'autre est une conique autre qu'une parabole ; si l'une des courbes est une conique qui passe par O, l'autre est une parabole. On a par suite les théorèmes suivants :

1° *La podaire d'une conique à centre par rapport à un point O est une quartique bicirculaire admettant le point O comme point double, les tangentes en ce point étant perpendiculaires aux tangentes menées de ce point à la conique.*

2° *La podaire d'une parabole par rapport à un point O est une cubique circulaire admettant le point O comme point double, les tangentes en ce point étant perpendiculaires aux tangentes menées de ce point à la conique.*

Ces deux théorèmes admettent des réciproques.

En particulier, une hyperbole équilatère se transformant en elle même par polaires réciproques par rapport au cercle concentrique qui passe par ses sommets réels, on voit que *la podaire d'une hyperbole équilatère par rapport à son centre est une lemniscate qui a pour point double réel le centre de l'hyperbole, les tangentes en ce point étant les asymptotes de l'hyperbole.*

Une conique de foyer O se transformant en un cercle par polaires réciproques par rapport à un cercle de centre O, on voit aussi que *la podaire d'un cercle par rapport à un point O est une quartique admettant les points cycliques comme points de rebroussement, le point O comme point double, les tangentes en ce point O étant perpendiculaires aux tangentes menées de O au cercle.* Une telle quartique est dite un *limaçon de Pascal.* Quand le point O est situé sur le cercle, la quartique admet le point O comme point de rebroussement ; elle est dite alors une *cardioïde. L'inverse d'une parabole dans une inversion qui a pour pôle le foyer de la parabole est une cardioïde qui admet le foyer de la parabole comme point de rebroussement à distance finie.*

Enfin, considérons une parabole. La podaire de cette parabole 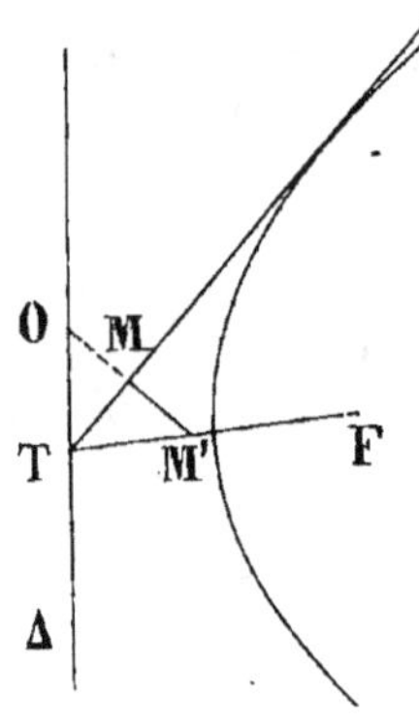 par rapport à un point O de sa directrice est une cubique circulaire qui admet le point O comme point double, les tangentes en ce point étant rectangulaires et coïncidant avec les tangentes menées de O à la parabole ; *cette cubique est donc une strophoïde.* Soit T le point d'intersection d'une tangente à la parabole et de la directrice Δ. La droite symétrique de Δ par rapport à la tangente à la parabole passe par le foyer F, et cette droite contient l'homothétique M', dans l'homothétie de pôle O et de rapport 2, du pied M de la perpendiculaire menée de O sur la tangente à la parabole. Le lieu de M' est aussi une strophoïde. Or, on a $TM' = TO$; on retrouve encore ainsi la définition élémentaire de la strophoïde.

5. Soient un cercle Γ et une droite Δ. Par un point fixe O de Γ menons une droite variable rencontrant le cercle en un point variable P et la droite en un point Q. Soit sur cette sécante le point M tel que l'on ait $\overrightarrow{OM} = \overrightarrow{PQ}$. 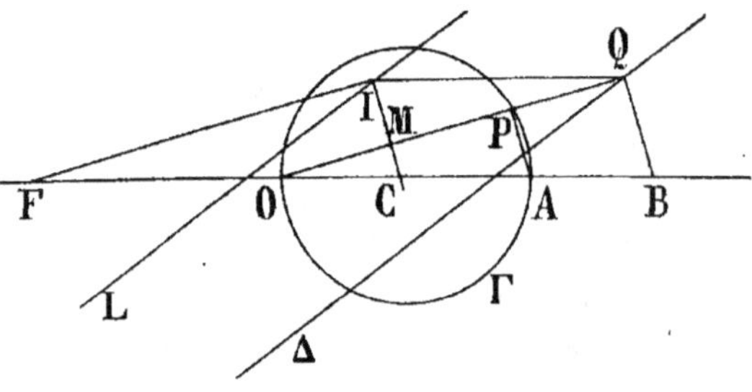

Nous allons montrer que *le lieu de M est une cubique circulaire admettant le point O comme point double.*

En effet, soit A le point diamétralement opposé au point O sur le cercle Γ ; la droite PA est perpendiculaire à la droite OP. Menons en M et Q les perpendiculaires à la droite OP, rencontrant OA respectivement aux points C et B ; on a évidemment

$$\overrightarrow{CB} = \overrightarrow{OA} = \text{const.}$$

Menons par Q la parallèle à OA, rencontrant MC en I ; on a

$$\overrightarrow{IQ} = \overrightarrow{CB} = \text{const.}$$

Le lieu de I est donc une droite L parallèle à Δ. D'autre part, menons en I la parallèle à OP, c'est-à-dire la perpendiculaire à MC, rencontrant OA en F. On a

$$\vec{FO} = \vec{IQ} = \text{const.}$$

Donc le point F est fixe. La droite MC enveloppe la parabole qui a pour foyer F et pour tangente au sommet L ; le lieu de M est la podaire de cette parabole par rapport à O ; par suite, c'est une cubique circulaire ayant le point O comme point double. La droite Δ est l'asymptote réelle de la cubique.

Le point M coïncide avec O quand P coïncide avec un des points d'intersection de Γ et de Δ. Il s'ensuit que les tangentes en O sont les droites qui joignent le point O aux points d'intersection de Γ et de Δ. En particulier, si Δ est tangente à Γ, la cubique est une cissoïde, si Δ est un diamètre de Γ, la cubique est une strophoïde.

Toute cubique circulaire à point double étant la podaire d'une parabole par rapport à son point double, le raisonnement précédent repris en sens inverse prouve que toute cubique circulaire peut être engendrée par le procédé qui vient d'être défini.

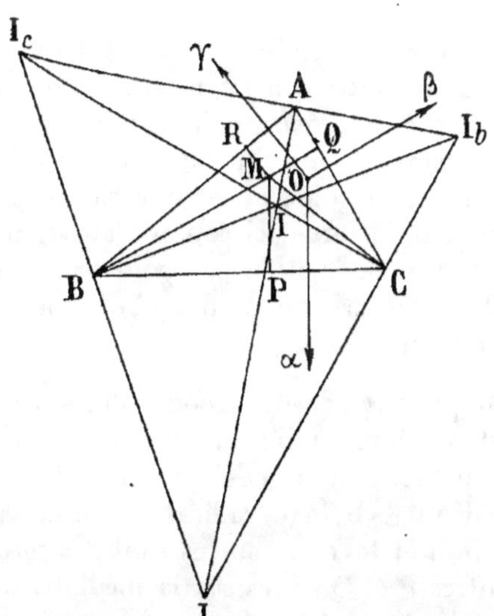

2° Soient un triangle ABC, I, I_a, I_b, I_c les centres des cercles inscrit et exinscrits au triangle. Le quadrangle de sommets I, I_a, I_b, I_c est orthocentrique ; les coniques circonscrites à ce quadrangle sont des hyperboles équilatères Γ formant un faisceau linéaire ponctuel ; le triangle ABC est conjugué par rapport à chacune des coniques du faisceau.

Le faisceau définit une transformation quadratique ponctuelle. Le transformé M' d'un point M du plan est le point d'intersection des droites AM', BM', CM' symétriques respectivement des droites AM, BM, CM par rapport aux bissectrices des angles A, B, C du triangle donné.

Faisons choix d'un point fixe O intérieur au triangle ABC, abaissons de O les perpendiculaires sur les côtés du triangle et orientons ces droites de manière que les demi-droites positives $O\alpha$, $O\beta$, $O\gamma$ issues de O, sur ces droites, contiennent respectivement les points de rencontre des droites avec les côtés du triangle. Les mesures algébriques x, y, z des vecteurs $\overrightarrow{MP}$, $\overrightarrow{MQ}$, $\overrightarrow{MR}$ comptées respectivement sur les axes $O\alpha$, $O\beta$, $O\gamma$ sont dites les *coordonnées trilinéaires normales* du point M par rapport au triangle ABC.

Si x', y', z' sont les coordonnées trilinéaires normales du point M', il est facile de voir que l'on a les relations

$$xx' = yy' = zz'.$$

Les points M et M' sont dits *inverses l'un de l'autre par rapport au triangle* ABC.

Dans la transformation quadratique par points inverses par rapport à un triangle, les centres des cercles inscrit et exinscrits au triangle se transforment en eux-mêmes, le point de concours des hauteurs du triangle et le centre du cercle circonscrit au triangle sont transformés l'un de l'autre.

D'après le théorème de Poncelet relatif aux tangentes menées d'un point à une conique et aux droites qui joignent ce point aux foyers réels de la conique, on voit que deux points inverses M et M' sont foyers d'une même conique inscrite au triangle ABC. Quand un des foyers est à l'infini, la conique est une parabole, le foyer à distance finie est alors sur le cercle circonscrit au triangle ABC ; autrement dit, dans la transformation par points inverses, la droite à l'infini et le cercle circonscrit au triangle ABC sont des courbes transformées l'une de l'autre.

5° Soient les cercles Γ qui passent par deux points fixes A et B à distance finie ; ils forment un faisceau linéaire ponctuel. Parmi ces cercles, il en existe trois qui sont décomposés en deux droites ; l'un d'eux est formé de la droite AB, axe radical commun aux cercles Γ, et de la droite à l'infini ; les deux autres sont des cercles de rayon nul ayant pour centres P et Q situés sur la médiatrice de AB, ligne des centres des cercles Γ. Le triangle qui a pour sommets les points P et Q et le point à l'infini R sur la droite AB est conjugué par rapport à tous les cercles Γ.

Considérons la transformation quadratique ponctuelle définie au moyen du faisceau des cercles Γ. Le transformé M' d'un point M est le point de rencontre des perpendiculaires en P et Q respectivement aux droites MP et MQ ; c'est le point diamétralement opposé au point M sur le cercle qui passe par M, P, Q. Ainsi,

La transformation qui fait se correspondre deux points diamétralement

opposés sur un cercle variable qui passe par deux points fixes P et Q est une transformation quadratique. Les points singuliers de la transformation sont les points P et Q et le point à l'infini R dans la direction des perpendiculaires à la droite PQ.

Soient deux points fixes P et Q. M étant un point variable, considérons le point M′ de concours des hauteurs du triangle MPQ ; le point M est le point de concours des hauteurs du triangle M′PQ. Soit d'autre part le point M_1 diamétralement opposé au point M sur le cercle MPQ. Les points M′, P, Q et M_1 sont évidemment les sommets d'un parallélogramme et par suite les points M_1 et M′ sont symétriques par rapport au milieu O de PQ. On a ainsi le théorème suivant :

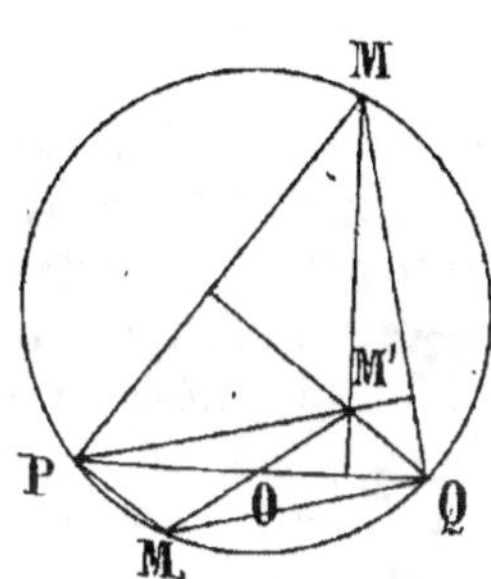

La transformation qui fait correspondre à un point M le point M′ de concours des hauteurs du triangle qui a pour sommets deux points fixes P et Q du plan et le point M est le produit d'une transformation quadratique, qui a pour points singuliers les points P et Q et le point R à l'infini dans la direction des perpendiculaires à PQ, et d'une symétrie par rapport au milieu O de PQ.

4° Soit un triangle ABC. Les trois côtés de ce triangle et la droite à l'infini sont les côtés d'un quadrilatère complet ; les points A, B, C sont trois des sommets de ce quadrilatère, les sommets opposés sont respectivement les points à l'infini A′, B′, C′ des droites BC, CA et AB. Il existe une infinité de coniques Γ inscrites à ce quadrilatère complet ; ce sont les paraboles qui sont inscrites au triangle donné ABC ; elles forment un faisceau linéaire tangentiel. Parmi ces coniques il en existe trois décomposées en deux points ; ce sont les couples de points A et A′, B et B′, C et C′. Le triangle PQR dont les côtés sont les parallèles menées par les sommets du triangle ABC respectivement aux côtés opposés est conjugué par rapport à chacune des coniques Γ.

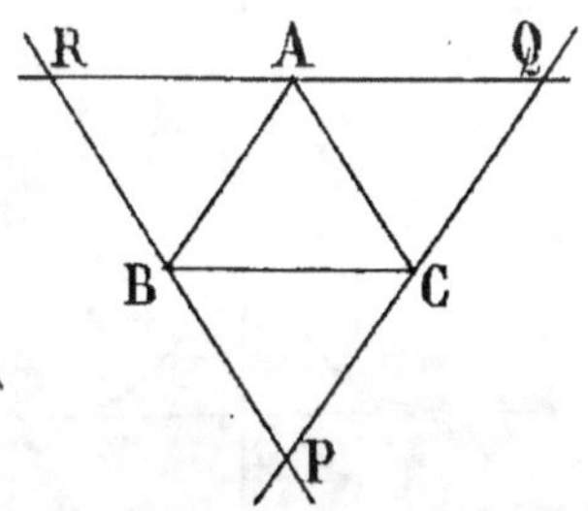

Considérons la transformation quadratique tangentielle définie au moyen du faisceau linéaire tangentiel des coniques Γ. La transformée D′ d'une droite D qui rencontre les côtés du triangle PQR aux points α, β, γ rencontre les côtés du triangle PQR aux points α′, β′, γ′ respectivement symétriques de α, β, γ par rapport aux milieux des côtés QR, RP et PQ du triangle PQR. D'après une dénomination due à G. de Longchamps, les droites D et D′ sont des *transversales réciproques* du triangle PQR. *La transformation par transversales réciproques est une transformation quadratique tangentielle dont les droites singulières sont les côtés du triangle par rapport auquel les droites transformées sont transversales réciproques.*

5° Soient les coniques Γ qui admettent comme foyers deux points réels F et F′ donnés à distance finie; ces coniques forment un faisceau linéaire tangentiel. Considérons la transformation quadratique tangentielle définie au moyen de ce faisceau. La transformée D′ d'une droite D est la normale à la conique Γ tangente à D, dont le pied est le point de contact de Γ et de D.

Si la droite D varie en enveloppant une conique Γ, la droite D′ reste toujours normale à cette conique au point de contact avec D; autrement dit, la transformée quadratique tangentielle de la conique Γ est la développée de cette conique. Il s'ensuit que *la développée d'une conique à centre est une courbe de la quatrième classe qui admet les axes de la conique et la droite à l'infini comme tangentes doubles de rebroussement.* Les axes de la conique sont axes de symétrie de cette courbe. Les points de rebroussement situés sur chacun des axes sont les conjugués harmoniques par rapport aux foyers situés sur l'axe des points d'intersection de l'axe avec la conique; les directions asymptotiques de la développée sont perpendiculaires aux directions asymptotiques de la conique.

Réciproquement, soit une courbe S de la quatrième classe, admettant comme tangentes doubles de rebroussement deux droites rectangulaires Ox et Oy et la droite à l'infini, les points de rebroussement à distance finie étant les sommets d'un losange (autre qu'un carré) de diagonales Ox et Oy. Montrons que cette courbe est la développée d'une conique à centre.

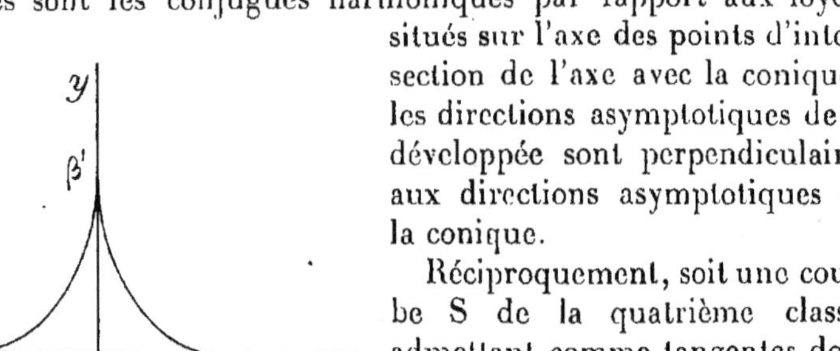

Supposons en effet que la distance des points de rebroussement α et α′ situés sur Ox soit plus petite que la distance des points de rebroussement β et β′ situés sur Oy. Cherchons une conique Γ ayant pour axe focal Ox, pour axe non focal Oy, de façon que α et α' soient conjugués harmoniques des sommets A et A' situés sur Ox par rapport aux foyers réels F et F' situés sur Ox et que β et β' soient conjugués harmoniques des sommets B et B' situés sur Oy par rapport aux foyers imaginaires φ et φ' situés sur Oy. On doit avoir, en désignant par c la distance de O à chacun des points F et F',

$$OA = \frac{c^2}{O\alpha}, \qquad OB = \frac{c^2}{O\beta},$$

d'où, en élevant au carré et en retranchant,

$$c^2 = c^4 \left(\frac{1}{\overline{O\alpha}^2} - \frac{1}{\overline{O\beta}^2} \right),$$

égalité qui détermine les foyers et les sommets de la conique Γ cherchée.

Considérons la développée S' de cette conique Γ ; c'est une courbe de la quatrième classe qui admet les droites Ox et Oy comme tangentes doubles de rebroussement, les points de contact étant les points α et α', β et β', et qui admet aussi comme tangente double de rebroussement la droite à l'infini. Or, quand deux courbes ont une tangente double commune, cette droite compte au moins pour quatre dans le nombre des tangentes communes aux deux courbes ; elle compte au moins pour six quand les deux points de contact avec les deux courbes sont les mêmes, et au moins pour huit quand ces deux mêmes points de contact sont de rebroussement. D'après cela, on voit que les deux courbes S et S' ont au moins $8 + 8 + 4$, c'est-à-dire 20 tangentes communes ; ce nombre étant supérieur au produit des classes des deux courbes, ces deux courbes sont confondues.

Par application de ce qui précède, proposons-nous de déterminer les normales à une conique à centre qui passent par un point donné P à distance finie. Le point P a, comme nous le savons, pour courbe transformée une parabole Π tangente aux axes de la conique Γ. Les quatre tangentes communes à cette parabole et à la conique Γ ont pour transformées les quatre normales cherchées. La parabole Π est tangente à la polaire de P par rapport à Γ. Elle a pour transformée par polaires réciproques par rapport à Γ une conique qui passe par le centre de Γ, les points à l'infini sur les axes de Γ, le point P et les pieds des quatre normales menées de P à Γ ; cette conique est l'hyperbole d'Apollonius relative au point P.

4. Considérons deux coniques proprement dites, tangentes en un point A et se rencontrant en deux autres points distincts B et C. Il existe un faisceau linéaire ponctuel de coniques Γ qui contient

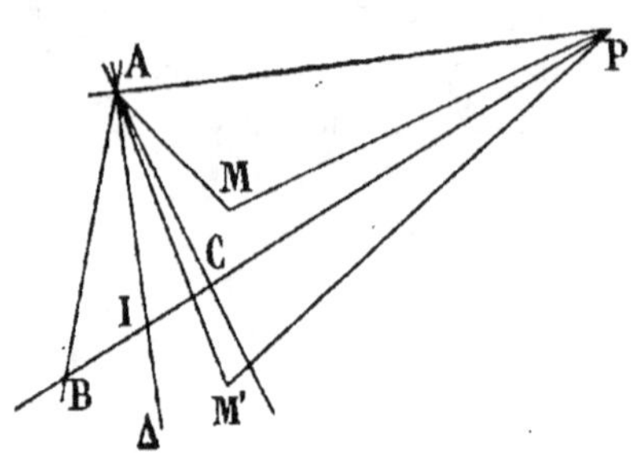

ces deux coniques; les coniques Γ sont tangentes en A à chacune des deux coniques, à l'exception de la conique formée des droites AB et AC, qui admet le point A comme point double. Outre cette conique, le faisceau linéaire contient encore une conique décomposée, formée de la tangente en A aux coniques Γ et de la droite BC. Le point P d'intersection de ces deux droites a par rapport aux coniques Γ une même polaire Δ qui passe par A et par le conjugué harmonique I de P par rapport aux points B et C. Les polaires d'un point M quelconque du plan par rapport aux coniques Γ sont concourantes en un point M′, qui est, en particulier, le point de rencontre de la droite conjuguée harmonique de la droite AM par rapport aux droites AB et AC et de la droite conjuguée harmonique de la droite PM par rapport aux droites PA et PBC. Le point M′ sera dit encore *transformé quadratique de* M. La transformation ponctuelle ainsi définie est réciproque.

Quand M est en A, M′ est indéterminé sur la droite PA; quand M est en P, M′ est indéterminé sur la droite Δ. Les points A et P sont dits *points singuliers* de la transformation, la droite PA et la droite Δ sont dites *droites singulières* de la transformation.

On a les théorèmes suivants, qui se démontrent comme les théorèmes correspondants relatifs à la transformation quadratique ponctuelle définie au moyen d'un faisceau linéaire de coniques ayant quatre points communs distincts.

1° *La transformée d'une droite quelconque est une conique passant par* P *et* A, *et tangente en* A *à la droite* Δ.

2° *La transformée d'une conique qui ne passe ni par* A *ni par* P *est une quartique, unicursale comme la conique elle-même, qui admet seulement deux points doubles, le point* A *qui est de rebroussement, la tangente en* A *étant* Δ, *et le point* P, *où les tangentes sont les droites conjuguées harmoniques par rapport aux droites* PA *et* PBC *des droites qui joignent le point* P *aux points d'intersection de la conique avec la droite* Δ.

Il n'existe pas de point de rencontre autre que A de la quartique avec la droite Δ ; le point A compte pour quatre dans l'intersection de la quartique et de la tangente en A.

3° *La transformée d'une conique qui passe par A sans y être tangente à Δ et ne passe pas par P est une cubique qui admet le point A comme point double et le point P comme point simple. L'une des tangentes en A est la droite Δ ; la tangente en P est conjuguée harmonique par rapport aux droites PA et PBC de la droite qui joint le point P au point de rencontre autre que A de la conique avec la droite Δ.*

Si la conique passe par A et y est tangente à la droite AP, le point A est un point de rebroussement de la cubique transformée, la tangente de rebroussement étant Δ. Si, en outre, la polaire de P par rapport à la conique est la droite Δ, le point P est d'inflexion. Ce double résultat s'applique en particulier à la transformée d'une conique Γ proprement dite.

4° *La transformée d'une conique qui passe par P et ne passe pas par A est une cubique qui admet P comme point double et qui est tangente en A à Δ.*

5° *La transformée d'une conique qui est tangente en A à Δ et ne passe pas par P est une conique tangente en A à Δ et ne passant pas par le point P.*

6° *La transformée d'une conique qui passe par P et qui passe par A sans y être tangente à Δ est une conique passant par P et A.*

7° *La transformée d'une conique passant par P et tangente en A à Δ est une droite.*

Corrélativement, considérons un faisceau linéaire tangentiel de coniques Γ tangentes en un même point A et tangentes à deux droites distinctes autres que leur tangente commune en A. A toute droite Δ du plan il correspond une droite Δ' lieu des pôles de Δ par rapport aux coniques Γ ; cette droite Δ' sera dite encore *transformée quadratique de Δ* ; la transformation tangentielle ainsi définie est réciproque.

On a des théorèmes qui se déduisent des précédents par application du principe de dualité.

5. **Applications.** — 1° Soit un faisceau linéaire ponctuel de cercles Γ tangents en un point A. La transformation définie au moyen de ce faisceau fait correspondre à un point M du plan le point d'intersection M' de la perpendiculaire en A à la droite AM

avec la droite symétrique par rapport à la tangente en A de la parallèle à cette tangente en A menée par le point M.

Supposons que M décrive un cercle Γ ; le point transformé M′ est

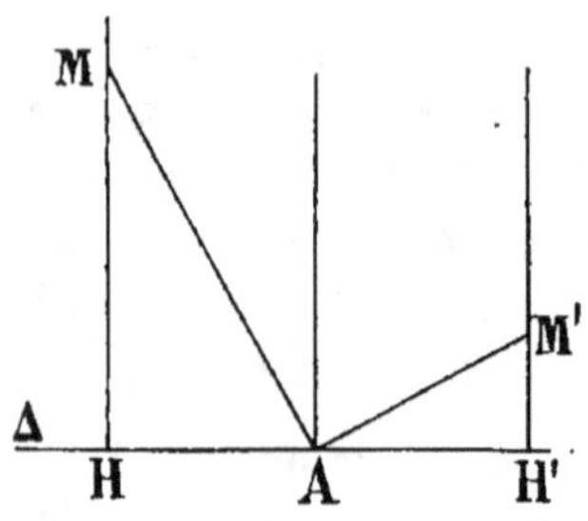

le point d'intersection de la tangente au cercle Γ et de la perpendiculaire en A à AM. Le lieu de M′ est une cubique qui admet le point A comme point de rebroussement et le point à l'infini dans la direction de la tangente en A comme point d'inflexion. La tangente de rebroussement est la droite Δ, ligne des centres des cercles Γ ; l'asymptote d'inflexion est la droite symétrique par rapport à la tangente en A de la tangente au point A′ du cercle Γ qui est diamétralement opposé au point A. Enfin, les points cycliques, communs aux cercles Γ, coïncident avec leurs transformés quadratiques ; il s'ensuit que la cubique est circulaire.

Considérons le cercle de diamètre AB symétrique du cercle Γ par rapport à la tangente en A. La droite AM′ rencontre ce

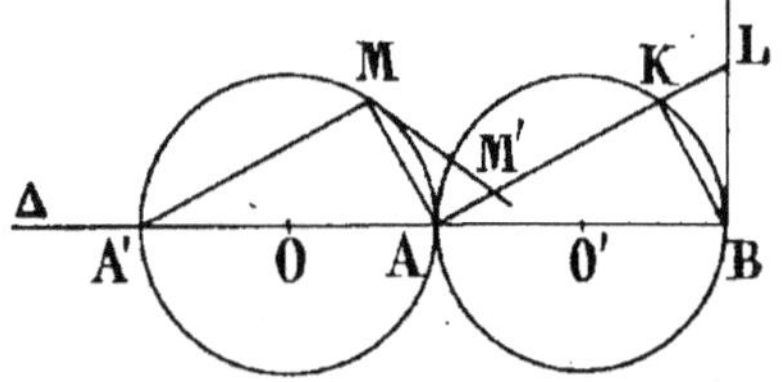

cercle en K et la tangente en B à ce cercle en L. Les droites A′M et AK sont parallèles ; les deux triangles A′MA et AKB se déduisent l'un de l'autre par translation ; donc, on a KB = AM. D'autre part, on a

$$\widehat{KBL} = \widehat{LAB} = \widehat{MA'A} = \widehat{AMM'}.$$

Il s'ensuit que les deux triangles MAM′ et BKL sont égaux ; donc on a $\overrightarrow{AM'} = \overrightarrow{KL}$, et on voit ainsi que le lieu de M′ est une *cissoïde droite*, telle qu'on la définit élémentairement.

2° Soit un faisceau linéaire tangentiel de paraboles Γ homofocales. La transformation quadratique tangentielle définie au moyen de ce faisceau fait correspondre à une droite Δ du plan la perpendiculaire Δ′ à Δ menée par le point de contact de Δ avec la parabole Γ qui lui est tangente. La transformée quadratique d'une parabole Γ est la développée de cette parabole. On voit d'après cela que *la développée d'une parabole est une courbe de la troisième classe admettant la droite à l'infini comme tangente d'inflexion, le point d'inflexion étant à l'infini dans la direction des perpendiculaires à l'axe de la parabole, et admettant l'axe de la parabole comme tangente de rebroussement, le point de rebroussement étant symétrique du sommet de la parabole par rapport au foyer.* Cette courbe est du troisième degré.

3° Soient les hyperboles équilatères Γ circonscrites au triangle ABC rectangle en A. Elles sont tangentes en A à la hauteur AH et forment un faisceau linéaire ponctuel.

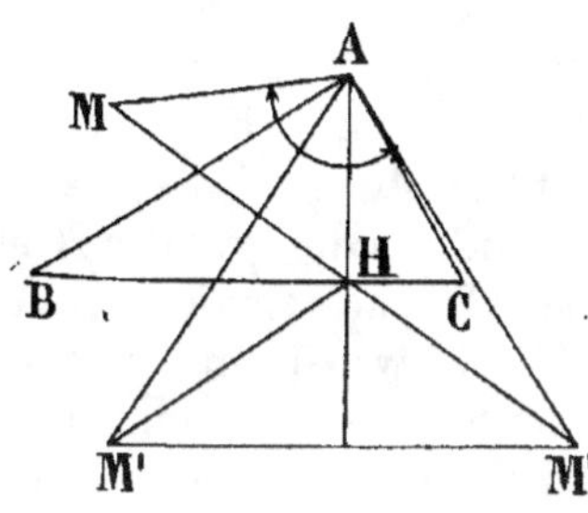

La transformation quadratique ponctuelle définie au moyen de ce faisceau linéaire fait correspondre à un point M du plan le point M′ d'intersection de la droite symétrique de AM par rapport à AB ou à AC et de la droite symétrique de HM par rapport à AH ou à BC. Soit M″ le symétrique de M′ par rapport à AH ; ce point est situé sur MH. Montrons que *l'angle* (AM, AM″) *est constant*. En effet, on a

$$(AM, AM'') = (AM, AM') + (AM', AM'') ;$$

mais, on a

$$(AM, AM') = 2(AB, AM'), \qquad (AM', AM'') = 2(AM', AH) ;$$

donc, on a

$$(AM, AM'') = 2(AB, AH) = \text{const.}$$

Cette constante étant arbitraire, on a ainsi le théorème suivant :

Étant donné un segment de droite AH, la transformation qui fait correspondre à un point M le point M″ situé sur la droite HM et tel que l'angle (AM, AM″) ait une valeur donnée est le produit d'une transformation quadratique et d'une symétrie par rapport à la droite AH.

Le point H a la même polaire par rapport aux coniques Γ ; cette droite passe par A et par le conjugué harmonique K de H par rapport aux points B et C ; c'est donc la tangente en A au cercle de diamètre BC.

La transformation quadratique de M en M′ transforme une droite quelconque en une conique passant par H, par A et tangente en A à la droite AK ; la transformation de M en M″ transforme donc une droite quelconque en une conique passant par H, par A et tangente en A à la symétrique de AK par rapport à AH, et réciproquement. La transformation de M en M′ transforme une conique ne passant pas par H et tangente en A à AK en une conique ne passant pas par H et tangente en A à AK, et la transformation de M en M″ transforme une conique ne passant pas par H et tangente en A à AK en une conique ne passant pas par H et tangente en A à la symétrique de AK par rapport à AH.

La transformation de M en M′ transforme le point cyclique I en le point cyclique J ; la transformation de M′ en M″ transforme J en I ; donc la transformation de M en M″ transforme chaque point cyclique en lui-même. Un cercle S tangent en A à AK, ne passant pas par H, se transforme en un cercle S″ ne passant pas par H et tangent en A à la droite symétrique de AK par rapport à AH. D'autre part, la transformation de M en M″ transforme en elle-même une droite passant par H ; il s'ensuit que les tangentes menées de H au cercle S sont aussi tangentes au cercle S″ ; les cercles S et S″ ayant deux points réels communs, le point H, qui est réel, ne peut être qu'un centre d'homothétie des deux cercles. Quand le point M variable sur S tend vers A, le point M″ variable sur S″ tend vers le point α autre que A d'intersection de S″ avec la droite AH ; la tangente αT au cercle S″ est parallèle à la tangente AK au cercle S en A. On a

$$(M''\alpha, M''A) = (\alpha T, \alpha A) = (AK, AH) = (MA, M''A) ;$$

donc les droites AM et αM″ sont parallèles, et les deux points M et M″ sont homologues sur les cercles S et S″ ; les tangentes en M et M″ à ces deux cercles sont parallèles.

La transformation de M en M″ transforme une conique qui passe par A et H et qui n'est pas tangente en A à AK en une conique passant par A et H ; si la conique est un cercle, sa transformée est un cercle.

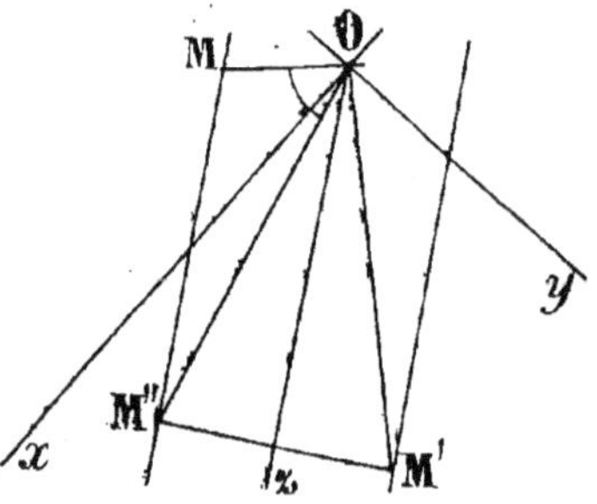

4° Soient un angle droit xOy et une droite Oz. Considérons les hyperboles équilatères Γ qui passent par O ; y sont tangentes à Oz et admettent les directions de Ox et de Oy comme directions asymptotiques. Ces coniques forment un faisceau linéaire ponctuel.

La transformation quadratique ponctuelle définie au moyen de ce faisceau linéaire fait correspondre à un point M du plan le point M′ d'intersection de la droite symétrique de la droite OM par rapport à Ox ou à Oy et de la droite symétrique par rapport à Oz de la parallèle à Oz menée par M. Soit M″ le symétrique de M′ par rapport à Oz. Montrons que *l'angle* (OM, OM$''$) *est constant*. En effet, on a

$$(\mathrm{OM}, \mathrm{OM}'') = (\mathrm{OM}, \mathrm{OM}') + (\mathrm{OM}', \mathrm{OM}'')$$
$$= 2(\mathrm{O}x, \mathrm{OM}') + 2(\mathrm{OM}', \mathrm{O}z) = 2(\mathrm{O}x, \mathrm{O}z) = \text{const.}$$

Cette constante étant arbitraire, on a ainsi le théorème suivant :

Étant donnée une droite Oz, la transformation qui fait correspondre à un point M le point M$''$ situé sur la parallèle à Oz menée par M et tel que l'angle (OM, OM$''$) ait une valeur donnée est le produit d'une transformation quadratique et d'une symétrie par rapport à Oz.

Le diamètre conjugué de la direction de Oz par rapport aux coniques Γ est la droite Δ symétrique de Oz par rapport à Ox et à Oy. La transformation de M en M$''$ transforme une conique tangente en O à Δ, qui n'admet pas Oz comme direction asymptotique, en une conique tangente en O à la droite symétrique de Δ par rapport à Oz ; en particulier, si la conique est un cercle, sa transformée est aussi un cercle, qui se déduit du premier par translation ; les points M et M$''$ correspondants sur les deux cercles sont tels que les tangentes en ces points soient parallèles.

6. Considérons un faisceau linéaire ponctuel de coniques Γ osculatrices en un point A et se rencontrant en un point B. On peut encore faire correspondre à un point M quelconque le point M$'$ commun aux polaires de M par rapport aux coniques Γ ; le point M$'$ est encore dit *transformé quadratique de* M ; la transformation est réciproque. Il n'existe plus qu'un point singulier qui est le point A et une seule droite singulière qui est la tangente en A aux coniques Γ.

Notons le résultat suivant : *dans la transformation précédente, la transformée d'une conique quelconque qui ne passe pas par A est une courbe unicursale du quatrième degré qui n'a pas d'autres points multiples que le point double A.*

7. Soient un triangle PQR et une conique fixe U, proprement dite, ou bien décomposée en deux droites distinctes ou confondues. Δ étant une droite variable du plan, il existe une conique S circonscrite au triangle PQR et passant par les points d'intersection A et B de la droite Δ et de la conique U. Cette conique rencontre la conique U en deux autres points A$'$ et B$'$; soit Δ' la droite qui passe par ces deux points, tangente à la conique U si les deux points sont confondus. Nous allons montrer que *la transformation évidem-*

ment réciproque qui fait se correspondre les droites Δ *et* Δ' *est une transformation quadratique tangentielle.*

En effet, soient p et p', q et q', r et r' les points d'intersection de la conique U respectivement avec les droites QR, RP et PQ, et, d'autre part, soient α et α' les points doubles de l'involution qui contient les deux couples de points p, p' et Q, R, β et β' les points doubles de l'involution qui contient les deux couples de points q, q' et R, P, γ et γ' les points doubles de l'involution qui contient les deux couples de points r, r' et P, Q. Les droites D et D', qui forment une conique faisant partie du faisceau linéaire ponctuel qui contient les coniques U et S, rencontrent la droite QR en deux points qui, d'après le théorème de Desargues, sont conjugués harmoniques par rapport aux points α et α'. De même, elles rencontrent la droite RP en deux points conjugués harmoniques par rapport aux points β et β', et la droite PQ en deux points conjugués harmoniques par rapport aux points γ et γ'. Il s'ensuit que la transformation de Δ en Δ' est la transformation quadratique tangentielle définie au moyen du faisceau linéaire tangentiel qui contient la conique décomposée en les points α et α', la conique décomposée en les points β et β', et, par le fait même, la conique décomposée en les points γ et γ'. Les côtés du triangle PQR sont les droites singulières de la transformation.

Par transformation par polaires réciproques par rapport à U, on voit que la transformation réciproque qui fait se correspondre les pôles M et M' des droites Δ et Δ' par rapport à U est une transformation quadratique définie au moyen du faisceau linéaire ponctuel de coniques transformé par polaires réciproques par rapport à U du faisceau linéaire tangentiel précédent. Les points singuliers de cette transformation quadratique ponctuelle sont les pôles des côtés du triangle PQR par rapport à la conique U.

Des propriétés de la transformation quadratique tangentielle qui ont été établies, il résulte le théorème suivant :

Soit une conique variable circonscrite à un triangle fixe PQR et tangente à une conique fixe U. A et B étant les points d'intersection, autres que le point de contact, de la conique variable et de la conique fixe, la droite AB a pour enveloppe une courbe de la quatrième classe qui admet les côtés du triangle PQR comme tangentes doubles.

Si, en particulier, le triangle PQR est conjugué par rapport à la conique U, la courbe de la quatrième classe admet les côtés du triangle PQR comme tangentes doubles de rebroussement ; les points de rebroussement sont les points de rencontre de la conique avec les côtés du triangle PQR.

Corrélativement, soient un triangle fixe PQR et une conique fixe U, proprement dite ou bien décomposée en deux points distincts ou confondus. M étant un point arbitraire du plan, il existe une conique S inscrite au triangle PQR et tangente aux deux tangentes menées du point M à la conique U. Les deux coniques admettent deux autres tangentes communes qui se coupent en un point M′, situé sur U si ces deux tangentes sont confondues ; *la transformation évidemment réciproque qui fait se correspondre les points M et M′ est une transformation quadratique dont les points singuliers sont les points P, Q, R. La transformation réciproque qui fait se correspondre les polaires Δ et Δ′ de M et de M′ par rapport à U est une transformation quadratique dont les droites singulières sont les polaires des points P, Q, R par rapport à U.*

On a le théorème suivant :

Soit une conique variable inscrite à un triangle fixe PQR et tangente à une conique fixe U. Le lieu du point de rencontre des tangentes communes aux deux coniques, autres que la tangente en leur point de contact, est une courbe du quatrième degré qui admet les sommets du triangle PQR comme points doubles.

Si, en particulier, le triangle PQR est conjugué par rapport à la conique U, la courbe du quatrième degré admet les points P, Q, R comme points doubles d'inflexion ; les tangentes d'inflexion sont les tangentes menées à la conique U par les points P, Q, R.

8. Applications. — 1° Soit une conique U à centre. Une droite arbitraire Δ la rencontrant en deux points A et B, menons les normales à U en A et B, qui se coupent en un point P, dit *pôle normal* de Δ par rapport à U. De P, on peut mener à U deux autres normales ayant leurs pieds en A′ et B′ ; soit Δ′ la droite qui joint ces deux points. *La transformation réciproque qui fait se correspondre Δ et Δ′ est quadratique.* En effet, les quatre points A, B, A′, B′ sont les points d'intersection de la conique U avec une hyperbole circonscrite au triangle qui a pour côtés les axes de la conique et la droite à l'infini. Ce triangle est conjugué par rapport à U.

On a le théorème suivant :

D'un point variable de la développée d'une conique à centre, on mène les deux normales à la conique autres que la tangente en ce point à la développée. La droite qui joint leurs pieds sur la conique enveloppe une courbe de la quatrième classe qui admet les axes de la conique et la droite à l'infini comme tangentes doubles de rebroussement, les points de rebroussement étant les quatre sommets de la conique et ses deux points à l'infini.

On peut encore dire que *cette droite est normale à une conique fixe ayant pour axes les axes de la conique donnée.*

Soient M et M′ les pôles de Δ et de Δ' par rapport à U. La transformation réciproque qui fait se correspondre les points M et M′ est une transformation quadratique ponctuelle dont les points singuliers sont le centre de la conique U et les points à l'infini sur les axes de la conique U. Les projections des deux points M et M′ sur un axe de la conique U forment un couple de l'involution qui contient le couple des extrémités de l'axe de U et le couple formé du centre de U et du point à l'infini sur l'axe. D'après cela, si x et y sont les coordonnées de M, x' et y' celles de M′ par rapport aux axes de U, on a

$$xx' = -a^2, \qquad yy' = -b^2,$$

a et b étant les demi-longueurs des axes de la conique U.

2° Soit une hyperbole équilatère fixe U, de centre O. Une parabole variable ayant pour foyer le point O et tangente à l'hyperbole équilatère admet avec cette conique deux tangentes communes autres que la tangente en leur point de contact. Comme cette parabole est inscrite au triangle qui a pour sommets le point O et les deux points cycliques I et J, lequel triangle est conjugué par rapport à U, le lieu du point M d'intersection des tangentes communes à l'hyperbole et à la parabole autres que la tangente en leur point de contact est une courbe du quatrième degré qui admet les points O, I, J comme points doubles d'inflexion, les tangentes en O, qui sont les asymptotes de l'hyperbole, étant rectangulaires. *Cette quartique est donc une lemniscate de Bernoulli.*

3° Soit une conique variable inscrite à un triangle fixe PQR dont les sommets sont à distance finie. La transformation qui fait se correspondre les asymptotes d'une telle conique est une transformation quadratique tangentielle dont les droites singulières sont les côtés du triangle PQR. Pour le voir, il suffit de prendre comme conique U la conique décomposée en deux droites confondues avec la droite à l'infini.

9. Remarques. — Conservant, dans ce qui précède, la conique U, on peut encore définir une transformation quadratique tangentielle en considérant un couple de sécantes communes variables à la conique U et à une conique S variable passant par un point fixe

P et tangente à une droite fixe en un point Q, et aussi en considérant un couple de sécantes communes variables à la conique U et à une conique osculatrice à une conique donnée en un point donné. De même, on pourra définir une transformation quadratique ponctuelle en considérant un couple de points de rencontre de tangentes communes à la conique U et à une conique tangente à une première droite fixe et à une seconde droite fixe en un point donné, et aussi en considérant un couple de points de rencontre de tangentes communes à la conique U et à une conique variable osculatrice à une conique donnée en un point donné.

CHAPITRE V

QUADRILATÈRES INSCRITS ET CIRCONSCRITS
A DEUX CONIQUES
CONIQUES HARMONIQUES PONCTUELLE ET TANGENTIELLE

---

1. Théorème. — *Étant données deux coniques Γ et Γ', s'il existe un quadrilatère* ABA'B', *de diagonales* AA' *et* BB', *inscrit à* Γ *et circonscrit à* Γ', *il en existe une infinité* (¹).

Soit I le point de rencontre des diagonales AA' et BB'. Le couple

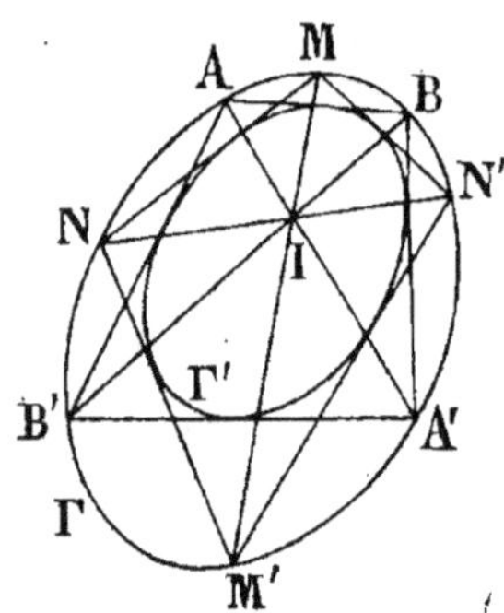

des tangentes à Γ' menées par un point M quelconque de Γ fait, d'après le théorème corrélatif du théorème de Desargues, partie de l'involution qui contient le couple des droites MA et MA' et le couple des droites MB et MB'. Par suite, les points N et N', autres que M, d'intersection de ces tangentes à Γ' avec Γ sont, d'après le théorème de Frégier, en ligne droite avec le point I. De même, les tangentes à Γ', menées soit par N, soit par N', rencontrent Γ en deux points

dont l'un est M, l'autre étant à l'intersection de Γ avec la droite IM. Ainsi, le quadrilatère MNM'N', de diagonales MM' et NN', est inscrit à Γ et circonscrit à Γ' ; comme M est un point arbitraire de Γ, le théorème est établi.

Remarquons que les diagonales MM' et NN' se rencontrent au point I et que, d'après le théorème corrélatif du théorème de Desargues, ces deux droites sont conjuguées harmoniques par rapport

---

(¹) Ce théorème est dû à Poncelet, qui a démontré le théorèm plus générale suivant : *Étant données deux coniques* Γ *et* Γ', *s'il existe un contour polygonal fermé de n côtés qui soit inscrit à* Γ *et circonscrit à* Γ', *il en existe une infinité, n étant un entier quelconque donné supérieur à* 2.

aux tangentes menées de I à la conique Γ'. D'autre part, soient P et P' le point de rencontre des droites MN et M'N' et le point de rencontre des droites MN' et M'N ; la droite PP' est la polaire du point I à la fois par rapport à Γ et par rapport à Γ'. Enfin, d'après le théorème de Desargues, les points P et P' sont conjugués harmoniques par rapport aux points d'intersection de la droite PP' et de la conique Γ.

Théorème. — *Étant donnés une conique Γ et un point I non situé sur Γ, l'enveloppe d'une droite Δ telle que le couple des droites qui joignent le point I à ses points de rencontre avec Γ fasse partie d'une involution donnée est une conique Γ'.*

En effet, soient A et A', B et B' les points d'intersection de Γ avec deux droites formant un couple de l'involution donnée, C et C', D et D' les points d'intersection de Γ avec deux droites formant un second couple de cette même involution. Il existe une conique Γ' inscrite au quadrilatère ABA'B' et tangente à la droite CD. Comme il existe un quadrilatère inscrit à Γ et circonscrit à Γ', il en existe une infinité, et, parmi ces quadrilatères, il en existe un qui a pour côté CD ; les diagonales de ce quadrilatère se rencontrent en I, et ce quadrilatère est par suite le quadrilatère CDC'D'. La conique Γ' étant définie de la façon précédente, le couple des diagonales d'un quadrilatère variable MNM'N' inscrit à Γ et circonscrit à Γ' fait partie d'une involution fixe, qui, ayant deux couples communs avec l'involution donnée, coïncide avec elle, d'où il résulte que l'enveloppe cherchée est la conique Γ'. Les tangentes menées de I à la conique Γ' sont les droites doubles de l'involution donnée.

Une tangente Δ à la conique Γ' est partagée harmoniquement par la conique Γ et le couple des rayons doubles de l'involution donnée. On a ainsi le théorème suivant :

Étant donnés une conique Γ et un couple de droites α et α' ne se rencontrant pas en un point de Γ, l'enveloppe des droites Δ qui sont partagées harmoniquement par Γ et par le couple des droites α et α' est une conique Γ' telle qu'il existe une infinité de quadrilatères inscrits à Γ et circonscrits à Γ'.

Nous désignerons la conique Γ' sous le nom de *conique tangentielle harmonique relative à Γ et au couple des droites α et α'*. Elle est tangente aux droites α et α', et la droite qui joint les points de contact est la polaire par rapport à Γ du point de rencontre de α et de α'.

2. Par application du principe de dualité, on a les théorèmes suivants :

1° *Étant donnés une conique Γ' et une droite L non tangente à Γ', le lieu d'un point M tel que les tangentes menées de ce point à Γ' rencontrent L en un couple de points faisant partie d'une involution fixe est une conique Γ.*

2° *Étant donnés une conique Γ' et un couple de points ω et ω' non situés sur une même tangente à Γ', le lieu d'un point M tel que les tangentes menées de ce point à Γ' soient conjuguées harmoniques par rapport aux droites $M\omega$ et $M\omega'$ est une conique Γ telle qu'il existe une infinité de quadrilatères circonscrits à Γ' et inscrits à Γ.*

Nous désignerons la conique Γ sous le nom de *conique ponctuelle harmonique relative à Γ' et au couple des points ω et ω'*. Elle passe par les points ω et ω', et le point de rencontre des tangentes en ω et ω' est le pôle de la droite $\omega\omega'$ par rapport à Γ'.

3. Applications. — 1° *Étant donnés une conique Γ et un point I non situé sur Γ, l'enveloppe des cordes MN de Γ qui sont vues de I sous un angle droit est une conique Γ' qui a pour foyer le point I et pour directrice correspondante la polaire de I par rapport à Γ.*

Pour que Γ' soit tangente à la droite à l'infini, autrement dit, pour qu'elle soit une parabole, il faut et il suffit que Γ soit une hyperbole équilatère. Pour que Γ' soit un cercle, il faut et il suffit que la polaire de I par rapport à Γ soit la droite à l'infini, autrement dit, que I soit centre de la conique Γ.

Par application du théorème de Frégier, les cordes MN d'une conique Γ qui sont vues sous un angle droit d'un point I de cette conique passent par un point fixe situé sur la normale en I à la conique.

Quand Γ n'est pas une hyperbole équilatère, le lieu des projections d'un point fixe I sur les cordes de Γ qui sont vues de I sous un angle droit est un cercle ; quand Γ est une hyperbole équilatère, ce lieu est une droite.

2° *Le lieu des points d'où l'on peut mener à une conique à centre deux tangentes rectangulaires est un cercle concentrique à la conique. Ce cercle, dit orthoptique, est la conique ponctuelle harmonique relative à la conique donnée et au couple des points cycliques.*

S'il s'agit d'une parabole, le lieu devient une droite, par application du théorème corrélatif du théorème de Frégier. Cette droite, qui est la directrice de la parabole, est dite *droite orthoptique*.

Soient deux coniques S et S'. D'un point A commun aux cercles orthoptiques de ces deux coniques on voit chacune des deux coniques sous un angle droit. L'involution formée par les couples de tangentes menées de ce point aux coniques du faisceau linéaire tangentiel qui contient S et S', contenant deux couples de droites rectangulaires, admet pour rayons doubles les droites isotropes qui passent par le point A ; les couples de l'involution sont par suite tous formés de droites rectangulaires ; autrement dit, le point A est situé sur le cercle orthoptique d'une quelconque des coniques du faisceau linéaire tangentiel.

Donc,

Il existe deux points, distincts ou confondus, d'où l'on voit sous un angle droit toutes les coniques d'un faisceau linéaire tangentiel.

Autrement dit,

Les cercles orthoptiques des coniques d'un faisceau linéaire tangentiel forment un faisceau linéaire ponctuel.

Ce théorème est dû à Plücker.

L'axe radical des cercles orthoptiques est la directrice de la parabole du faisceau linéaire tangentiel. Les centres des cercles de rayon nul qui font partie du faisceau linéaire des cercles orthoptiques (points de Poncelet) sont les centres des hyperboles équilatères du faisceau linéaire tangentiel.

Considérons les coniques qui sont inscrites à un quadrilatère complet dont les sommets opposés sont A et A', B et B', C et C'. Ces coniques forment un faisceau linéaire tangentiel, et, parmi elles, se trouvent les coniques décomposées en les points A et A', B et B', C et C'. Les cercles orthoptiques de ces coniques décomposées sont les cercles de diamètres AA', BB', CC'. On a ainsi le théorème suivant :

Les cercles qui ont pour diamètres les diagonales d'un quadrilatère complet ont même axe radical.

Il en résulte que les milieux des diagonales du quadrilatère complet sont trois points en ligne droite.

Considérons les coniques qui sont tangentes en deux points donnés A et B à deux droites données Ox et Oy. Elles forment un faisceau linéaire tangentiel et leurs cercles orthoptiques forment un faisceau linéaire ponctuel. Un de ces cercles est le cercle de diamètre AB. Un des points de Poncelet du faisceau de cercles est le point O ; l'autre est le centre de l'hyperbole équilatère tangente en A et B aux deux droites Ox et Oy. On a le théorème suivant :

Étant données une conique Γ et une corde AB de cette conique, le *pôle de AB par rapport à Γ est un point de Poncelet du faisceau linéaire ponctuel de cercles qui contient le cercle orthoptique de la conique et le cercle de diamètre AB.*

Soient C et D deux points conjugués harmoniques par rapport aux points A et B. O étant le pôle de AB par rapport à Γ, le triangle OCD est conjugué par rapport à Γ. Le cercle circonscrit au triangle OCD est orthogonal au cercle de rayon nul qui a pour centre O et au cercle de diamètre AB ; donc, il est orthogonal à tout cercle du faisceau linéaire ponctuel qui contient ces deux cercles, et, en particulier, au cercle orthoptique de la conique Γ ; c'est le théorème de Faure.

4. Soient deux coniques Γ, Γ' telles qu'il existe une infinité de quadrilatères MNM'N' à la fois inscrits à Γ et circonscrits à Γ'. Le point de rencontre I des diagonales MM' et NN' est fixe, et la troisième diagonale PP' du quadrilatère complet qui a pour côtés les quatre côtés du quadrilatère MNM'N', qui est la polaire de I par rapport à chacune des coniques Γ et Γ', est elle-même fixe. Soient ω et ω' les points d'intersection de la droite PP' avec la conique Γ. Quand M est en ω, il en est de même de M', car Iω est tangente à Γ en ω ; les deux autres sommets N et N' du quadrilatère variable MNM'N' sont alors les points de contact des tangentes menées de ω à Γ', et le quadrilatère MNM'N' *s'aplatit* suivant les deux côtés d'un angle. Il en est de même quand M est en ω'. On est ainsi conduit aux théorèmes suivants :

1º *Soient deux coniques Γ et Γ'. Si le pôle par rapport à Γ' d'une sécante commune Δ aux deux coniques est situé sur Γ, il existe une infinité de quadrilatères inscrits à Γ et circonscrits à Γ'. Le pôle par rapport à Γ' de la sécante commune Δ' aux deux coniques qui forme avec Δ une conique décomposée du faisceau linéaire ponctuel qui contient Γ et Γ' est aussi un point de Γ.*

2º *Étant donnés une conique et deux points ω et ω', ces deux points et les quatre points de contact des tangentes menées de ces points à la conique sont six points situés sur une même conique, laquelle est la conique ponctuelle harmonique relative à la conique donnée et au couple des points ω et ω'.*

Par application du principe de dualité, on a les deux théorèmes suivants :

1º *Soient deux coniques Γ et Γ'. Si la polaire par rapport à Γ d'un point A de rencontre de deux tangentes communes aux deux coniques* *est tangente à Γ', il existe une infinité de quadrilatères inscrits à Γ et circonscrits à Γ'. La polaire par rapport à Γ du point A' de rencontre de deux tangentes communes aux deux coniques qui forme avec A une conique décomposée du faisceau linéaire tangentiel qui contient Γ et Γ' est aussi tangente à Γ'.*

$2°$ Étant données une conique et deux droites α et α', ces deux droites et les quatre tangentes à la conique aux points d'intersection de cette conique avec les deux droites sont six tangentes à une même conique, laquelle est la conique tangentielle harmonique relative à la conique donnée et au couple des droites α et α'.

5. Théorème. — *Soient une conique S et deux couples de points (A, B) et (A', B'). Si A' et B' sont conjugués par rapport à la conique ponctuelle harmonique Γ relative à S et au couple de points (A, B), A et B sont aussi conjugués par rapport à la conique ponctuelle harmonique Γ' relative à S et au couple de points (A', B').*

En effet, soient P et Q les points d'intersection de la conique Γ

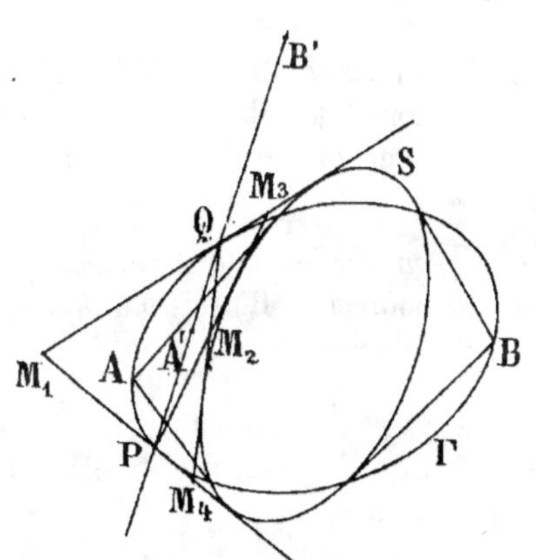

avec la droite $A'B'$; ces deux points sont conjugués harmoniques par rapport aux points A' et B'. Menons les tangentes à S qui passent par P et Q et qui se coupent en quatre points M_1, M_2, M_3, M_4 autres que P et Q ; ces quatre points sont situés sur la conique Γ'. Cela posé, les droites PA et PB sont conjuguées harmoniques par rapport aux deux tangentes menées de P à la conique S ; A et B sont donc conjugués par rapport à la conique formée par ces deux tangentes et, de même, conjugués par rapport à la conique formée par les deux tangentes menées de Q à la conique S ; ils sont donc conjugués par rapport à toute conique passant par les quatre points M_1, M_2, M_3, M_4 et en particulier par rapport à la conique Γ'. Le théorème est établi.

Théorème corrélatif. — *Soient une conique S et deux couples de droites (α, β) et (α', β'). Si α' et β' sont conjuguées par rapport à la conique tangentielle harmonique Γ relative à S et au couple de droites (α, β), α et β sont aussi conjuguées par rapport à la conique tangentielle harmonique Γ' relative à S et au couple de droites (α', β').*

Pour établir ce théorème, il suffit d'appliquer à la démonstration précédente le principe de dualité.

6. Applications. — 1° Dans la démonstration précédente, supposons que les points P et Q soient les points cycliques; la conique Γ est alors un cercle, les quatre points M_1, M_2, M_3, M_4 sont les foyers de la conique S (supposée autre qu'une parabole), et Γ' est une hyperbole équilatère qui passe par les foyers de S et qui admet les points A et B comme points conjugués. On a ainsi le théorème suivant :

Étant donnée une conique S à centre, si deux points A et B sont tels que la conique ponctuelle harmonique relative à S et au couple (A, B) soit un cercle, les deux points A et B sont conjugués par rapport à toute hyperbole équilatère passant par les quatre foyers de S.

La transformation réciproque qui fait se correspondre les points A et B est quadratique.

2° Dans la même démonstration, supposons que A' et B' soient les points cycliques. La conique Γ' est alors le cercle orthoptique de la conique S, et la conique Γ est une hyperbole équilatère. On a le théorème suivant :

Étant donnée une conique S à centre, pour que la conique harmonique ponctuelle relative à S et à un couple de points (A, B) soit une hyperbole équilatère, il faut et il suffit que les deux points A et B soient conjugués par rapport au cercle orthoptique de S.

Ce théorème se modifie ainsi lorsque la conique S est une parabole :

Étant donnée une parabole S, pour que la conique harmonique ponctuelle relative à S et à un couple de points (A, B) soit une hyperbole équilatère, il faut et il suffit que le milieu du segment AB soit situé sur la directrice de la parabole.

3° Soient une conique S, un point A, les points de contact B et C des tangentes à S menées par A. Si H est le point de concours des hauteurs du triangle ABC, la conique ponctuelle harmonique relative à S et au couple de points (A, H), qui passe par les points A, B, C, H, est une hyperbole équilatère. On a par suite le théorème suivant, dû à M. Kœnigs :

Étant donnée une conique S, un point quelconque A et le point H de concours des hauteurs du triangle qui a pour sommets le point A *et les points de contact des tangentes menées de* A *à la conique sont conjugués par rapport au cercle orthoptique de la conique* S.

Dans le cas de la parabole, le milieu du segment AH est situé sur la directrice de la parabole.

On peut déduire de ce théorème la construction d'un triangle ayant pour sommets deux points B et C d'une conique S et le point de rencontre A des tangentes en B et C, connaissant le point H de rencontre des hauteurs de ce triangle. Le sommet A est à l'intersection de la polaire de H par rapport au cercle orthoptique de S et de l'hyperbole d'Apollonius de H par rapport à S. Le problème a deux solutions.

7. Il est clair que le premier théorème établi au § 5 subsiste si la conique S, considérée comme enveloppe de droites, se réduit à deux points I et I'. On voit ainsi, en particulier, que si deux points A et B sont conjugués par rapport au cercle de diamètre II', le lieu des points M tels que les droites MA et MB soient conjuguées harmoniques par rapport aux droites MI et MI' est une hyperbole équilatère. D'après le théorème de Frégier, le pôle de II' par rapport à cette hyperbole est un point de AB. On a par suite le théorème suivant :

Étant données une hyperbole équilatère et une corde de cette hyperbole, une droite variable passant par le pôle de cette corde par rapport à l'hyperbole rencontre l'hyperbole en deux points conjugués par rapport au cercle décrit sur la corde comme diamètre.

8. Coniques harmoniques ponctuelle et tangentielle relatives à deux coniques. — $1°$ Considérons deux coniques Γ et Γ', proprement dites ou décomposées en droites ; soit à déterminer l'enveloppe des droites Δ telles que les points d'intersection d'une droite Δ avec Γ soient conjugués harmoniques par rapport aux points d'intersection de cette droite avec Γ'. A cet effet, considérons les coniques Γ_1 et Γ_2 qui sont tangentes à Δ et qui font partie du faisceau linéaire ponctuel qui contient Γ et Γ', et montrons que *le rapport anharmonique des coniques* Γ, Γ', Γ_1 *et* Γ_2 *est égal à* -1. Soient A et B, A' et B' les points d'intersection de Δ avec Γ et avec Γ', α_1 et α_2 les points de contact de Δ avec Γ_1 et Γ_2. Le rapport anharmonique des coniques Γ, Γ', Γ_1 et Γ_2 est égal au rapport anharmonique des polaires de A par rapport à ces coniques et par suite au rapport anharmonique des points d'intersection de ces droites avec Δ. Or, la polaire de A par rapport à Γ rencontre

Δ en A ; la polaire de A par rapport à Γ' rencontre Δ en B, qui, par hypothèse, est conjugué harmonique de A par rapport aux points A′ et B′ ; enfin, les polaires de A par rapport à Γ_1 et Γ_2 rencontrent Δ en α_1 et α_2. Comme, d'après le théorème de Desargues, les points A et B sont conjugués harmoniques par rapport aux points α_1 et α_2, le théorème est établi. Ce résultat est dû à Picquet[1].

Cela posé, cherchons combien il passe de droites Δ par un point P arbitrairement donné dans le plan. Soient D et D′ les polaires de P par rapport aux coniques Γ et Γ'. Les polaires de P par rapport aux coniques Γ_1 et Γ_2 passent par les points α_1 et α_2 et par le point de rencontre I des droites D et D′, et elles sont conjuguées harmoniques par rapport aux droites D et D′. Il s'ensuit que les points de rencontre M et M′ de D et de D′ avec Δ sont conjugués harmoniques par rapport aux points α_1 et α_2 ; les trois couples de points (A, B), (A′, B′) et (M, M′) font partie d'une même involution. Il en résulte que si P′ est l'homologue de P dans cette involution, il existe une conique passant par P et P′ dans le faisceau linéaire ponctuel qui contient Γ et la conique décomposée en les deux droites D et D′, et il existe aussi une conique passant par P et P′ dans le faisceau linéaire ponctuel qui contient Γ' et la conique décomposée en les deux droites D et D′. Le point P′, qui détermine Δ, est un des points d'intersection autres que P des deux coniques appartenant chacune à un des deux faisceaux linéaires ponctuels précédents et passant par P. Or, ces deux coniques ont pour tangente en P la droite PI ; en effet, le point I est le point de rencontre des polaires de P par rapport à deux coniques de chacun de ces faisceaux ; il est donc situé sur la polaire de P par rapport à une conique quelconque de chacun de ces faisceaux et, en particulier, sur la tangente en P à la conique qui, dans chacun des faisceaux, passe par P. D'après cela, il existe deux points P′ et par suite deux droites Δ passant par P. On a donc le théorème suivant, dû à Salmon :

L'enveloppe des droites Δ qui sont partagées harmoniquement par deux coniques Γ et Γ' est une conique.

Par généralisation d'une dénomination antérieure, nous désignerons cette conique sous le nom de *conique tangentielle harmonique relative aux deux coniques Γ et Γ'*.

Supposons que les coniques Γ et Γ' soient proprement dites et se

---

[1] Picquet, *Géométrie analytique.*

rencontrent en quatre points distincts. Parmi les droites Δ se trouvent évidemment les huit tangentes à ces deux coniques en leurs quatre points d'intersection. Ainsi,

Les huit tangentes à deux coniques proprement dites en leurs points d'intersection supposés distincts sont tangentes à une même conique.

Pour que la conique tangentielle harmonique relative à deux coniques Γ et Γ' se décompose en deux points, il faut et il suffit que le pôle d'une sécante commune D par rapport à une des deux coniques Γ et Γ' coïncide avec le pôle par rapport à l'autre de la sécante commune D' qui forme avec D une conique décomposée du faisceau linéaire ponctuel qui contient Γ et Γ'.

En effet, supposons que la conique tangentielle harmonique S se décompose en deux points. Comme les huit tangentes aux coniques Γ et Γ' en leurs quatre points d'intersection sont tangentes à S, nécessairement le pôle ω d'une sécante commune D par rapport à Γ est un des deux points en lesquels se décompose S, et il est aussi le pôle de D' par rapport à Γ'. Le point ω' qui avec ω forme la conique décomposée S est à la fois le pôle de D par rapport à Γ' et le pôle de D' par rapport à Γ. Réciproquement, supposons qu'il existe un point ω qui soit à la fois pôle de D par rapport à Γ et pôle de D' par rapport à Γ'. Par ce point, il passe quatre tangentes à la conique S, qui par suite se décompose en deux points.

2° Par application du principe de dualité, on a les résultats suivants :

Étant données deux coniques Γ et Γ', proprement dites ou décomposées en deux points, le lieu des points M tels que les tangentes menées d'un point M à la conique Γ soient conjuguées harmoniques par rapport aux tangentes menées de M à la conique Γ' est une conique, que, par extension d'une dénomination antérieure, nous désignerons sous le nom de conique ponctuelle harmonique relative aux coniques Γ et Γ'.

Si l'on suppose que les coniques Γ et Γ' sont proprement dites et admettent quatre tangentes communes distinctes, les huit points de contact des quatre tangentes communes sont sur une même conique, qui est la conique ponctuelle harmonique relative aux coniques Γ et Γ'.

Pour que la conique ponctuelle harmonique relative aux coniques Γ et Γ' se décompose en deux droites, il faut et il suffit que la polaire par rapport à l'une des deux coniques Γ et Γ' d'un point A de rencontre

de deux de leurs tangentes communes coïncide avec la polaire par rapport à l'autre du point A' de rencontre de deux tangentes communes à Γ et à Γ' qui forme avec. A une conique décomposée du faisceau linéaire tangentiel qui contient Γ et Γ'.

9. Applications. — 1° Soient deux cercles Γ et Γ', de centres O et O'. La conique tangentielle harmonique relative à ces deux cercles est tangente aux droites isotropes qui passent par O et aux droites isotropes qui passent par O'. On a ainsi le théorème suivant :

L'enveloppe des droites qui sont partagées harmoniquement par deux cercles est une conique qui admet les centres des deux cercles comme foyers.

Si les deux cercles sont orthogonaux, le centre de l'un des deux cercles est à la fois le pôle de la droite à l'infini par rapport à ce cercle et le pôle de l'axe radical des deux cercles par rapport à l'autre cercle ; alors, la conique tangentielle harmonique se décompose en les centres des deux cercles.

2° Soient une hyperbole équilatère H et un cercle Γ ayant pour diamètre une corde AB de cette hyperbole. Ces deux coniques se

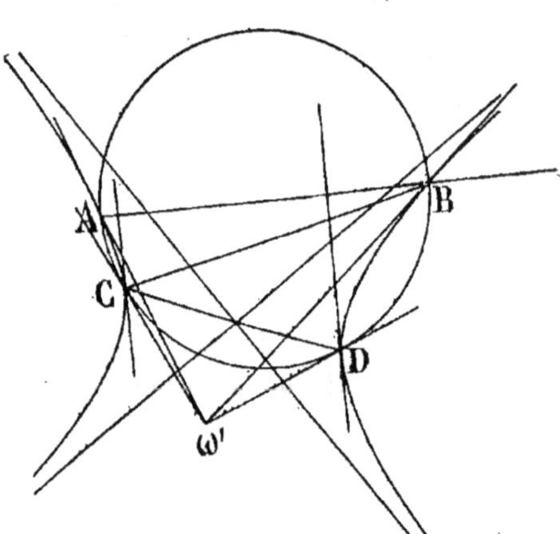

rencontrent en deux points C et D autres que A et B. Montrons que la droite CD est un diamètre de l'hyperbole. En effet, l'angle ACB est droit ; la conique formée par les deux droites CA et CB est donc une hyperbole équilatère. Considérons le faisceau linéaire ponctuel qui contient cette conique décomposée et l'hyperbole équilatère H ; toutes les coniques de ce faisceau sont des hyperboles équilatères. Parmi ces coniques se trouve la conique décomposée en la droite AB et la tangente en C à H. On voit ainsi que la tangente en C à H est perpendiculaire à la droite AB. Il en est de même de la tangente en D à H, et, les tangentes en C et D à H étant ainsi parallèles, la droite CD est un diamètre de H.

Ce qui précède montre que le point ω à l'infini dans la direction perpendiculaire à AB est à la fois pôle de la droite AB par rapport à Γ et pôle de la droite CD par rapport à H. Il s'ensuit que la conique tangentielle harmonique relative aux coniques H et Γ se décompose en deux points dont l'un est ω, l'autre point ω' étant à la fois le pôle de AB par rapport à H et le pôle de CD par rapport à Γ.

Soit un point M variable du cercle Γ. La polaire de ce point par rapport à H rencontre le cercle Γ en deux points P et Q. Les points M et P sont conjugués par rapport à H, ainsi que les points M et Q ; il s'ensuit que chacune des deux droites MP et MQ est partagée harmoniquement par H et par Γ, et qu'ainsi une de ces deux droites est constamment perpendiculaire à AB, l'autre passant constamment par le point ω'.

Soit de même un point M' variable de H. La polaire de M' par rapport au cercle Γ rencontre H en deux points P' et Q'. Des deux droites M'P' et M'Q', l'une est constamment perpendiculaire à AB, l'autre passe constamment par le point fixe ω'.

3° Soient une hyperbole équilatère H, un diamètre de cette hyperbole et un cercle Γ passant par les extrémités C et D de ce diamètre. Ces deux coniques se rencontrent en deux points A et B autres que C et D. Montrons que la droite AB est un diamètre du cercle. En effet, la droite AB est parallèle à la symétrique de CD par rapport à un axe de l'hyperbole et la tangente en C à l'hyperbole est parallèle à la symétrique de CD par rapport à une asymptote. Comme l'axe et l'asymptote de l'hyperbole font un angle de 45°, il s'ensuit que la tangente en C à l'hyperbole est perpendiculaire à AB. Considérons le faisceau linéaire ponctuel qui contient l'hyperbole H et la conique décomposée en la droite AB et la tangente en C à H ; toutes les coniques de ce faisceau sont des hyperboles équilatères. Parmi ces coniques se trouve la conique décomposée en les droites CA et CB, qui sont donc rectangulaires. On voit alors que AB est un diamètre du cercle.

On peut appliquer par suite ce qui a été établi au 2°. La conique tangentielle harmonique relative aux coniques H et Γ se décompose en deux points dont l'un est à l'infini.

CHAPITRE VI

PROPRIÉTÉS MÉTRIQUES DES CONIQUES

1. Théorème. — *Soit un triangle ABC. Si* α, β, γ *et* α', β', γ' *sont les points d'intersection de deux transversales* Δ *et* Δ' *respectivement avec les côtés* BC, CA, AB, *on a*

$$(BC\alpha\alpha') \cdot (CA\beta\beta') \cdot (AB\gamma\gamma') = + 1.$$

En effet, il est possible de faire une projection conique de la figure sur un plan de façon que la droite Δ' ait pour projection la droite à l'infini du plan de projection. En conservant, pour simplifier les notations, les mêmes lettres pour la projection, on est alors ramené à établir la relation

$$\frac{\overline{\alpha B}}{\overline{\alpha C}} \cdot \frac{\overline{\beta C}}{\overline{\beta A}} \cdot \frac{\overline{\gamma A}}{\overline{\gamma B}} = 1 \, ;$$

c'est le théorème de Ménélaüs.

Il existe un théorème qui se déduit de ce théorème par dualité.

Théorème de Carnot. — *Soit un triangle ABC dont les côtés* BC, CA, AB *sont respectivement rencontrés par une droite* Δ *en* α, β, γ. *Si une conique* Γ *rencontre les droites* BC, CA, AB *respectivement aux points a et a', b et b', c et c', on a*

$$(BCa\alpha) \cdot (BCa'\alpha) \cdot (CAb\beta) \cdot (CAb'\beta) \cdot (ABc\gamma) \cdot (ABc'\gamma) = + 1.$$

En effet, soient m et m' les points d'intersection de AB avec les droites ab et $a'b'$. D'après le théorème précédent, on a

$$(BCa\alpha) \cdot (CAb\beta) \cdot (ABm\gamma) = 1,$$
$$(BCa'\alpha) \cdot (CAb'\beta) \cdot (ABm'\gamma) = 1.$$

De plus, d'après le théorème de Desargues, les trois couples de points (A, B), (c, c') et (m, m') font partie d'une même involution, et l'on a par suite

$$(ABc\gamma) \cdot (ABc'\gamma) = (ABm\gamma) \cdot (ABm'\gamma).$$

Si on multiplie ces trois égalités membre à membre, on obtient l'égalité qu'il s'agissait d'établir.

Il existe un théorème qui se déduit du théorème de Carnot par dualité.

Théorème de Newton. — Supposons que la droite BC soit à l'infini. Alors on a

$$(CAb\beta) = \frac{\overline{\beta A}}{\overline{bA}}, \qquad (CAb'\beta) = \frac{\overline{\beta A}}{\overline{b'A}},$$

$$(ABc\gamma) = \frac{\overline{cA}}{\overline{\gamma A}}, \qquad (ABc'\gamma) = \frac{\overline{c'A}}{\overline{\gamma A}}.$$

On a donc

$$\frac{\overline{cA} \cdot \overline{c'A}}{\overline{bA} \cdot \overline{b'A}} = \frac{\overline{\gamma A}^2}{\overline{\beta A}^2} \cdot \frac{1}{(BCa\alpha)} \cdot \frac{1}{(BCa'\alpha)}.$$

Cela posé, si A varie et si les droites AB et AC ont des directions fixes, le second membre de cette égalité a une valeur constante. On a par suite le théorème suivant :

Si les côtés d'un angle variable de sommet A rencontrent une conique fixe respectivement aux points b, b' et c, c', le rapport $\dfrac{\overline{Ab} \cdot \overline{Ab'}}{\overline{Ac} \cdot \overline{Ac'}}$ *a une valeur constante quand les côtés de l'angle restent parallèles à deux droites fixes.*

Théorème de Mac-Laurin. — Soient deux angles de sommets A et A_1 dont les côtés sont respectivement parallèles et rencontrent la conique considérée aux points b, b', b_1, b_1' et c, c', c_1, c_1'. D'après le théorème de Newton, on a

$$\frac{\overline{Ab} \cdot \overline{Ab'}}{\overline{Ac} \cdot \overline{Ac'}} = \frac{\overline{A_1 b_1} \cdot \overline{A_1 b_1'}}{\overline{A_1 c_1} \cdot \overline{A_1 c_1'}}$$

et par suite

$$\frac{\overline{Ab} \cdot \overline{Ab'}}{\overline{A_1 b_1} \cdot \overline{A_1' b_1'}} = \frac{\overline{Ac} \cdot \overline{Ac'}}{\overline{A_1 c_1} \cdot \overline{A_1' c_1'}}.$$

On a ainsi le théorème suivant :

Si deux droites parallèles rencontrent une conique aux points b, b' et b_1, b_1' et varient en passant par deux points fixes A et A_1, le rapport $\dfrac{\overline{Ab} \cdot \overline{Ab'}}{A_1 b_1 \cdot A_1 b_1'}$ a une valeur constante.

2. Indices. — Supposons que la conique ait un centre O et faisons coïncider A_1 avec O. Les points b_1 et b_1' sont symétriques par rapport à O. Posons

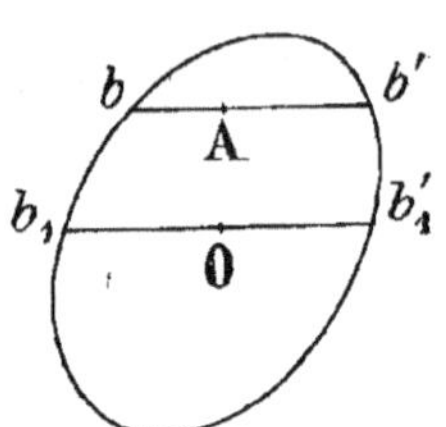

$$\overline{Ob_1} = -\overline{Ob_1'} = d.$$

Quelle que soit la sécante menée par le point fixe A, le rapport $\dfrac{\overline{Ab} \cdot \overline{Ab'}}{d^2}$ a une valeur constante. Ce nombre sera dit, d'après Faure, *l'indice du point A par rapport à la conique*. Si la conique est un cercle, l'indice du point A est égal à $-\dfrac{P}{R^2}$, P étant la puissance du point par rapport au cercle et R étant le rayon.

$1°$ Soient deux points M_1 et M_2 conjugués par rapport à une conique Γ de centre O, variant sur une droite fixe Δ qui rencontre la conique aux points A et A'. Soient μ_1 et μ_2 les indices des points M_1 et M_2. Si ω est le milieu de la corde AA' et si d est la demi-longueur du diamètre de la conique qui est parallèle à cette corde, on a

$$\mu_1 = \frac{\overline{M_1 A} \cdot \overline{M_1 A'}}{d^2} = \frac{\overline{M_1 M_2} \cdot \overline{M_1 \omega}}{d^2}, \qquad \mu_2 = \frac{\overline{M_2 M_1} \cdot \overline{M_2 \omega}}{d^2}.$$

Par suite, on a

$$\frac{1}{\mu_1} + \frac{1}{\mu_2} = \frac{d^2}{\overline{M_1 M_2}}\left(\frac{1}{\overline{M_1 \omega}} - \frac{1}{\overline{M_2 \omega}}\right) = -\frac{d^2}{\overline{\omega A}^2} = \text{const.},$$

et

$$\frac{\mu_1 \cdot \mu_2}{\overline{M_1 M_2}^2} = -\frac{\overline{M_1 \omega} \cdot \overline{M_2 \omega}}{d^4} = -\frac{\overline{\omega A}^2}{d^4} = \text{const.}$$

On a donc les théorèmes suivants :

$1°$ *La somme des inverses des indices de deux points conjugués par rapport à la conique qui varient sur une droite fixe est constante.*

2° *Le produit des indices de deux points conjugués par rapport à la conique qui varient sur une droite fixe est dans un rapport constant avec le carré de la distance des deux points.*

Nous désignerons ce rapport constant sous le nom d'*indice de la droite* M_1M_2 et nous le représenterons par la notation μ_{12}. L'indice d'un diamètre de la conique est égal à $-\dfrac{1}{d^2}$, d étant la demi-longueur de ce diamètre.

Soient deux droites conjuguées variables passant par M_3 et rencontrant la polaire de M_3 aux points conjugués M_1 et M_2. On a

$$\mu_{13} = \frac{\mu_1 \cdot \mu_3}{\overline{M_1M_3}^2}, \qquad \mu_{23} = \frac{\mu_2 \cdot \mu_3}{\overline{M_2M_3}^2}.$$

Donc on a

$$\frac{1}{\mu_{13}} + \frac{1}{\mu_{23}} = \frac{1}{\mu_3}\left[\frac{\overline{M_1M_3}^2}{\mu_1} + \frac{\overline{M_2M_3}^2}{\mu_2}\right]$$

$$= \frac{d^2}{\mu_3}\left[\frac{\overline{M_1M_3}^2}{\overline{M_1M_2} \cdot \overline{M_1\omega}} + \frac{\overline{M_2M_3}^2}{\overline{M_2M_1} \cdot \overline{M_2\omega}}\right],$$

ω étant le milieu de la corde de la conique située sur M_1M_2, d étant la demi-longueur du diamètre parallèle à M_1M_2. D'après la formule de Stewart, la parenthèse est égale à

$$1 - \frac{\overline{\omega M_3}^2}{\overline{\omega M_1} \cdot \overline{\omega M_2}}$$

et, le produit $\overline{\omega M_1} \cdot \overline{\omega M_2}$ étant constant, on a

$$\frac{1}{\mu_{13}} + \frac{1}{\mu_{23}} = \text{const.}$$

Donc,

3° *La somme des inverses des indices de deux droites conjuguées par rapport à une conique à centre qui varient en passant par un point fixe est constante.*

Par définition de μ_{13} et de μ_{23}, on a

$$\mu_{13} \cdot \mu_{23} = (\mu_3)^2 \cdot \frac{\mu_1 \cdot \mu_2}{\overline{M_3M_1}^2 \cdot \overline{M_3M_2}^2}.$$

Mais si H est le pied de la perpendiculaire abaissée de M_3 sur M_1M_2, on a

$$2 \text{ aire } M_1 M_2 M_3 = M_3 M_1 \cdot M_3 M_2 \sin(M_3 M_1, M_3 M_2) = M_1 M_2 \cdot M_3 H ;$$

par suite, on a

$$\frac{\mu_{13} \cdot \mu_{23}}{\sin^2(M_3 M_1, M_3 M_2)} = (\nu_3)^2 \frac{\mu_1 \cdot \mu_2}{\overline{M_1 M_2}^2 \cdot \overline{M_3 H}^2} = \frac{(\nu_3)^2}{\overline{M_3 H}^2} \cdot \mu_{12} = \text{const.}$$

Donc,

4° *Le produit des indices de deux droites conjuguées par rapport à une conique à centre qui varient en passant par un point fixe est dans un rapport constant avec le carré du sinus de leur angle.*

Théorèmes d'Apollonius. — La démonstration des deux derniers théorèmes suppose que le point fixe par lequel passent les deux droites conjuguées variables ne coïncide pas avec le centre de la conique. Par raison de continuité, ces théorèmes sont encore valables pour deux diamètres conjugués quelconques. Comme l'indice d'un diamètre est égal à $-\dfrac{1}{d^2}$, d étant la demi-longueur de ce diamètre, on a les théorèmes suivants dits *d'Apollonius* :

1° *La somme des carrés des longueurs de deux diamètres conjugués quelconques est constante ;*

2° *Le produit des longueurs de deux diamètres conjugués quelconques et du sinus de leur angle est constant, ou encore, l'aire du parallélogramme qui a pour côtés deux diamètres conjugués quelconques est constante.*

Théorème. — *Soient deux droites rectangulaires variables passant par un point fixe* I. *Si* A *et* A′, B *et* B′ *sont respectivement les points d'intersection de ces droites avec une conique fixe à centre, la somme*

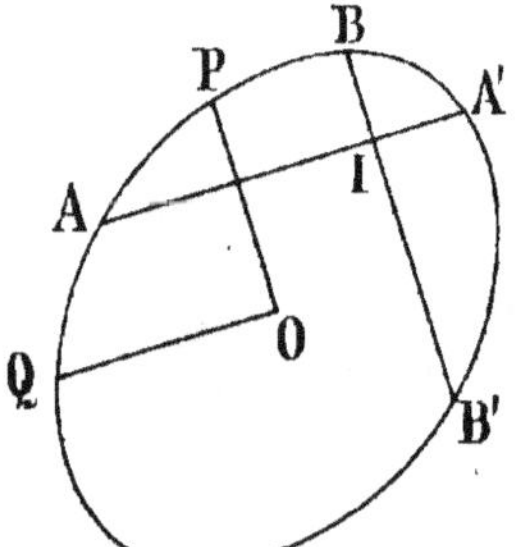

$$\frac{1}{\overline{IA} \cdot \overline{IA'}} + \frac{1}{\overline{IB} \cdot \overline{IB'}}$$

est constante.

En effet, soient P et Q deux points de la conique situés sur les perpendiculaires aux deux droites variables menées par le centre O. On a

$$\frac{\overline{IA} \cdot \overline{IA'}}{\overline{OQ}^2} = \frac{\overline{IB} \cdot \overline{IB'}}{\overline{OP}^2},$$

d'où

$$\frac{\dfrac{1}{\overline{IA}\cdot\overline{IA'}}}{\dfrac{1}{\overline{OP}^2}} = \frac{\dfrac{1}{\overline{IB}\cdot\overline{IB'}}}{\dfrac{1}{\overline{OQ}^2}} = \frac{\dfrac{1}{\overline{IA}\cdot\overline{IA'}} + \dfrac{1}{\overline{IB}\cdot\overline{IB'}}}{\dfrac{1}{\overline{OQ}^2} + \dfrac{1}{\overline{OP}^2}} = \frac{1}{\mu},$$

μ désignant l'indice du point I. Or, comme nous l'avons montré (V, § 3), la droite PQ est tangente à un cercle fixe de centre O, et par suite, d'après une propriété du triangle rectangle, $\dfrac{1}{\overline{OP}^2} + \dfrac{1}{\overline{OQ}^2}$ est constant; le théorème est ainsi établi.

3. Théorème de Pascal. — *Les côtés opposés d'un hexagone inscrit à une conique se rencontrent en trois points situés en ligne droite* [1].

Soit l'hexagone inscrit à la conique, dont les six sommets sont consécutivement A, B', C, A', B, C', et soient α, β, γ les points de rencontre des côtés opposés B'C et BC', C'A et CA', A'B et B'A ; il s'agit d'établir que les points α, β, γ sont en ligne droite. Considérons le triangle qui a pour côtés les droites AB', CA' et BC', désignons par P, Q, R les points de rencontre des côtés AB'

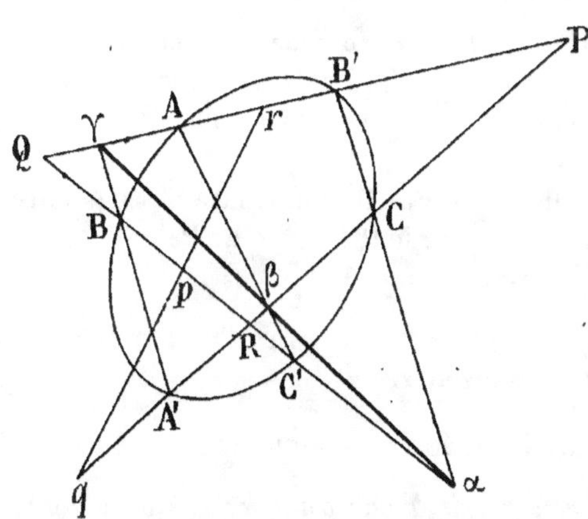

et CA', AB' et BC', CA' et BC', et introduisons une transversale auxiliaire rencontrant les côtés BC', CA', AB' respectivement aux points p, q, r.

Par application du théorème de Carnot au triangle PQR coupé par la conique donnée, on a

$$(PQAr)\cdot(PQB'r)\cdot(QRBp)\cdot(QRC'p)\cdot(RPCq)\cdot(RPA'q) = 1.$$

Par application du théorème de Ménélaüs au même triangle coupé par les transversales B'C, A'B, C'A, on a

---

[1] Ce théorème peut être aussi établi comme conséquence du théorème de Chasles.

$$(PQrB') . (QRp\alpha) . (RPqC) = 1,$$
$$(PQr\gamma) . (QRpB) . (RPqA') = 1,$$
$$(PQrA) . (QRpC') . (RPq\beta) = 1.$$

En multipliant ces inégalités membre à membre, on obtient la relation

$$(QRp\alpha) . (PQr\gamma) . (RPq\beta) = 1,$$

qui prouve que les points α, β, γ sont en ligne droite.

On peut supposer que deux sommets consécutifs de l'hexagone sont confondus, la droite qui les joint étant alors tangente à la conique. On a alors les deux énoncés suivants :

1° *Soit un quadrilatère inscrit à une conique, ayant pour sommets opposés A et A', B et B'. Le point de rencontre des tangentes en A et A', le point de rencontre des tangentes en B et B', le point de rencontre des droites AB et A'B' et le point de rencontre des droites AB' et A'B sont quatre points en ligne droite.*

2° *Soit un triangle ABC inscrit à une conique. Les points de rencontre de la tangente en A et du côté BC, de la tangente en B et du côté AC, de la tangente en C et du côté AB sont en ligne droite.*

Théorème de Brianchon. — Par transformation par polaires réciproques par rapport à la conique, le théorème de Pascal conduit au théorème suivant, dû à Brianchon :

Les trois droites qui joignent les sommets opposés d'un hexagone circonscrit à une conique sont concourantes.

De ce théorème on déduit les théorèmes suivants :

1° *Soit un quadrilatère circonscrit à une conique. Les deux diagonales et les deux droites qui joignent les points de contact des côtés opposés sont concourantes.*

2° *Soit un triangle circonscrit à une conique. Les trois droites qui joignent les sommets du triangle aux points de contact des côtés opposés sont concourantes.*

CHAPITRE VII

COURBES DU TROISIÈME DEGRÉ
ET COURBES DE LA TROISIÈME CLASSE

---

1. Théorème. — *Par neuf points du plan il passe au moins une cubique.*

En effet, soit, en coordonnées homogènes, l'équation indéterminée d'une cubique

$$f(x, y, z) = 0,$$

$f(x, y, z)$ ayant dix coefficients. En exprimant que la courbe passe par les neuf points $A_i(x_i, y_i, z_i)$, $(i = 1, 2, 3, \ldots, 9)$, on obtient pour déterminer ces coefficients neuf équations

$$f(x_i, y_i, z_i) = 0,$$

qui sont linéaires et homogènes. Leur nombre étant plus petit que le nombre des inconnues, elles admettent au moins une solution non nulle, à un facteur de proportionnalité près, ce qui démontre le théorème.

Théorème. — *Par huit points du plan, il passe une infinité de cubiques. En outre, si les huit points n'appartiennent pas à une même conique et si parmi ces huit points il n'en existe pas cinq appartenant à une même droite, parmi les cubiques qui passent par ces huit points il en existe une, et en général une seule, qui passe par un neuvième point donné du plan.*

En effet, en exprimant que la cubique d'équation homogène

$$f(x, y, z) = 0$$

passe par les huit points $A_i(x_i, y_i, z_i)$, $(i = 1, 2, \ldots, 8)$, on obtient huit équations linéaires et homogènes par rapport aux dix coefficients du polynome $f(x, y, z)$. Le rang r du système de ces équations étant inférieur d'au moins deux unités au nombre des inconnues, ce système admet une infinité de solutions non proportionnelles, ce qui montre que par huit points du plan il passe toujours une infinité de cubiques.

Montrons que pour que le rang r soit égal à 8, il faut et il suffit que les huit points ne soient pas situés sur une même conique et que parmi ces huit points il n'y en ait pas cinq en ligne droite.

En effet, supposons d'abord que r soit égal à 8. Il existe alors deux inconnues non principales; si λ_1 et λ_2 sont les valeurs numériques arbitraires attribuées à ces inconnues, les cubiques Γ qui passent par les huit points donnés ont une équation générale de la forme

$$\lambda_1 f_1(x, y, z) + \lambda_2 f_2(x, y, z) = 0,$$

f_1 et f_2 étant deux polynomes du troisième degré déterminés non proportionnels. Il s'ensuit que par tout point du plan non commun aux deux cubiques d'équations $f_1 = 0$ et $f_2 = 0$ il passe une cubique Γ et une seule. Cela posé :

1° Si les huit points donnés étaient situés sur une même conique S, parmi les cubiques Γ se trouveraient des cubiques décomposées en la conique S et une droite arbitraire, et par tout point du plan il passerait une infinité de cubiques Γ.

2° Si cinq des huit points donnés étaient situés sur une même droite D, parmi les cubiques Γ se trouveraient des cubiques décomposées en la droite D et une conique passant par ceux des huit points qui, en nombre au plus égal à trois, ne sont pas situés sur D, et par tout point du plan il passerait encore une infinité de cubiques Γ.

Inversement, montrons que si les huit points A donnés ne sont pas situés sur une même conique et si parmi ces huit points il n'y en a pas cinq en ligne droite, r est égal à 8. Supposons en effet que r soit plus petit que 8; il existerait alors r des huit points qui seraient tels que toute cubique passant par ces r points passerait nécessairement par les $8 - r$ autres. Il en résulterait que par $9 - r$ points du plan et par suite, $9 - r$ étant au moins égal à 2, que par deux points α et β du plan il passerait au moins une cubique Γ.

Cela posé, distinguons plusieurs cas :

1° Supposons que parmi les points A il en existe sept qui soient situés sur une conique S proprement dite. Toute cubique Γ se décompose en la conique S et une droite passant par le huitième point A. Si l'on considère deux points α et β non situés sur S et non en ligne droite avec le huitième point A, il est impossible de faire passer une cubique Γ par les deux points α et β.

2° Supposons que parmi les points A il en existe sept qui soient situés sur une conique décomposée en deux droites Δ et Δ', l'une Δ passant par quatre des sept points et l'autre Δ' passant par les trois autres. Toute cubique Γ se décompose nécessairement en la droite Δ et en une conique qui se décompose elle-même en la droite Δ' et une droite passant par le huitième point. Si l'on considère deux points α et β en dehors de Δ et de Δ' et non en ligne droite avec le huitième point A, il est impossible de faire passer une cubique Γ par les points α et β.

3° Supposons que parmi les points A il en existe six qui soient situés sur une conique proprement dite S. Si l'on considère sur la conique S un point α autre que ces six points A, quel que soit β, toute cubique Γ passant par les points α et β se décompose nécessairement en la conique S et la droite D qui passe par les deux autres points A. Si l'on considère un point β en dehors de S et de D, il n'existe pas de cubique Γ passant par α et β.

4° Supposons qu'il y ait six points A situés sur une conique décomposée en deux droites Δ et Δ'. Deux hypothèses sont à examiner : 1°) Une de ces droites, Δ par exemple, passe par quatre des six points A, la droite Δ' passant par les deux autres. Toute cubique Γ se décompose alors nécessairement en la droite Δ et une conique S. Prenons un point α de Δ', non situé sur Δ ; si une cubique Γ passe par α, la conique S se décompose en la droite Δ' et la droite D qui passe par les deux points A autres que les six points A considérés. Si l'on choisit un point β en dehors de Δ, de Δ', et de D, il n'existe pas de cubique Γ passant par les points α et β. — 2°) Chacune des droites Δ et Δ' passe par trois des six points A considérés. Si l'on choisit un point α de Δ autre que les trois points A situés sur Δ, toute cubique Γ passant par α se décompose nécessairement en la droite Δ et une conique S, qui se décompose elle-même en la droite Δ' et la droite D qui passe par les deux points A autres que les six points A considérés. Si l'on choisit un point β qui ne soit situé sur aucune des droites Δ, Δ' et D, il n'existe pas de cubique Γ passant par les points α et β.

5° Supposons qu'il n'y ait pas de conique passant par six des points A, mais qu'il existe trois points A situés sur une droite Δ ; soient A_1, A_2, A_3 ces trois points. Plaçons α sur Δ. Toute cubique Γ passant par α se décompose nécessairement en la droite Δ et une conique S qui passe par les points A_4, A_5, A_6, A_7, A_8. Parmi ces cinq derniers points A, il n'en existe pas trois qui soient en ligne droite, sinon il y aurait une conique décomposée passant par six ou sept des points A. Il s'ensuit que la conique S est déterminée d'une façon unique. Si l'on considère un point β qui ne soit situé ni sur Δ ni sur S, il n'existe pas de cubique Γ passant par α et β.

6° Supposons que parmi les points A il n'y en ait ni trois en ligne droite ni six sur une même conique. Soient deux de ces points A_1 et A_2, et plaçons α et β sur la droite $A_1 A_2$. Une cubique Γ passant par α et β se décompose nécessairement en la droite $A_1 A_2$ et une conique, et ainsi les six points A_3, A_4, A_5, A_6, A_7, A_8 seraient situés sur une même conique; il y a contradiction.

La réciproque est ainsi établie.

Le rang r étant supposé égal à 8, par tout point M du plan, non commun aux cubiques d'équations

$$f_1(x, y, z) = 0 \quad \text{et} \quad f_2(x, y, z) = 0,$$

il passe une cubique Γ et une seule.

2. Cherchons dans quelles conditions les deux cubiques d'équations $f_1 = 0$ et $f_2 = 0$ ont une infinité de points communs. Deux cas sont à envisager.

1° Les deux cubiques contiennent une conique commune S, proprement dite ou décomposée; l'une des cubiques se décompose en la conique S et une droite Δ_1, l'autre se décompose en la conique S et une droite Δ_2. Les deux droites Δ_1 et Δ_2 étant distinctes, la conique S contient sept des points A. Inversement, si sept des points A sont sur une conique, les deux cubiques ont ou bien cette conique commune ou bien une droite commune faisant partie de cette conique.

2° Les deux cubiques n'ont pas de conique commune, mais elles ont une droite commune et une seule, Δ; l'une des cubiques se décompose en Δ et une conique S_1, l'autre se décompose en Δ et une conique S_2. La droite Δ contient quatre au moins des points A, sinon les deux coniques S_1 et S_2 auraient au moins cinq points communs; comme elles sont distinctes, quatre au moins de ces cinq points A seraient sur une droite Δ' distincte de Δ, et ainsi les deux cubiques auraient une conique commune décomposée en les deux droites Δ et Δ', ce qui est contraire à l'hypothèse. Inversement, si quatre des points A sont sur une droite Δ, chaque cubique Γ se décompose en la droite Δ et une conique.

On voit ainsi que pour que les cubiques Γ aient une infinité de points communs, il faut et il suffit que de deux choses l'une, ou bien sept des huit points A soient situés sur une même conique, ou bien quatre des points A soient situés sur une même droite. Dans le cas général, où il n'existe ni sept des points A sur une même conique, ni quatre des points A sur une même droite, les cubiques Γ ont, outre les points communs A, un neuvième point commun. On a donc le théorème suivant, dit *du neuvième point* :

Par huit points donnés, tels qu'il n'y en ait pas sept sur une même conique ni quatre sur une même droite, il passe une infinité de cubiques Γ ayant un neuvième point commun. Par un point de plus autre que les huit points donnés et que le neuvième point commun aux cubiques Γ, il passe une cubique Γ et une seule.

3. Applications. — 1° Soient une conique proprement dite S et sur cette conique six points A, B, C, A′, B′, C′. Désignons par α, β, γ les points de rencontre de B′C et de BC′, de C′A et de CA′, de A′B et de BA′, respectivement, et proposons-nous d'établir que les points α, β, γ sont en ligne droite. A cet effet, considérons les huit points A, B′, C, A′, B, C′, α et β. Parmi ces huit points, il n'y en a pas sept sur une même conique, ni quatre sur une même droite; par ces huit points, il passe une infinité de cubiques Γ ayant un neuvième point commun. Parmi ces cubiques Γ se trouvent les deux cubiques formées l'une des droites AB′, CA′, BC′, l'autre des droites B′C, A′B, C′A; il s'ensuit que le neuvième point est le point γ. D'autre part, parmi les cubiques Γ se trouve la cubique formée de la conique S et de la droite $\alpha\beta$. Cette cubique passant par γ qui n'est pas situé sur S, la droite $\alpha\beta$ passe par γ. *C'est le théorème de Pascal* (VI, § 3).

2° Soient une cubique proprement dite Γ et une conique S proprement dite ou décomposée, rencontrant la cubique en six points distincts A, A′, B, B′, C, C′. Montrons que les points de rencontre A″, B″, C″, autres que A et A′, B et B′, C et C′, des droites AA′, BB′, CC′ respectivement avec la cubique Γ sont en ligne droite. En effet, considérons les huit points A, A′, B, B′, C, C′, A″, B″. Parmi ces huit points, il n'y en a ni sept sur une conique ni quatre sur une droite; le théorème du neuvième point est donc applicable. Deux des cubiques qui passent par les huit points considérés étant la cubique Γ et la cubique formée des droites AA′, BB′, CC′, on voit que le neuvième point est le point C″, et comme la cubique formée de la conique S et de la droite A″B″ passe aussi par les huit points considérés, cette cubique passe par C″, qui, n'étant pas situé sur S, est situé sur A″B″.

3° Soient une cubique Γ et deux droites Δ et Δ' rencontrant la cubique Γ respectivement aux points A, B, C et A', B', C'. Les points de rencontre A″, B″, C″, autres que les six points précédents, de la cubique Γ avec les droites AA', BB', CC' sont sur une droite Δ''. Cela posé, faisons tendre les points variables A', B', C' de Γ respectivement vers les points fixes A, B, C de Γ ; les droites AA', BB', CC' tendent respectivement vers les tangentes en A, B, C à Γ. On a ainsi le théorème suivant :

A, B, C *étant trois points en ligne droite d'une cubique* Γ *proprement dite, les points de rencontre* A_1, B_1, C_1, *autres que* A, B, C, *de la cubique* Γ *avec les tangentes en* A, B, C *sont en ligne droite.*

En appliquant ce théorème aux points d'intersection supposés distincts de la cubique avec la droite de l'infini, on a le théorème suivant :

Étant donnée une cubique ayant trois directions asymptotiques distinctes, les points d'intersection à distance finie de la cubique avec ses asymptotes sont en ligne droite.

4° Si, dans ce qui précède, on suppose que les points A et B sont d'inflexion, le point A_1 coïncide avec A et le point B_1 avec B ; la droite A_1B_1 coïncide donc avec la droite AB, et par suite C_1 coïncide avec C, ce qui prouve que C est aussi un point d'inflexion.

Ainsi, *la droite qui joint deux points d'inflexion d'une cubique rencontre cette cubique en un troisième point qui est aussi un point d'inflexion.*

Notamment, *si deux asymptotes d'une cubique sont d'inflexion, la troisième asymptote est aussi d'inflexion.*

4. Il existe relativement aux courbes de la troisième classe des théorèmes qui se déduisent des précédents par application du principe de dualité. Il suffit de les indiquer. Notamment, on a le théorème suivant :

Si deux des trois tangentes menées d'un point à une courbe de la troisième classe sont de rebroussement, il en est de même de la troisième.

5. Génération des cubiques, dite de Mac-Laurin. — Théorème. — *Le lieu des points de contact des tangentes menées d'un point O aux coniques d'un faisceau linéaire ponctuel est une cubique.*

Cherchons combien il y a de points du lieu sur une droite quelconque L. Soit M un point du lieu sur cette droite. La droite OM rencontre la conique du faisceau linéaire ponctuel qui passe par O en un second point I et une autre conique S de ce faisceau en deux points A et A'. D'après le théorème de Desargues, le point M est un point double de l'involution qui contient les deux couples de points O et I, A et A'. Cela posé, considérons le faisceau linéaire ponctuel qui contient la conique S précédente et la conique décomposée en la droite double L. La conique de ce second faisceau linéaire qui passe en O passe aussi par I. Le point I est ainsi à l'intersection des coniques qui appartiennent aux deux faisceaux linéaires précédents et qui passent par O. Ces deux coniques ont, outre le point O, trois points communs tels que I, d'où il résulte que la droite L rencontre le lieu en trois points. Ce lieu est donc une cubique.

$1°$ Supposons que les coniques données aient quatre points communs distincts A, B, C, D et que le point O ne soit pas situé sur un des côtés du quadrangle ABCD. Sur toute droite Δ passant par O, il existe deux points variables du lieu qui sont les points doubles M et M' de l'involution formée par les couples de points d'intersection de la sécante Δ avec les coniques données. Le troisième point du lieu situé sur une telle droite Δ ne peut être que le point O, comme on le voit d'ailleurs directement en faisant coïncider Δ avec la tangente en O à la conique Σ du faisceau linéaire donné qui passe par O. Pour cette position particulière de Δ, un des points M et M' coïncide avec O, et l'on voit ainsi que la tangente en O à la cubique coïncide avec la tangente en O à la conique Σ.

Si la droite Δ, qui varie en passant constamment par O, coïncide avec la droite OA, les points M et M' se confondent avec A. D'autre part, soient P, Q, R les points de rencontre des droites AB et CD, AC et DB, AD et BC ; si la droite Δ coïncide avec OP, un des points M et M' est confondu avec P.

On voit ainsi que la cubique passe par les points P, Q, R et les points A, B, C, D ; les points A, B, C, D sont simples, et les tangentes en ces points sont les droites OA, OB, OC, OD. Les droites OA, OB, OC, OD sont les seules positions de la droite Δ, variant en passant constamment par O, pour lesquelles les points M et M' soient confondus ; par suite, la cubique n'a pas de point double.

Si le point O est situé sur le côté AB du quadrangle précédent et est distinct de P, la cubique se décompose en la droite AB et une conique proprement dite qui passe par les points C, D, Q et R, les tangentes en C et D étant les droites OC et OD. Enfin, si le point

O coïncide avec P, la cubique se décompose en les trois droites AB, CD et QR.

2° Supposons que les coniques données soient tangentes en A et se rencontrent en deux autres points B et C. Supposons en outre que O ne soit situé ni sur la tangente en A aux coniques données, ni sur un côté du triangle ABC. La cubique passe par les points A, B, C et par le point P de rencontre de BC et de la tangente en A aux coniques données. Montrons que A est un point double du lieu. A cet effet, coupons le lieu par une droite L passant par A. Pour obtenir les points M du lieu situés sur cette droite, considérons celle des coniques données qui passe par O et la conique qui passe par O dans le faisceau linéaire qui contient une autre conique donnée et la conique décomposée en la droite double L. Ces deux coniques sont tangentes en A et elles ont, outre les points A et O, un point commun I, d'où il résulte que la droite L rencontre le lieu en un seul point variable M; le point A est un point double de la cubique.

Sur toute droite Δ passant par O, il existe deux points du lieu; ce sont les points doubles de l'involution qui contient le couple des points d'intersection α et β de Δ avec les droites AB et AC et le couple des points d'intersection α_1 et β_1 de Δ respectivement avec les droites AP et BC. Les droites AM et AM' sont les rayons doubles de l'involution qui contient le couple des droites AB et

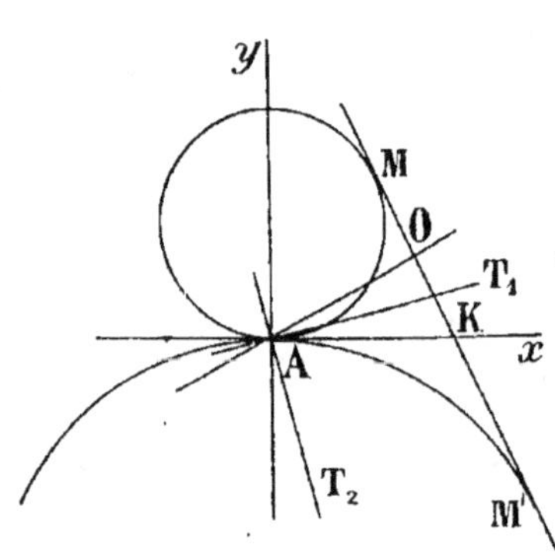

AC et le couple des droites AP et $A\alpha_1$. Quand la droite Δ passe par A, les droites AM et AM' deviennent les rayons doubles de l'involution qui contient le couple des droites AB et AC et le couple des droites AO et AP; les droites sont alors les tangentes au point double de la cubique; elles sont distinctes.

En outre, la cubique passe par B et C, qui sont simples, les tangentes en B et C étant les droites OB et OC.

Si le point O est situé sur la droite AP ou sur un des côtés du triangle ABC, le lieu se décompose.

Par application de ce qui précède, considérons les cercles qui sont tangents en un point fixe A à une droite fixe Ax. Le lieu des points de contact des tangentes menées d'un point fixe O à ces cercles est une cubique qui passe par les points cycliques, les asymptotes isotropes se coupant au point O, dit *foyer singulier* de la cubique ; cette cubique admet le point A comme point double, les tangentes en ce point étant les bissectrices AT_1 et AT_2 de l'angle des droites Ax et AO ; ces tangentes sont rectangulaires. La cubique est dite une *strophoïde*.

Sur toute droite Δ passant par O, il existe deux points variables M et M′ du lieu. K étant le point d'intersection de Δ avec Ax, on a

$$KA = KM = KM'.$$

Donc le cercle de diamètre MM′ passe par A et est tangent en A à la droite Ay perpendiculaire à Ax. On a ainsi le théorème suivant :

Le lieu des points de rencontre d'un cercle variable tangent à une droite fixe en un point fixe A avec le diamètre de ce cercle qui passe par un point fixe O non situé sur le lieu du centre du cercle variable est une strophoïde admettant le point A comme point double et le point O comme foyer singulier.

3° Supposons que les coniques données soient osculatrices en un point A et se rencontrent en un autre point B. Supposons en outre que O ne soit situé ni sur la tangente AT en A à ces coniques ni sur la droite AB.

La cubique admet encore le point A comme point double, les tangentes en ce point étant encore les rayons doubles de l'involution qui contient le couple des droites AT et AB et le couple des droites AT et AO. Cette involution est singulière, et ses deux rayons doubles sont confondus avec la droite AT. Ainsi, le point A est point de rebroussement de la cubique.

La cubique passe aussi par B, qui est simple, la tangente en ce point étant la droite OB.

6. Corrélativement, on a les résultats suivants :

L'enveloppe des tangentes aux coniques d'un faisceau linéaire tangentiel dont les points de contact sont situés sur une droite Δ est une courbe de la troisième classe.

Si les coniques données ont quatre tangentes communes distinctes, l'enveloppe est sans tangente double. Si les coniques sont tangentes en un même point à une même droite, cette droite est tangente double de l'enveloppe. Plus particulièrement, si les coniques sont osculatrices en un même point, leur tangente commune en ce point est tangente d'inflexion de l'enveloppe, le point considéré étant point d'inflexion.

Par exemple, *l'enveloppe des asymptotes des coniques d'un faisceau linéaire tangentiel est une courbe de la troisième classe tangente à la droite à l'infini.*

7. Théorème. — *Étant données trois coniques Γ_1, Γ_2, Γ_3 n'appartenant pas à un même faisceau linéaire ponctuel, le lieu d'un point M tel que ses polaires par rapport aux trois coniques concourent en un point M' est une cubique qui est aussi le lieu du point M', et l'enveloppe de la droite MM' est une courbe de la troisième classe.*

1° Cherchons combien il existe de points du lieu situés sur une droite quelconque L.

M étant un point variable de L, le lieu du point de rencontre M_1 des polaires de M par rapport aux coniques Γ_1 et Γ_3 est une conique S_1 qui passe par le pôle I de L par rapport à la conique Γ_3 (III, § 3); de même, le lieu du point de rencontre M_2 des polaires de M par rapport aux coniques Γ_2 et Γ_3 est une conique S_2 qui passe aussi par I. Pour que M soit un point du lieu cherché situé sur L, il faut et il suffit que M_1 et M_2 se confondent en un point d'intersection M', autre que I, des coniques S_1 et S_2. Ces deux coniques ayant trois points communs M' autres que I, il existe trois points M du lieu cherché sur la droite L. Le lieu cherché est donc une cubique Σ.

Si les polaires d'un point M par rapport aux trois coniques données concourent en un point M', les polaires de M' par rapport à ces coniques concourent en M. La cubique Σ est par suite aussi le lieu du point de concours M' des polaires d'un point M variable sur Σ par rapport aux coniques données. Nous dirons que les points M et M' sont *conjugués* sur la cubique Σ.

2° Cherchons combien il passe de droites MM' par un point quelconque P.

Soient Γ_1' la conique qui passe par P et qui appartient au faisceau linéaire ponctuel contenant Γ_1 et Γ_3, et Γ_2' la conique qui passe par P et qui appartient au faisceau linéaire ponctuel contenant Γ_2 et Γ_3. Les points M et M', étant conjugués par rapport à Γ_1 et à Γ_3, sont aussi conjugués par rapport à Γ_1'; si la droite MM' passe par P, le conjugué harmonique P' de P par rapport aux points M et M' est situé sur Γ_1'. De même, ce point P' est situé sur Γ_2'; il est donc un des trois points autres que P d'intersection des coniques Γ_1' et Γ_2'. Réciproquement, toute droite joignant le point P à un point P', autre que P, commun aux deux coniques Γ_1' et Γ_2' est une droite MM'. En effet, les deux involutions formées sur la droite PP' par les couples de points d'intersection de cette droite avec les coniques du faisceau linéaire ponctuel qui contient Γ_1 et Γ_3 et par les couples de points d'intersection de la droite avec les coniques du faisceau linéaire ponctuel qui contient Γ_2 et Γ_3 sont coïncidentes, comme ayant en commun le couple des points P et P' et le couple des points d'intersection de PP' avec Γ_3. Il s'ensuit que les points doubles M et M' de ces deux involutions sont conjugués par rapport à chacune des coniques Γ_1, Γ_2, Γ_3, et qu'ainsi la droite PP' est une tangente à l'enveloppe cherchée. Cette enveloppe est donc une courbe de la troisième classe Σ'.

Ce qui précède montre que la courbe Σ' est l'enveloppe d'une droite qui rencontre les trois coniques Γ_1, Γ_2, Γ_3 en trois couples de points appartenant à une même involution, et que la courbe Σ est le lieu des points doubles de cette involution.

8. $1°$ Les deux courbes Σ et Σ' ne changent pas si on remplace les deux coniques Γ_2 et Γ_3 par deux coniques quelconques Γ_2' et Γ_3' du faisceau linéaire ponctuel qui contient Γ_2 et Γ_3. En effet, le point de rencontre des polaires d'un point par rapport aux coniques Γ_2 et Γ_3 est aussi le point de rencontre des polaires de ce point par rapport aux coniques Γ_2' et Γ_3' (III, § 3). Si donc les polaires d'un point M par rapport aux coniques Γ_1, Γ_2, Γ_3 sont concourantes en un point M', les polaires de ce point par rapport aux coniques Γ_1, Γ_2', Γ_3' sont aussi concourantes au point M', et réciproquement.

$2°$ La courbe Σ' est l'enveloppe des sécantes communes à la conique Γ_1 et aux coniques du faisceau linéaire ponctuel qui contient Γ_2 et Γ_3. En effet, une tangente Δ à la courbe Σ' rencontre Γ_1 en un couple de points qui fait partie de l'involution formée par les couples de points d'intersection avec Δ des coniques du faisceau linéaire ponctuel qui contient Γ_2 et Γ_3 ; il existe donc une conique de ce faisceau qui rencontre Δ aux mêmes points que Γ_1. Et réciproquement.

$3°$ La courbe Σ est le lieu des points qui ont même polaire par rapport à Γ_1 et par rapport à une conique du faisceau linéaire ponctuel contenant Γ_2 et Γ_3. En effet, la polaire unique d'un tel point M par rapport à Γ_1 et par rapport à une conique du faisceau linéaire ponctuel qui contient Γ_2 et Γ_3 passe par le point de rencontre des polaires de M par rapport aux coniques Γ_2 et Γ_3. Réciproquement, M étant un point dont les polaires par rapport à Γ_1, Γ_2, Γ_3 concourent en un point M', il existe une conique du faisceau linéaire ponctuel contenant Γ_2 et Γ_3 qui est telle que la polaire de M par rapport à cette conique coïncide avec la polaire de M par rapport à Γ_1.

On peut dire aussi que la courbe Σ est le lieu des points doubles des coniques décomposées en deux droites qui font partie des divers faisceaux linéaires ponctuels qui contiennent Γ_1 et une conique variable du faisceau linéaire ponctuel contenant Γ_2 et Γ_3.

La courbe Σ' est l'enveloppe des droites qui constituent ces coniques décomposées. A toute tangente Δ à la courbe Σ' il correspond une tangente Δ' à Σ' qui est telle que la conique décomposée en les deux droites Δ et Δ' fasse partie d'un faisceau linéaire ponctuel contenant Γ_1 et une conique du faisceau linéaire ponctuel qui contient Γ_2 et Γ_3. La correspondance entre Δ et Δ' est réciproque ; nous dirons que Δ et Δ' sont des tangentes *conjuguées* à la courbe Σ'.

9. Soient

$$f_1(x, y, z) = 0, \qquad f_2(x, y, z) = 0, \qquad f_3(x, y, z) = 0$$

les équations homogènes des coniques Γ_1, Γ_2, Γ_3. On voit immédiatement que les coniques qui font partie d'un faisceau linéaire ponctuel contenant Γ_1 et une conique quelconque du faisceau linéaire ponctuel qui contient Γ_2 et Γ_3 ont pour équation générale

$$\lambda_1 f_1(x, y, z) + \lambda_2 f_2(x, y, z) + \lambda_3 f_3(x, y, z) = 0,$$

λ_1, λ_2, λ_3 étant trois constantes arbitraires non simultanément nulles. La forme même de cette équation montre que les coniques précédentes coïncident avec les coniques qui font partie d'un faisceau linéaire ponctuel contenant Γ_2 et une conique quelconque du faisceau linéaire ponctuel qui contient Γ_3 et Γ_1 et coïncident aussi avec les coniques qui font partie d'un faisceau linéaire ponctuel contenant Γ_3 et une conique quelconque du faisceau linéaire ponctuel qui contient Γ_1 et Γ_2. On désigne l'ensemble de ces coniques Γ sous le nom de *réseau linéaire ponctuel*. Cet ensemble contient les coniques Γ_1, Γ_2, Γ_3, qui sont dites *coniques de base*. On voit facilement que le réseau linéaire ponctuel considéré ne change pas si l'on remplace les trois coniques Γ_1, Γ_2, Γ_3 par trois autres coniques du réseau prises comme nouvelles coniques de base, ces trois nouvelles coniques n'appartenant pas à un même faisceau linéaire.

La courbe Σ est le lieu des points doubles des coniques décomposées en deux droites qui appartiennent au réseau ; elle est dite la *hessienne* du réseau. La courbe Σ' est l'enveloppe des droites qui font partie des coniques décomposées du réseau ; elle est dite la *cayleyenne* du réseau.

10. Cas particuliers. — $1°$ Supposons que les trois coniques Γ_1, Γ_2, Γ_3 aient un point commun O. Toutes les coniques du réseau linéaire passent par O. Une droite passant par O rencontre les coniques Γ_1, Γ_2, Γ_3 en trois couples de points ayant en commun le point O ; ces trois couples de points font partie d'une même involution, dite singulière, dont les deux points doubles sont confondus en O. On voit donc que toute droite passant par O est tangente à la cayleyenne ; la cayleyenne se décompose en le point O et en une courbe de la seconde classe σ'.

Les polaires de O par rapport aux coniques Γ concourent en O ; le point O est un point de la hessienne, et il coïncide avec son conjugué. Montrons que O est un point double de la hessienne. A cet effet, cherchons les points d'intersection de cette cubique avec une droite arbitraire L passant par O. Soient la conique S_1 lieu des pôles de L par rapport aux coniques du faisceau linéaire qui contient Γ_1 et Γ_3, et la conique S_2 lieu des pôles de L par rapport aux coniques du faisceau linéaire qui contient Γ_2 et Γ_3. Parmi les coniques du premier faisceau, il en existe une, Γ', qui est tangente en O à L ; le point O est donc un point de S_1. En outre, quand une conique Γ varie dans ce faisceau en tendant vers Γ', la tangente en O à Γ, qui passe par le pôle de L par rapport à Γ, tend vers L. Donc la conique S_1 est tangente en O à L. Il en est de même de la conique S_2. Comme ces deux coniques passent toutes deux par le pôle I de L par rapport à Γ_3 et se rencontrent en un autre point M' distinct de O et de I, on voit qu'il existe un seul point M variable d'intersection de la droite L avec la hessienne ; il s'ensuit que O est un point double de cette courbe.

Soit à déterminer les tangentes en O à la hessienne. Parmi les coniques du réseau, il en existe une γ qui appartient au faisceau linéaire ponctuel contenant Γ_2 et Γ_3 et qui est tangente en O à Γ_1, et il en existe une qui est formée de deux droites D et D′ passant par O et qui appartient au faisceau linéaire contenant Γ_1 et γ. Pour ne pas changer les notations, nous pouvons supposer que cette conique décomposée est prise comme conique Γ_3. La droite D rencontre les coniques Γ_1 et Γ_2 respectivement aux points A_1 et A_2 autres que O. m étant un point de la hessienne situé sur D, son conjugué m' est nécessairement situé sur D, qui est la polaire de m par rapport à Γ_3 ; les points m et m' sont alors les points doubles de l'involution qui contient les deux couples de points O et A_1, O et A_2 ; cette involution est singulière et par suite m coïncide avec O. Ainsi, la droite D et de même la droite D′ rencontrent la hessienne au seul point O ; ce sont les tangentes en O à la hessienne.

D'autre part, M et M' étant deux points conjugués de la hessienne, les droites OM et OM' sont conjuguées harmoniques par rapport aux droites D et D'. Quand M varie sur la cubique et tend vers O de façon que OM tende vers D, M' tend aussi vers O de façon que OM' tende vers D. La droite MM', qui est constamment tangente à la conique σ', tend elle-même vers D. On voit ainsi que les tangentes en O à la hessienne sont les tangentes menées de O à la conique σ', qui constitue avec le point O la cayleyenne.

2° Supposons que les coniques Γ_1, Γ_2, Γ_3 aient deux points communs O et O'. Toutes les coniques du réseau linéaire passent par ces deux points. Les polaires d'un point M quelconque de la droite OO' par rapport aux coniques Γ concourent au point M', conjugué harmonique de M par rapport aux points O et O'. La droite OO' fait donc partie de la hessienne ; la hessienne se décompose en la droite OO' et en une courbe du second degré, σ, qui passe par les points O et O', ces points étant points doubles de la hessienne.

Toute droite passant par O ou par O' rencontre les trois coniques Γ_1, Γ_2, Γ_3 en trois couples de points en involution. La cayleyenne se décompose en les deux points O et O' et en un troisième point ω. Si un point M varie sur la conique σ, son conjugué M' varie aussi sur σ, et la droite MM' passe par le point fixe ω. Quand M vient en O ou O', le point M' vient aussi en O ou O', la droite MM' se confond alors avec la tangente en O ou O' à σ. On voit ainsi que le point ω est le pôle de la droite OO' par rapport à σ.

Les sécantes communes aux coniques Γ_1, Γ_2, Γ_3 qui ne passent ni par O ni par O' passent par ω. On a donc le théorème suivant :

Si trois coniques ne faisant pas partie d'un même faisceau linéaire ponctuel ont deux points communs O et O', les trois sécantes communes qui ne passent ni par O ni par O' sont concourantes.

Par continuité, ce théorème s'applique à trois coniques ne faisant pas partie d'un même faisceau linéaire ponctuel qui sont tangentes entre elles en un même point O.

Ce théorème peut s'énoncer de la manière suivante :

Soient une conique Γ, deux points O et O' sur cette conique et deux points A et B non situés sur cette conique. Une conique variable Γ' passant par O, O', A, B rencontre Γ en deux points variables P et Q ; la droite PQ passe par un point fixe situé sur la droite AB.

Énoncé sous cette forme, il apparaît comme une conséquence du théorème de Desargues. En effet, la droite AB rencontre Γ', Γ et la conique formée des deux droites OO' et PQ en trois couples de points qui font partie d'une même involution. Les couples de points d'intersection de AB avec Γ et Γ' étant fixes, cette involution est fixe, et comme le point d'intersection de la droite AB avec la droite OO' est fixe, il en est de même du point d'intersection de la droite AB avec la droite PQ.

Supposons que les points O et O' soient les points cycliques ; les coniques Γ sont alors des cercles. La conique σ est aussi un cercle, qui a pour centre le point ω. Deux points M et M' conjugués sur ce cercle sont diamétralement opposés ; il s'ensuit que le cercle σ est orthogonal aux cercles Γ.

On a, en particulier, le théorème suivant :

Étant donnés trois cercles qui n'appartiennent pas à un même faisceau linéaire ponctuel, le lieu des points M dont les polaires par rapport à ces trois cercles sont concourantes est constitué par la droite à l'infini et par le cercle orthogonal aux trois cercles donnés.

3° Supposons que la conique Γ_3 se décompose en deux droites confondues en une seule droite D.

La polaire par rapport à Γ_3 d'un point M quelconque de D, étant indéterminée, peut être regardée comme passant par le point de rencontre des polaires de M par rapport aux coniques Γ_1 et Γ_2. Il s'ensuit que la hessienne se décompose en la droite D et en une conique σ. Soient A et B les points d'intersection d'une conique Γ du réseau avec la droite D. Le couple des tangentes en A et B à Γ est une conique décomposée du réseau ; le point de rencontre de ces tangentes est un point de σ. On voit ainsi qu'il existe une conique σ lieu des pôles de D par rapport aux coniques du réseau ; en particulier, cette conique est le lieu des pôles de D par rapport aux coniques du faisceau linéaire ponctuel qui contient Γ_1 et Γ_2.

La droite D, qui fait partie d'une conique décomposée du réseau, est tangente à la cayleyenne ; elle coïncide avec sa conjuguée. Montrons qu'elle est tangente double de la cayleyenne. A cet effet, cherchons les tangentes à la cayleyenne, autres que D, qui passent par un point P de D. Une telle droite Δ rencontre les coniques Γ_1, Γ_2, Γ_3 en trois couples de points qui appartiennent à une même involution ; l'un des points doubles de cette involution est P ; l'autre est nécessairement le point P' d'intersection des polaires λ_1 et λ_2 de P par rapport à Γ_1 et à Γ_2. Il en résulte que de P on ne peut mener qu'une tangente à la cayleyenne, autre que D ; la droite D est donc une tangente double.

Les coniques Γ rencontrent la droite D en des couples de points qui appartiennent à une même involution. Si le point P de D varie en tendant vers un des deux points doubles I et J de cette involution, le point P' tend vers ce même point, et la droite PP' tend vers D. De là résulte que les points de contact de la droite D avec la cayleyenne sont les points I et J.

Les tangentes à une conique Γ en ses points d'intersection avec D forment une conique décomposée du réseau ; elles sont donc tangentes à la cayleyenne. Cette courbe est en particulier l'enveloppe des tangentes aux coniques du faisceau linéaire ponctuel qui contient Γ_1 et Γ_2 en leurs points d'intersection avec la droite D.

En supposant que la droite D soit la droite à l'infini, on a le théorème suivant :

L'enveloppe des asymptotes des coniques d'un faisceau linéaire ponctuel est une courbe de la troisième classe, en général indécomposable, bitangente à la droite à l'infini, les deux points de contact étant les points doubles de l'involution formée par les couples de points d'intersection de la droite à l'infini avec les coniques considérées.

Si les coniques sont toutes des hyperboles équilatères, les points de contact de la courbe avec la droite à l'infini sont les points cycliques. Nous retrouverons plus loin la courbe sous le nom d'*hypocycloïde à trois rebroussements*.

Les hyperboles équilatères qui sont circonscrites à un triangle T passent par l'orthocentre de ce triangle ; elles forment un faisceau linéaire ponctuel de coniques, et l'enveloppe de leurs asymptotes est une hypocycloïde à trois rebroussements.

Soient une hyperbole équilatère H circonscrite au triangle T, une asymptote Δ de cette hyperbole et la parabole P inscrite au triangle T et tangente à la droite à l'infini au point ω à l'infini dans la direction des perpendiculaires à Δ. Il existe une infinité de triangles inscrits à H et circonscrits à P ; parmi ces triangles, il en existe un qui a un sommet en ω ; les côtés de ce triangle qui passent par ω sont confondus avec la droite à l'infini ; cette droite rencontre l'hyperbole au point à l'infini dans la direction de Δ ; le troisième côté du triangle est donc l'asymptote Δ, qui est ainsi la tangente au sommet de la parabole P. Par suite, *l'enveloppe des tangentes au sommet des paraboles P inscrites à un triangle T est une hypocycloïde à trois rebroussements, qui coïncide avec l'enveloppe des asymptotes des hyperboles équilatères circonscrites à ce triangle.*

Le lieu des foyers des paraboles P est, comme nous l'avons vu, le cercle circonscrit au triangle T. La tangente au sommet d'une parabole P joint les pieds des perpendiculaires abaissées de son foyer sur les côtés du triangle ; c'est donc une droite de Simson du triangle. Ainsi, *l'enveloppe des droites de Simson d'un triangle est une hypocycloïde à trois rebroussements.*

11. Théorèmes corrélatifs. — 1° En appliquant le principe de dualité aux résultats établis dans les paragraphes 7, 8, 9 et 10, on obtient les énoncés suivants :

α. *Étant données trois coniques* Γ_1, Γ_2, Γ_3 *n'appartenant pas à un même faisceau linéaire tangentiel, l'enveloppe d'une droite* Δ *telle que ses pôles par rapport aux trois coniques soient situées sur une même droite* Δ' *est une courbe de la troisième classe* Σ', *qui est aussi l'enveloppe de* Δ', *et le lieu du point de rencontre* M *des droites* Δ *et* Δ' *est une courbe du troisième degré* Σ.

Les droites Δ et Δ' sont dites *tangentes conjuguées* à la courbe Σ'.

β. *La cubique* Σ *est le lieu d'un point* M *tel que les trois couples de tangentes menées de* M *aux coniques* Γ_1, Γ_2, Γ_3 *appartiennent à une même involution. La courbe de la troisième classe* Σ' *est l'enveloppe des droites doubles de cette involution.*

2° Il existe une infinité de coniques Γ dont chacune fait partie d'un faisceau linéaire tangentiel contenant une des trois coniques données et une conique du faisceau linéaire tangentiel qui contient les deux autres coniques données. Si

$$\varphi_1(u, v, w) = 0, \qquad \varphi_2(u, v, w) = 0, \qquad \varphi_3(u, v, w) = 0$$

sont les équations tangentielles des trois coniques données, l'équation tangentielle générale des coniques Γ est

$$\mu_1\varphi_1(u, v, w) + \mu_2\varphi_2(u, v, w) + \mu_3\varphi_3(u, v, w) = 0,$$

μ_1, μ_2, μ_3 étant trois constantes arbitraires non simultanément nulles. On désigne l'ensemble de ces coniques Γ sous le nom de *réseau linéaire tangentiel.*

La cubique Σ est le lieu des points qui forment les coniques décomposées du réseau ; elle est dite la *hessienne* du réseau. Les points de la hessienne qui forment une même conique décomposée du réseau sont dits *conjugués.* La courbe de la troisième classe Σ' est l'enveloppe des droites qui joignent deux points conjugués de la hessienne ; elle est dite la *cayleyenne* du réseau.

Comme application, considérons le réseau linéaire tangentiel qui contient deux coniques Γ_1 et Γ_2 non homofocales et la conique décomposée en les deux points cycliques. La hessienne du réseau est une cubique qui passe par les points cycliques ; elle est le lieu des foyers des coniques du réseau. La cayleyenne est une courbe de la troisième classe tangente à la droite à l'infini ; elle est l'enveloppe des axes des coniques du réseau.

On démontre qu'il existe une infinité de coniques, proprement dites ou décomposées en deux points, qui sont harmoniquement inscrites à toutes les coniques d'un réseau linéaire ponctuel et que ces coniques forment un réseau linéaire tangentiel. Ce réseau linéaire tangentiel est dit *conjugué* du réseau linéaire ponctuel. Toute conique du réseau linéaire ponctuel est harmoniquement circonscrite à chacune des coniques du réseau linéaire tangentiel.

Corrélativement, il existe une infinité de coniques, proprement dites ou décomposées en deux droites, qui sont harmoniquement circonscrites à toutes les coniques d'un réseau linéaire tangentiel ; ces coniques forment un réseau linéaire ponctuel, qui est dit *conjugué* du réseau linéaire tangentiel. Toute conique du réseau linéaire tangentiel est harmoniquement inscrite à chacune des coniques du réseau linéaire ponctuel.

Deux réseaux linéaires conjugués, l'un ponctuel, l'autre tangentiel, ont même hessienne et même cayleyenne.

3° Si les coniques d'un réseau linéaire tangentiel sont tangentes à une même droite D, la hessienne se décompose en cette droite et en une conique σ, et la droite est une tangente double de la cayleyenne. Parmi les coniques du réseau, il en existe une décomposée en deux points P et Q situés sur D. Ces deux points sont les deux points d'intersection de D avec la conique σ et les deux points de contact de D avec la cayleyenne.

Comme application, considérons deux paraboles non homofocales Γ_1 et Γ_2. Il existe un réseau linéaire tangentiel contenant ces deux coniques et la conique décomposée en les deux points cycliques I et J ; toutes les coniques proprement dites du réseau sont des paraboles. La hessienne du réseau se décompose en la droite à l'infini et en une conique σ qui passe par les points cycliques et est par suite un cercle. *Ce cercle est le lieu des foyers des coniques du réseau.* On voit ainsi, en particulier, que le lieu des foyers des paraboles inscrites à un triangle est le cercle circonscrit à ce triangle. D'autre part, la cayleyenne est une courbe de la troisième classe bitangente à la droite à l'infini, les deux points de contact étant les points cycliques. Nous avons déjà rencontré et nous retrouverons plus loin cette courbe sous le nom d'hypocycloïde à trois rebroussements. Cette courbe est l'enveloppe des axes des paraboles du réseau. On voit ainsi, en particulier, que *l'enveloppe des axes des paraboles inscrites à un triangle est une hypocycloïde à trois rebroussements.*

Si les coniques d'un réseau linéaire tangentiel sont tangentes à deux droites D et D′ se rencontrant en un point O, la cayleyenne se décompose en le point O et en une courbe de la seconde classe σ, la hessienne se décompose en les deux droites D et D′ et en une troisième droite Δ, qui est la polaire de O par rapport à σ.

Si un réseau linéaire tangentiel contient une conique décomposée en deux points confondus en un point O, la cayleyenne se décompose en ce point O et en une courbe de la seconde classe σ. Cette conique σ est l'enveloppe des polaires de O par rapport aux coniques du réseau ; les tangentes menées de O à σ sont les droites doubles D_1 et D_2 de l'involution formée par les couples de tangentes menées de O aux coniques du réseau. La hessienne admet le point O comme point double, les tangentes en O étant les deux droites D_1 et D_2 ; elle est le lieu des points de contact des tangentes menées de O aux coniques du réseau.

Comme application, considérons deux coniques homofocales Γ_1 et Γ_2 et un point O distinct des points cycliques et des foyers des deux coniques. Il existe un réseau linéaire tangentiel contenant les coniques Γ_1 et Γ_2 et la conique décomposée en deux points confondus en O. La cayleyenne est décomposée en le point O et en une conique σ qui est tangente à la droite à l'infini et qui est ainsi une parabole. La hessienne est une cubique, en général indécomposable, qui admet le point O comme point double, les tangentes en ce point étant les droites doubles de l'involution formée par les couples de tangentes menées de O aux coniques homofocales aux coniques Γ_1 et Γ_2 ; ces tangentes sont rectangulaires. D'autre part, le couple des points cycliques constitue une conique singulière du réseau ; la hessienne passe donc par les points cycliques. Nous avons déjà rencontré (5) et nous retrouverons plus loin une telle courbe sous le nom de strophoïde.

Les coniques homofocales à Γ_1 font partie du réseau linéaire tangentiel ; on voit d'après cela que *le lieu des points de contact des tangentes menées par un point fixe O à des coniques homofocales est une strophoïde et que l'enveloppe des polaires du point O par rapport à ces coniques est une parabole.* Soient d'autre part A et B les deux points de contact des tangentes menées par O à Γ_1 ; les coniques bitangentes à Γ_1 aux deux points A et B font aussi partie du réseau linéaire tangentiel ; on voit d'après cela que *le lieu des foyers des coniques bitangentes à une conique donnée en deux points donnés est, en général, une strophoïde et que l'enveloppe des axes de ces coniques est, en général, une parabole.*

Si l'on suppose que le point O soit situé sur un axe des coniques Γ_1 et Γ_2 ou sur la droite à l'infini, la hessienne se décompose en une droite et en une conique. Notamment,

Le lieu des points de contact des tangentes à des coniques homofocales

qui sont parallèles à une droite donnée est formé de la droite à l'infini et d'une hyperbole équilatère.

On a aussi le théorème suivant :

Le lieu des foyers des coniques tangentes à deux droites parallèles en deux points donnés est une hyperbole équilatère.

12. Soit un réseau linéaire tangentiel ayant pour hessienne une cubique proprement dite. Considérons deux points A et B conjugués sur cette courbe. Un point A′ de la cubique infiniment voisin de A a

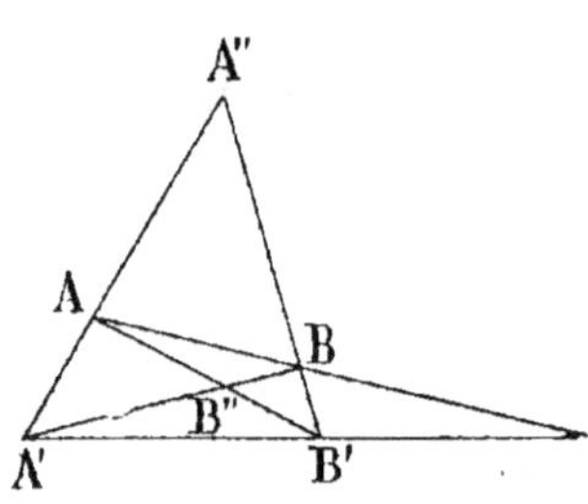

pour conjugué un point B′ de la cubique infiniment voisin de B. Soient A″ le point de rencontre des droites AA′ et BB′ et B″ le point de rencontre des droites AB′ et BA′. La conique formée des deux points A″ et B″ fait partie du faisceau linéaire tangentiel qui contient les deux coniques formées l'une des deux points A et B, l'autre des deux points A′ et B′. Ces deux dernières coniques appartenant au réseau linéaire tangentiel, il en est de même de la première, et ainsi les points A″ et B″ sont deux points conjugués de la hessienne.

Fixons A et B et faisons tendre A′ et B′ respectivement vers A et B ; le point A″ tend vers le point de rencontre des tangentes en A et B à la hessienne, et le point B″ tend vers le point d'intersection, autre que A et B, de la hessienne avec la droite AB. On a ainsi le théorème suivant :

Les tangentes à la hessienne en deux points conjugués se rencontrent sur cette courbe en un point dont le conjugué est le troisième point d'intersection de la hessienne avec la droite qui joint les deux points conjugués considérés.

Ce théorème admet un théorème corrélatif concernant les tangentes conjuguées à la cayleyenne d'un réseau linéaire ponctuel.

En particulier, considérons le réseau linéaire tangentiel qui contient deux coniques Γ_1 et Γ_2 non homofocales et la conique décomposée en les deux points cycliques. La hessienne du réseau passe par les points cycliques, qui sont conjugués sur la courbe. Les tangentes en ces points se rencontrent en un point φ, qui est dit *foyer singulier* de la cubique circulaire. On voit ainsi que la hessienne est une cubique circulaire qui passe par son foyer singulier. Ce foyer singulier φ est conjugué sur la cubique du point à l'infini dans la direction asymptotique réelle de la cubique ; il s'ensuit que la tangente en φ à la cubique passe par le point à distancé finie de rencontre de la cubique avec son asymptote réelle.

CHAPITRE VIII

CUBIQUES A POINT DOUBLE
ET COURBES DE LA TROISIÈME CLASSE A TANGENTE DOUBLE

1. Soit une cubique Σ ayant un point double O à tangentes distinctes Ox et Oy. On a le théorème suivant :

Si M *et* M_1 *sont les points d'intersection variables de la cubique avec une droite passant par un point fixe* P *de la cubique, les couples de droites telles que* OM *et* OM_1 *appartiennent à une même involution qui contient le couple des tangentes au point double.*

On a la démonstration sommaire suivante. A la droite OM il correspond une droite OM_1 et une seule, et inversement ; en outre, quand la droite OM prend la position de OM_1, la droite OM_1 prend la position de OM. Il s'ensuit que les droites OM et OM_1 se correspondent involutivement.

On peut aussi ramener ce théorème au théorème de Frégier relatif aux coniques. Soit une transformation quadratique définie au moyen d'un faisceau linéaire ponctuel de coniques Γ parmi lesquelles se trouvent trois coniques distinctes décomposées en deux droites ayant respectivement pour points doubles le point O, le point P et un autre point Q de la cubique Σ. Cette transformation transforme la cubique en une conique Σ' passant par O et ne passant ni par P ni par Q, une droite variable passant par P et rencontrant Σ en deux points variables M et M_1 en une droite passant par P et rencontrant Σ' en deux points variables M' et M_1'. D'après le théorème de Frégier, les droites OM' et OM_1' se correspondent involutivement. Soient Δ et Δ' les sécantes communes aux coniques Γ qui passent par O. Les droites OM et OM', OM_1 et OM_1' sont conjuguées harmoniques par rapport aux droites Δ et Δ' ; il s'ensuit que les droites OM et OM_1 se correspondent involutivement.

L'un des couples de l'involution est formé par les tangentes Ox et Oy en O à Σ.

Théorème réciproque. — *Si deux droites variables passant par O et rencontrant Σ en deux points variables M et M_1 se correspondent en involution, et si en outre les tangentes au point double sont deux positions correspondantes de ces droites, la droite MM_1 passe par un point fixe P de la cubique.*

Soient en effet Om et Om_1 deux positions correspondantes des droites variables OM et OM$_1$, m et m_1 leurs points d'intersection avec Σ, P le troisième point d'intersection avec la cubique de la droite mm_1. Si on mène par P une sécante variable, les droites qui joignent le point O aux deux points d'intersection variables avec Σ se correspondent en involution. Les deux correspondances involutives ont en commun le couple des droites Ox et Oy et le couple des droites Om et Om_1; donc elles coïncident, et la droite MM_1 passe constamment par le point P.

Les droites doubles de l'involution formée par les couples de droites OM et OM$_1$ sont les droites qui joignent le point O aux points de contact des tangentes à Σ, autres que la tangente en P, menées par le point P. On voit ainsi que d'un point P quelconque de Σ on peut mener deux tangentes à Σ autres que la tangente en P. Soient A et A$'$ les points de contact de ces tangentes; les droites OA et OA$'$ sont conjuguées harmoniques par rapport aux droites Ox et Oy.

Nous dirons que deux points M et M$'$ d'une cubique ayant un point double O à tangentes distinctes sont *conjugués* sur la courbe lorsque les droites OM et OM$'$ sont conjuguées harmoniques par rapport aux deux tangentes en O. Les tangentes à la cubique en deux points conjugués se rencontrent en un point situé sur la cubique.

2. **Définition.** — Soit une droite fixe arbitraire Oz, autre que Ox et Oy. M étant un point de Σ, nous poserons

$$R = (Ox, Oy, OM, Oz).$$

A chaque position de M il correspond une valeur de R, et, réciproquement, à toute valeur de R il correspond un point M et un seul de Σ tel que l'égalité précédente ait lieu. Nous désignerons le rapport anharmonique R sous le nom de *paramètre du point M sur la cubique Σ.*

Quand OM coïncide avec Ox, R est nul, et quand OM coïncide avec Oy, R est infini. Le point double O de Σ a deux paramètres, qui sont o et ∞.

Théorème. — *Le produit des paramètres R et R_1 des points variables M et M_1 d'intersection de Σ avec une droite variable passant par un point fixe P de Σ est constant.*

Pour démontrer ce théorème, considérons la transformation quadratique précédemment définie. I étant le point d'intersection autre que O de la droite Oz avec Σ, nous prendrons comme point singulier Q de la transformation le point d'intersection autre que P et I de la droite PI avec Σ. Les droites qui joignent le point O à un point quelconque M de Σ et à son transformé M′ sur Σ' sont conjuguées harmoniques par rapport aux droites Δ et Δ' ; il en résulte que la conique Σ' a pour tangente en O la droite Oz′ conjuguée harmonique de Oz par rapport aux droites Δ et Δ' et que les tangentes Ox et Oy en O à Σ sont respectivement conjuguées harmoniques par rapport aux droites Δ et Δ' des droites qui joignent le point O aux points d'intersection α et β de la conique Σ' et de la droite PQ.

Cela posé, M′ et M_1' étant les transformés sur Σ' des points M et M_1 sur Σ, on a

$$R = (Ox, Oy, OM, Oz) = (O\alpha, O\beta, OM', Oz'),$$
$$R_1 = (Ox, Oy, OM_1, Oz) = (O\alpha, O\beta, OM_1', Oz'),$$

et par suite

$$RR_1 = (O\alpha, O\beta, OM', Oz') \cdot (O\alpha, O\beta, OM_1', Oz').$$

Or, I′ étant le point d'intersection de la droite Oz′ avec la droite $\alpha\beta$, nous avons montré (I, § 1) que l'on a l'égalité

$$(O\alpha, O\beta, OM', Oz') \cdot (O\alpha, O\beta, OM_1', Oz') = (\alpha\beta PI') ;$$

on a donc

$$RR_1 = (\alpha\beta PI') = \text{const.}$$

Théorème. — *Le produit des paramètres des points de rencontre de la cubique avec une droite variable est constant.*

Soient deux droites Δ et Δ' rencontrant respectivement Σ aux points M_1, M_2, M_3, de paramètres R_1, R_2, R_3, et aux points M_1', M_2', M_3', de paramètres R_1', R_2', R_3'. Considérons le point $\wp$, de paramètre ρ, d'intersection, autre que M_1 et M_1', de la droite $M_1 M_1'$ avec Σ. D'après le théorème précédent, on a

$$R_2 R_3 = \rho R_1', \qquad\qquad R_2' R_3' = \rho R_1,$$

d'où
$$R_1 R_2 R_3 = \rho R_1 R_1', \qquad R_1' R_2' R_3' = \rho R_1 R_1',$$

et par suite
$$R_1 R_2 R_3 = R_1' R_2' R_3'.$$

Nous désignerons par C la valeur constante non nulle et non infinie du produit $R_1 R_2 R_3$ des paramètres des points de rencontre de Σ avec une droite quelconque.

Réciproquement, si le produit des paramètres R_1, R_2, R_3 de trois points M_1, M_2, M_3 de Σ est égal à C, les trois points sont en ligne droite. Soit en effet le point d'intersection M_3', autre que M_1 et M_2, de la cubique Σ avec la droite $M_1 M_2$. Si R_3' est le paramètre de M_3', on a

$$R_1 R_2 R_3 = C = R_1 R_2 R_3'$$

et par suite $R_3 = R_3'$; donc M_3' coïncide avec M_3.

Théorème. — *Les paramètres de deux points conjugués M et M' sont opposés.*

En effet, les tangentes en M et M' se rencontrent sur la cubique en un point μ de paramètre ρ. Si R et R' sont les paramètres des points M et M', on a

$$\rho R^2 = C = \rho R'^2,$$

d'où
$$R^2 = R'^2,$$

et par suite
$$R = - R'.$$

Théorème. — *Si M et M' sont les points de contact des tangentes à Σ menées par un point μ de Σ, la droite MM' rencontre la cubique en un troisième point μ' qui est conjugué de μ.*

Soient en effet R et — R les paramètres des points M et M', ρ et ρ' les paramètres des points μ et μ'. On a

$$\rho R^2 = C = - \rho' R^2,$$

d'où
$$\rho = - \rho'.$$

Théorème. — *La cubique Σ admet trois points d'inflexion, et ces trois points sont en ligne droite.*

Soit r le paramètre d'un point m d'inflexion. La tangente en ce point à Σ rencontrant Σ en trois points confondus, on a

$$r^3 = C.$$

Cette équation en r admet trois racines r_1, r_2, r_3, ce qui montre qu'il existe trois points d'inflexion. D'autre part, on a

$$r_1 r_2 r_3 = C \, ;$$

les trois points d'inflexion sont donc sur une même droite, dite *droite des inflexions.*

Théorème. — *Le conjugué harmonique d'un point d'inflexion par rapport aux deux points d'intersection variables de la cubique et d'une droite variable passant par le point d'inflexion décrit une droite.*

Soient en effet m le point d'inflexion, M et M_1 les points d'intersection variables de Σ avec une droite passant par m. Le couple des droites OM et OM_1 varie dans une involution. Quand la sécante variable vient se confondre avec la tangente d'inflexion, les deux points M et M_1 viennent se confondre avec m. L'une des droites doubles de l'involution précédente est la droite Om ; l'autre droite double est le lieu du conjugué harmonique de m par rapport aux points M et M_1. Ce lieu est dit *polaire harmonique du point d'inflexion m par rapport à* Σ.

On voit que du point d'inflexion m on ne peut mener qu'une tangente à Σ autre que la tangente d'inflexion, et le point de contact m' de cette tangente est le point d'intersection, autre que O, de Σ avec la polaire harmonique de m. Ce point m' est conjugué de m sur Σ.

Soient deux sécantes passant par le point d'inflexion m et rencontrant Σ aux points M, M_1 et N, N_1. Les droites MN et $M_1 N_1$ se rencontrent sur la polaire harmonique de m. Quand, M et M_1 restant fixes, N et N_1 tendent respectivement vers M et M_1, les droites MN et $M_1 N_1$ tendent vers les tangentes à Σ en M et M_1 ; on voit ainsi que la polaire harmonique de m est aussi le lieu du point de rencontre des tangentes à Σ en M et M_1.

Théorème. — *Les couples de droites qui joignent un point μ de Σ aux couples de points M et M' conjugués sur Σ appartiennent à une même involution.*

En effet, soient M_1 et M_1' les troisièmes points d'intersection de Σ avec les droites μM et $\mu M'$. Si R, R', R_1, R_1' sont les paramètres des points M, M', M_1, M_1', on a

$$RR_1 = R'R_1'.$$

Or, R et R' sont opposés ; il en est donc de même de R_1 et de R_1' ; autrement dit, les points M_1 et M_1' sont conjugués.

D'après cela, à la droite variable Δ passant par le point fixe μ, rencontrant la cubique Σ en deux points variables M et M_1, il correspond une droite Δ', et une seule, passant par μ et rencontrant Σ aux points M' et M_1' respectivement conjugués de M et de M_1. D'autre part, quand Δ prend la position de Δ', Δ' prend la position de Δ. Il en résulte que les droites Δ et Δ' se correspondent involutivement.

L'un des couples de l'involution ainsi définie est le couple des tangentes menées par μ à Σ. L'une des droites doubles de cette involution est évidemment la droite μO. Voici comment se détermine la seconde droite double. Soit μ' le conjugué de μ sur Σ ; les points de contact N et N' des tangentes menées par μ' à Σ sont conjugués et sont, comme nous l'avons vu, en ligne droite avec μ ; la droite $\mu NN'$ est donc la seconde droite double.

Théorème. — *Soit une droite variable passant par un point fixe μ de Σ et rencontrant Σ en deux points variables M et M_1. Si μ' est le conjugué de μ, les droites $\mu'M$ et $\mu'M_1$ se correspondent involutivement.*

En effet, soit M' le troisième point d'intersection de la droite $\mu'M_1$ avec la cubique. Soient ρ, R, R_1, R' les paramètres des points μ, M, M_1, M'. On a

$$-\rho R_1 R' = C\,;$$

mais, on a
$$\rho R R_1 = C\,;$$

par suite, on a
$$R' = -R,$$

et le point M' est conjugué de M. D'après le théorème précédent, les droites $\mu'M$ et $\mu'M_1$ qui passent par deux points conjugués variables de Σ se correspondent en involution. Les droites doubles de l'involution sont la droite μ'O et la droite qui passe par les points de contact des tangentes menées par μ à Σ.

3. Théorème. — *Pour que six points M_1, M_2, M_3, ..., M_6 de Σ, de paramètres R_1, R_2, R_3, ..., R_6, soient situés sur une même conique, il faut et il suffit que l'on ait*

$$R_1 R_2 R_3 \ldots R_6 = C^2.$$

1° Supposons que les points M soient situés sur une même conique Γ. Soient μ, μ', μ'' les troisièmes points d'intersection de Σ avec les droites M_1M_2, M_3M_4, M_5M_6. Si ρ, ρ', ρ'' sont les paramètres de ces points, on a

$$\rho R_1 R_2 = C, \qquad \rho' R_3 R_4 = C, \qquad \rho'' R_5 R_6 = C$$

et par suite

$$\rho\rho'\rho'' R_1 R_2 R_3 R_4 R_5 R_6 = C^3.$$

Or, les points μ, μ', μ'' sont en ligne droite (VII, § 3) ; on a donc

$$\rho\rho'\rho'' = C,$$

et par suite $\qquad\qquad R_1 R_2 R_3 R_4 R_5 R_6 = C^2.$

2° Supposons que les paramètres R_1, ..., R_6 de six points M_1, ..., M_6 de Σ vérifient l'égalité énoncée. Par les cinq points M_1, M_2, ..., M_5, parmi lesquels il n'y en a pas quatre en ligne droite, il passe une conique Γ, et une seule, qui rencontre Σ en un sixième point M', de paramètre R'. On a à la fois

$$R_1 R_2 \ldots R_5 R_6 = C^2, \qquad R_1 R_2 \ldots R_5 R' = C^2,$$

d'où $R_6 = R'$; le point M' coïncide avec le point M_6 ; les six points donnés sont situés sur la conique Γ.

Conséquences. — 1° On a le théorème suivant :

Pour que trois points M_1, M_2, M_3 de Σ soient les points de contact avec Σ d'une conique proprement dite tritangente à Σ, il faut et il suffit qu'ils soient les conjugués de trois points en ligne droite sur Σ.

S'il existe en effet une conique Γ proprement dite tangente à Σ aux points M_1, M_2, M_3, de paramètres R_1, R_2, R_3, on a

$$R_1^2 R_2^2 R_3^2 = C^2$$

et par suite $\qquad\qquad R_1 R_2 R_3 = \pm\, C.$

Or les points M_1, M_2, M_3 ne sont pas en ligne droite ; on a donc l'égalité

$$R_1 R_2 R_3 = -\, C,$$

qui s'écrit aussi

$$(-R_1)(-R_2)(-R_3) = C.$$

Cette égalité exprime que les conjugués M_1', M_2', M_3' des points M_1, M_2, M_3 sont en ligne droite.

Réciproquement, si les conjugués des points M_1, M_2, M_3 sont en ligne droite, on a

$$R_1 R_2 R_3 = -\, C,$$

d'où il résulte d'abord que les points M_1, M_2, M_3 ne sont pas en ligne droite. On en déduit l'égalité

$$R_1^2 R_2^2 R_3^2 = C^2,$$

qui exprime qu'il existe une conique Γ rencontrant Σ en deux points confondus avec M_1, en deux points confondus avec M_2 et en deux points confondus avec M_3. Comme les points M_1, M_2, M_3 ne sont pas en ligne droite, cette conique Γ est proprement dite ; elle est tangente à Σ aux points M_1, M_2, M_3.

2° *Par trois points μ_1, μ_2, μ_3 de Σ il passe trois coniques Γ osculatrices à Σ en un point autre que μ_1, μ_2, μ_3. En outre, les trois points de contact de ces coniques Γ avec Σ et les trois points μ_1, μ_2, μ_3 sont situés sur une même conique.*

Soient ρ_1, ρ_2, ρ_3 les paramètres des points μ_1, μ_2, μ_3 et R le paramètre d'un point M de Σ. Pour que M soit le point de contact avec Σ d'une conique Γ osculatrice à Σ et passant par μ_1, μ_2, μ_3, il faut et il suffit que son paramètre soit racine de l'équation du troisième degré en R,

$$R^3 = \frac{C^2}{\rho_1 \rho_2 \rho_3}.$$

On voit ainsi qu'il existe trois coniques Γ. Si R', R'', R''' sont les racines de cette équation, on a

$$R'R''R''' = \frac{C^2}{\rho_1 \rho_2 \rho_3},$$

c'est-à-dire $\qquad R'R''R''' \rho_1 \rho_2 \rho_3 = C^2,$

ce qui montre que les trois points de contact M', M'', M''' des trois coniques Γ avec Σ et les points μ_1, μ_2, μ_3 sont situés sur une même conique.

Remarquons que lorsque les points μ_1, μ_2, μ_3 sont en ligne droite, les points M', M'', M''' sont les points d'inflexion de la cubique.

4. Soit une conique Γ rencontrant Σ aux six points M_1, M_2, …, M_6, de paramètres R_1, R_2, …, R_6. La droite $M_5 M_6$ rencontre la cubique en un troisième point μ de paramètre ρ. On a

$$R_1 R_2 R_3 R_4 R_5 R_6 = C^2, \qquad \rho R_5 R_6 = C,$$

d'où, par division membre à membre,

$$\frac{R_1 R_2 R_3 R_4}{\rho} = C.$$

Supposons que, les quatre points M_1, M_2, M_3, M_4 restant fixes, la conique Γ varie et tend vers la conique Γ_0 qui passe par les cinq points M_1, M_2, M_3, M_4, O. La droite $M_5 M_6$ tend vers la tangente en O à cette conique, le point μ tend vers le point m, de paramètre r, d'intersection, autre que O, de la tangente en O à la conique Γ_0 avec Σ, et l'on a, entre les paramètres des points M_1, M_2, M_3, M_4 et m, la relation

$$\frac{R_1 R_2 R_3 R_4}{r} = C.$$

Cette relation est la condition nécessaire et suffisante pour que les points M_1, M_2, M_3, M_4 et m de Σ soient, les quatre premiers, les points d'intersection, autres que O, d'une conique passant par O avec Σ, le dernier, le point d'intersection, autre que O, de la tangente en O à cette conique avec Σ.

La relation précédente peut s'écrire

$$\frac{(-R_1)(-R_2)(-R_3)(-R_4)}{r} = C.$$

On voit ainsi que la conique Γ_0 qui passe par O et quatre autres points M_1, M_2, M_3, M_4 de Σ et la conique Γ_0' qui passe par O et les quatre points M_1', M_2', M_3', M_4' conjugués de M_1, M_2, M_3, M_4 ont même tangente en O.

Application. — On démontre que par un point P quelconque du plan on peut mener quatre tangentes à Σ et que la conique qui passe par les quatre points de contact M_1, M_2, M_3, M_4 de ces tangentes et par le point O a pour tangente en O la droite conjuguée harmonique de OP par rapport aux droites Ox et Oy. Si donc R_1, R_2, R_3, R_4 sont les paramètres des points M_1, M_2, M_3, M_4 et si ρ est le paramètre du point μ d'intersection de Σ avec la droite OP, on a

$$\frac{R_1 R_2 R_3 R_4}{\rho} = -C.$$

En particulier, si P décrit une droite fixe passant par O, le produit $R_1 R_2 R_3 R_4$ est constant.

5. Soit P un point fixe de Σ. Si A et A′, B et B′ sont deux couples de points conjugués sur Σ, les deux couples de droites PA, PA′ et PB, PB′ définissent une involution qui admet PO comme droite double. Considérons les coniques S du faisceau linéaire tangentiel qui contient les deux coniques décomposées l'une en les deux points A et A′, l'autre en les deux points B et B′. Les couples de tangentes menées de P à ces coniques forment une involution qui contient les deux couples de droites PA, PA′ et PB, PB′; cette involution admet PO comme droite double, ce qui veut dire qu'il existe une conique S tangente en P à OP. On voit ainsi que la cubique Σ peut être définie comme *le lieu des points de contact des tangentes menées de son point double aux coniques d'un faisceau linéaire tangentiel,* qui contient deux coniques décomposées en des couples de points conjugués sur la cubique. C'est la réciproque d'un théorème antérieurement établi (VII, § 11).

Soient P et P′ les points de contact des tangentes menées de O à une conique S ; ce sont deux points de la cubique ; montrons qu'ils sont conjugués. En effet, les couples de tangentes menées de O aux coniques S forment une involution ; or, deux de ces couples sont les couples de droites OA, OA′ et OB, OB′ ; l'involution coïncide donc avec l'involution formée par les couples de droites qui joignent O aux couples de points conjugués sur la cubique.

Il en résulte que l'enveloppe des droites qui joignent deux points conjugués sur Σ est l'enveloppe des polaires de O par rapport aux coniques S. Cette enveloppe est une conique Γ, tangente aux tangentes en O à Σ, qui sont les droites doubles de l'involution formée par les couples de tangentes menées de O aux coniques S.

D'un point P de la cubique, on peut mener deux tangentes à Γ; l'une est la droite qui joint le point P à son conjugué P′, l'autre est la droite qui joint les points de contact des tangentes menées de P′ à la cubique.

Théorème. — *Le point de contact avec Γ de la droite qui joint deux points conjugués M et M′ sur Σ est conjugué harmonique par rapport aux points M et M′ du troisième point d'intersection de MM′ avec Σ.*

Soient en effet deux autres points conjugués M_1 et M_1' sur Σ, M_2 le troisième point d'intersection avec Σ de la droite MM_1. Si R, R_1, R_2 sont les paramètres des points M, M_1, M_2, on a

$$RR_1R_2 = C,$$

relation qui s'écrit aussi

$$(-R)(-R_1)R_2 = C,$$

d'où il résulte que M_2 est le troisième point d'intersection de Σ avec la droite $M'M_1'$. La même relation peut encore s'écrire

$$R(-R_1)(-R_2) = C, \qquad (-R)R_1(-R_2) = C,$$

d'où il résulte que les droites MM_1' et $M'M_1$ passent par le point M_2' conjugué de M_2 sur Σ.

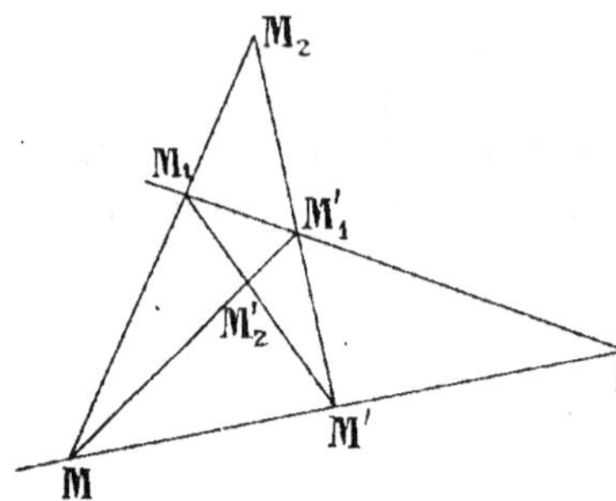

Soit I le point d'intersection des droites MM' et M_1M_1'. La droite M_2I est conjuguée harmonique de la droite M_2M_2' par rapport aux deux droites MM_1M_2 et $M'M_1'M_2'$.

Cela posé, M et M' étant fixes, faisons tendre M_1 vers M et M_1' vers M'; le point M_2 tend vers le point d'intersection des tangentes en M et M' à Σ, le point M_2' tend vers le troisième point d'intersection avec Σ de la droite MM'; il en résulte immédiatement que la position limite de I, point de contact de MM' avec Γ, est conjuguée harmonique par rapport aux points M et M' du troisième point d'intersection de la droite MM' avec Σ.

Théorème. — *La conique* Γ *est tangente à* Σ *aux trois points* I_1', I_2', I_3' *conjugués des points d'inflexion* I_1, I_2, I_3.

En effet, la droite OI' est la polaire harmonique du point d'inflexion I; il s'ensuit que la droite II' est tangente en I' à Σ. Le troisième point d'intersection de Σ avec la droite qui joint I et I' est ainsi confondu avec I'; or, le conjugué harmonique de I' par rapport aux deux points I et I' est le point I' lui-même; la conique Γ est donc tangente en I' à la droite II', c'est-à-dire tangente en ce point à Σ.

Théorème. — *La polaire harmonique d'un point d'inflexion est la polaire de ce point par rapport à* Γ.

En effet, une des tangentes menées de I à Γ est la droite II', le point de contact étant I'. L'autre tangente rencontre Σ en deux points conjugués A et A', et le point de contact est conjugué harmonique de I par rapport à A et A'; ce point est donc situé sur la polaire harmonique de I. Comme I' appartient aussi à la polaire harmonique de I, cette droite est confondue avec la polaire de I par rapport à Γ.

Théorème. — *La polaire du point* O *par rapport à* Γ *est la droite des inflexions.*

En effet, les polaires des points d'inflexion par rapport à Γ passent toutes trois par le point O.

Il suit de là que les tangentes en O à Σ touchent Γ en deux points situés sur la droite des inflexions.

6. Soient deux couples de points conjugués A, A' et B, B' sur la cubique. Il est évident que les deux coniques décomposées en ces couples de points et la conique décomposée en deux points confondus en O ne font pas partie d'un même faisceau linéaire tangentiel. Elles définissent donc un réseau linéaire tangentiel de coniques S. Nous allons démontrer que la cubique Σ est la hessienne de ce réseau.

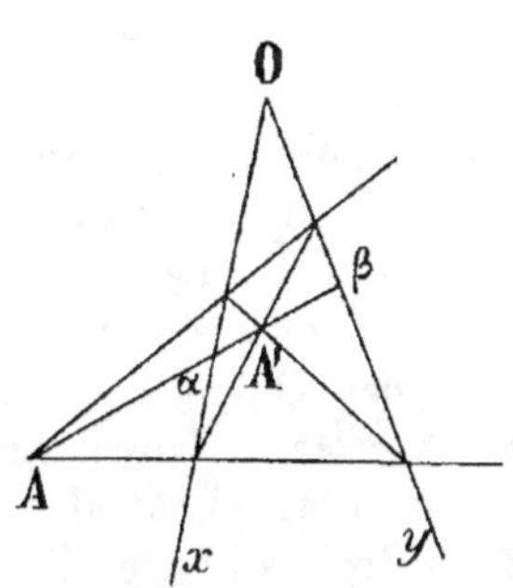

En effet, la hessienne est une cubique qui, comme nous l'avons vu (VII, § 11), admet le point O comme point double, les tangentes en ce point étant les droites doubles de l'involution qui contient les deux couples de droites OA, OA' et OB, OB'. Ces tangentes coïncident donc avec les tangentes en O à la cubique Σ. D'autre part, la hessienne du réseau considéré passe, comme Σ, par les points A, A', B, B'. Cela posé, les droites OA et OA' étant conjuguées harmoniques par rapport aux deux tangentes Ox et Oy en O aux deux cubiques, il est possible de construire un quadrangle ayant pour côtés opposés Ox et Oy, de façon que les points de rencontre, autres que O, des côtés opposés du quadrangle soient A et A'. Désignons par α et β les points d'intersection de AA' avec Ox et Oy. La transformation quadratique définie au moyen du faisceau linéaire ponctuel des coniques qui sont circonscrites à ce quadrangle transforme les deux cubiques en deux coniques qui passent par O, α et β et par les deux points transformés de B et de B'. Ces deux coniques, qui ont cinq points communs, tels que parmi ces cinq points il n'y en ait pas quatre en ligne droite, sont confondues, et il en est de même des deux cubiques dont elles sont les transformées.

Les coniques décomposées du réseau linéaire tangentiel précédent sont formées par les couples de points conjugués sur la cubique Σ, et les coniques proprement dites de ce réseau sont toutes les coniques qui passent par deux points conjugués quelconques P et P' sur Σ et sont tangentes en ces points aux droites OP et OP'.

La conique Γ enveloppe des droites qui joignent deux points conjugués sur Σ est la cayleyenne du réseau.

7. Nous appellerons *strophoïde* toute cubique circulaire ayant un point double O à tangentes rectangulaires.

Les points cycliques I et J sont conjugués sur une strophoïde ;

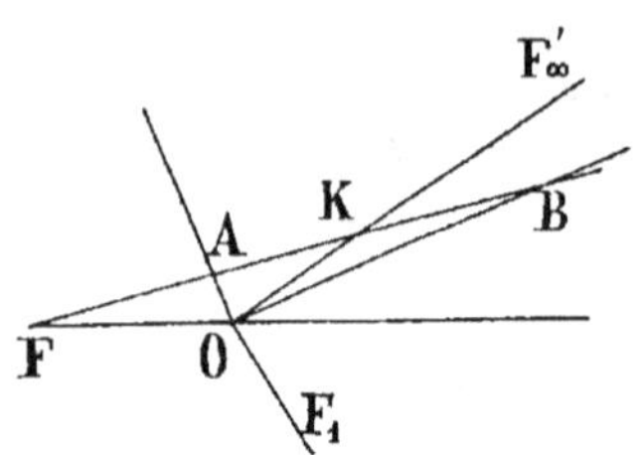

par suite, les tangentes en ces points à la courbe se rencontrent en un point F, dit *foyer singulier*, situé sur la courbe. Pour qu'une cubique circulaire à point double soit une strophoïde, il faut et il suffit qu'elle passe par son foyer singulier.

Soient A et B les points d'intersection variables d'une strophoïde avec une droite variable passant par le foyer singulier F. Le couple des droites OA et OB varie dans une involution dont les droites doubles sont les droites isotropes qui passent par O ; autrement dit, les droites OA et OB sont constamment rectangulaires. Le point conjugué F' de F est le point à l'infini de la strophoïde dans la direction asymptotique réelle. Le couple des droites F'A et F'B varie dans une involution dont les droites doubles sont la droite F'O et la droite à l'infini. Il en résulte que la droite F'O, c'est-à-dire la parallèle à la direction asymptotique réelle menée par O, rencontre la droite variable FAB au milieu K de AB. Le triangle AOB étant rectangle en O, on a

$$KA = KB = KO.$$

On retrouve ainsi la définition élémentaire de la strophoïde.

Remarquons qu'il existe un cercle tangent en O à OF' et tangent en A à FA ; la strophoïde est ainsi le lieu des points de contact des tangentes menées de F aux cercles tangents en O à OF'. Remarquons aussi qu'il existe un cercle de centre K et de rayon KO passant par les points A et B ; ce cercle est tangent en O à la perpendiculaire OF_1 en O à OF' ; la strophoïde est ainsi le lieu des points d'intersection des cercles tangents en O à OF_1 avec leurs diamètres qui passent par F (VII, § 5).

L'enveloppe des droites qui joignent deux points conjugués de la strophoïde est tangente à la droite à l'infini ; c'est donc une parabole Γ. Le point O est un point de la directrice de la parabole et la polaire du point O par rapport à la parabole est la droite des inflexions. Le foyer φ de Γ est donc le pied de la perpendiculaire abaissée de O sur la droite des inflexions.

Les couples de droites qui joignent un point fixe M de la strophoïde aux couples de points conjugués sur cette courbe forment une involution. L'un de ces couples est le couple des droites isotropes qui passent par M ; les droites doubles de l'involution sont donc rectangulaires ; l'un d'eux est la droite MO ; l'autre est la droite qui passe par M et par les points de contact des tangentes à la strophoïde menées par le point M' conjugué de M sur la courbe. Cette dernière droite est tangente à la parabole Γ, et la strophoïde apparaît ainsi comme *la podaire de la parabole Γ par rapport au point* O, *qui appartient à la directrice de* Γ.

Lorsque la cubique Σ est une strophoïde, le réseau linéaire tangentiel dont elle est la hessienne contient la conique décomposée en les deux points cycliques. Il en résulte que si une conique fait partie du réseau, toute conique homofocale en fait aussi partie. Les foyers réels et les foyers imaginaires d'une conique S du réseau forment des couples de points conjugués sur la strophoïde ; les axes des coniques S sont tangents à la parabole Γ, et les centres de ces coniques sont situés sur la directrice de Γ.

Considérons les coniques homofocales à une conique S ; elles forment un faisceau linéaire tangentiel de coniques S. *La strophoïde est le lieu des points de contact des tangentes menées de* O *à ces coniques.*

D'autre part, tout cercle qui a pour centre O est une conique S. On voit ainsi que la *strophoïde est le lieu des points de contact des tangentes menées de* O *aux coniques d'un faisceau linéaire tangentiel qui contient un cercle de centre* O.

8. Par application du principe de dualité aux théorèmes qui viennent d'être établis relativement aux cubiques ayant un point double à tangentes distinctes, on obtient des théorèmes relatifs aux courbes de la troisième classe ayant une tangente double à points de contact distincts. Il suffit de les énoncer.

Soient I et J les points de contact de la tangente double T avec la courbe Σ.

$1°$ Les couples de points d'intersection avec T des tangentes variables à Σ menées par un point variable d'une tangente fixe forment une involution qui contient le couple des points I et J. Réciproquement, le lieu des points d'intersection de deux tangentes variables à Σ menées par deux points variables de T se correspondant dans une involution qui fait se correspondre les points I et J est une droite tangente à Σ. Les tangentes à Σ aux points d'intersection de cette droite avec Σ, autres que son point de contact avec Σ, rencontrent T aux points doubles de l'involution précédente.

Nous dirons que deux tangentes Δ et Δ' à Σ sont *conjuguées* lorsque leurs points de rencontre avec T sont conjugués harmoniques par rapport aux points I et J. Pour que deux tangentes soient conjuguées, il faut et il suffit que la droite qui joint leurs points de contact avec Σ soit tangente à Σ.

2° M étant le point où une tangente variable Δ à Σ rencontre T, et, d'autre part, ω étant un point fixe de T, autre que I et J, nous appellerons *paramètre* R *de* Δ le rapport anharmonique $(IJM\omega)$. A chaque tangente Δ à Σ il correspond une et une seule valeur de R, et réciproquement. Exception doit être faite pour la tangente double qui a deux paramètres, o et ∞.

Les paramètres de deux tangentes conjuguées sont opposés.

Pour que trois tangentes à Σ soient concourantes, il faut et il suffit que le produit de leurs paramètres soit égal à une constante C, non nulle et non infinie, dont la valeur dépend du point fixe ω choisi sur T.

3° Voici des conséquences de ce théorème.

Si on mène les tangentes à Σ aux points A et A' où elle est rencontrée par une de ses tangentes Δ, la troisième tangente à Σ menée par le point de rencontre des tangentes en A et A' est la tangente Δ' conjuguée de Δ.

La courbe admet trois points de rebroussement, et les tangentes de rebroussement concourent en un point, que nous appellerons *centre des rebroussements*.

Si d'un point d'une tangente de rebroussement on mène les tangentes variables à Σ, la droite conjuguée harmonique de la tangente de rebroussement par rapport à ces deux tangentes passe par un point fixe de la tangente double ; nous appellerons ce point *pôle harmonique de la tangente de rebroussement*.

Une tangente de rebroussement rencontre la courbe en un seul point autre que le point de rebroussement. La tangente en ce point est conjuguée de la tangente de rebroussement, et elle passe par le pôle harmonique de la tangente de rebroussement.

Deux tangentes conjuguées variables rencontrent une tangente fixe en deux points qui se correspondent involutivement. Un couple de l'involution est formé par les points où la tangente fixe rencontre Σ. Un des points doubles est le point d'intersection de la tangente fixe avec T, l'autre point double est le point d'intersection des tangentes à Σ aux points où Σ est rencontrée par la tangente conjuguée de la tangente fixe.

Si on mène d'un point variable sur une tangente fixe les deux autres tangentes à Σ, ces deux droites rencontrent la tangente conjuguée de la tangente fixe en deux points qui se correspondent involutivement. Les points doubles de l'involution sont, d'une part, le point où la tangente conjuguée de la tangente fixe rencontre la tangente double, d'autre part, le point d'intersection des tangentes à la courbe aux points où celle-ci est rencontrée par la tangente fixe.

4° Pour que six tangentes à Σ soient tangentes à une même conique, il faut et il suffit que le produit de leurs paramètres soit égal à C^2.

5° Voici des conséquences de ce théorème.

Pour que trois points de Σ soient les points de contact avec Σ d'une conique proprement dite tritangente à Σ, il faut et il suffit que les tangentes à Σ en ces trois points soient les conjuguées de trois tangentes concourantes à Σ.

Étant données trois tangentes δ_1, δ_2, δ_3 à Σ, il existe trois coniques tangentes à ces trois droites et osculatrices à Σ en un point autre qu'un des points de contact de Σ avec δ_1, δ_2, δ_3. Les tangentes à Σ aux trois points M de contact avec ces coniques et les droites δ_1, δ_2, δ_3 sont tangentes à une même conique.

Soit une conique Γ tangente à la tangente double T à Σ en un point m. Outre T, elle admet avec Σ quatre tangentes communes Δ_1, Δ_2, Δ_3, Δ_4. Si R_1, R_2, R_3, R_4 sont les paramètres de ces quatre droites et si r est le rapport anharmonique des quatre points I, J, m, ω, on a

$$\frac{R_1 R_2 R_3 R_4}{r} = C.$$

Une droite quelconque L rencontre Σ en quatre points M_1, M_2, M_3, M_4. Si Δ_1, Δ_2, Δ_3, Δ_4 sont les tangentes à Σ en ces quatre points, la conique qui est tangente à ces quatre droites et à T a pour point de contact avec T le conjugué harmonique par rapport aux points I et J du point μ d'intersection de L et de T. R_1, R_2, R_3, R_4 étant les paramètres de Δ_1, Δ_2, Δ_3, Δ_4 et ρ étant le rapport anharmonique des quatre points I, J, μ, ω, on a

$$\frac{R_1 R_2 R_3 R_4}{\rho} = - C.$$

En particulier, si la droite L varie en passant par un point fixe μ de T, le produit $R_1 R_2 R_3 R_4$ est constant.

9. Une courbe de la troisième classe qui a une tangente double à points de contact distincts peut être définie comme l'enveloppe des tangentes, en leurs points d'intersection avec une droite fixe, aux coniques d'un faisceau linéaire ponctuel qui contient deux coniques décomposées en deux couples de tangentes conjuguées ; la droite fixe est la tangente double. Les points de contact de la tangente double sont les points où cette droite touche deux coniques du faisceau linéaire ponctuel.

Le lieu des points d'intersection de deux tangentes conjuguées est une conique Γ qui passe par les points de contact de la courbe avec sa tangente double.

Une tangente quelconque à Σ rencontre Γ en deux points ; l'un est le point où cette tangente est rencontrée par sa conjuguée ; l'autre est le point d'intersection des tangentes à Σ aux points où Σ est rencontrée par cette tangente conjuguée.

La tangente en un point à la conique Γ est, par rapport aux deux tangentes conjuguées à Σ qui passent par le point, conjuguée harmonique de la troisième tangente à Σ menée de ce point.

La conique Γ touche la courbe Σ aux points, autres que les points de rebroussement, où Σ est rencontrée par les tangentes de rebroussement. Le pôle d'une tangente de rebroussement par rapport à Γ est le pôle harmonique de cette tangente. Le pôle de la tangente double T par rapport à Γ est le centre des rebroussements.

Considérons toutes les coniques S qui touchent deux tangentes conjuguées à Σ aux points où ces deux droites sont rencontrées par la tangente double T. Ces coniques appartiennent à un réseau linéaire ponctuel dont les coniques décomposées sont formées par les couples de tangentes conjuguées à Σ. La courbe Σ est la cayleyenne de ce réseau, et la conique Γ en est la hessienne.

10. Supposons que la courbe Σ soit une courbe de la troisième classe bitangente à la droite à l'infini, les points de contact étant les points cycliques I et J.

Deux tangentes conjuguées sont rectangulaires. Les tangentes à Σ aux points où Σ est rencontrée par une de ses tangentes sont rectangulaires.

Si ω est un point à l'infini, le paramètre d'une tangente est égal à e^{2iV}, V étant l'angle de la direction λ qui a pour point à l'infini ω avec cette tangente. On a par suite le théorème suivant, dû à Laguerre :

Pour que trois tangentes à Σ soient concourantes, il faut et il suffit que la somme des angles que fait une direction fixe λ avec ces tangentes ait une certaine valeur donnée A, définie à $k\pi$ près, qui dépend du choix de la direction fixe λ.

On appelle *orientation* d'un système de droites variables par rapport à une direction fixe la somme des angles que fait la direction fixe avec ces droites. L'énoncé précédent se transforme ainsi :

Pour que trois tangentes à Σ soient concourantes, il faut et il suffit que l'orientation du système de ces tangentes ait une certaine valeur donnée A.

Si θ est l'angle que fait λ avec une tangente de rebroussement, on a

$$3\theta = A + k\pi,$$

k étant un entier quelconque. On voit ainsi que les tangentes de rebroussement font entre elles des angles de 60° et de 120°.

Le pôle harmonique d'une tangente de rebroussement étant à l'infini dans la direction des perpendiculaires à cette droite, les deux tangentes variables menées à Σ par un point variable d'une tangente de rebroussement sont symétriques par rapport à cette tangente, ce qui montre que la courbe Σ admet ses tangentes de rebroussement comme axes de symétrie. Il en résulte immédiatement que les trois points de rebroussement sont les sommets d'un triangle équilatéral et que le centre O des rebroussements est le centre du cercle circonscrit à ce triangle.

Deux tangentes rectangulaires rencontrent une tangente fixe en deux points variables symétriques par rapport à un point fixe de cette tangente fixe. Parmi les couples de points déterminés ainsi sur la tangente fixe se trouvent le couple des points d'intersection de la tangente fixe avec Σ et le couple formé par le point de contact de la tangente fixe et le point où cette tangente est rencontrée par sa conjuguée.

La conique Γ est un cercle qui est tangent à Σ aux points, autres que les points de rebroussement, où Σ est rencontrée par ses tangentes de rebroussement ; il a pour centre le point O. C'est le lieu des points d'intersection de deux tangentes rectangulaires à Σ.

Considérons le triangle rectangle formé par une tangente Δ à Σ et les tangentes rectangulaires à Σ aux points B et C où Δ rencontre Σ. Le cercle Γ passe par le sommet A de l'angle droit, par le pied H de la hauteur abaissée de A sur l'hypoténuse BC et par le milieu I de BC ; il est donc le cercle des neuf points du triangle

ABC ; son rayon est égal à $\dfrac{1}{2}$ BC. On voit ainsi que la portion BC d'une tangente Δ à Σ comprise entre les deux points d'intersection de Δ avec Σ a une longueur constante, égale au diamètre du cercle Γ.

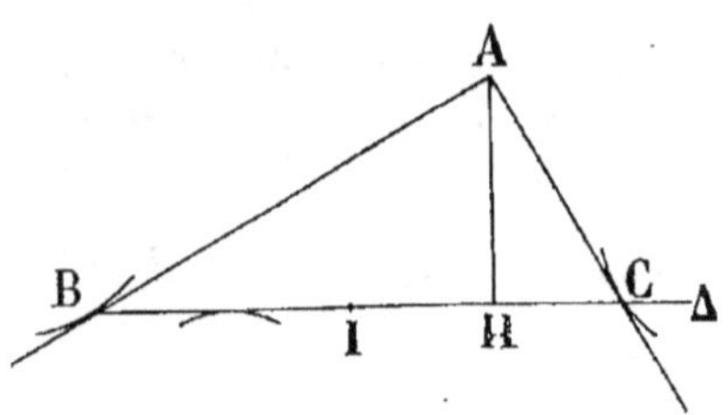

Toute tangente Δ à Σ rencontre Γ en deux points dont l'un μ est le point d'intersection avec sa conjuguée Δ' et l'autre ν le milieu fixe du segment limité aux points d'intersection de Δ avec deux tangentes rectangulaires quelconques à Σ. Le point M de contact de Δ avec Σ est le symétrique de μ par rapport à ν.

Quand le point μ se déplace sur Γ, le point ν varie sur ce cercle, et sa position dépend de celle du point μ. Désignons par α l'arc algébrique décrit par μ à partir d'une position initiale et par β l'arc algébrique décrit par le point ν à partir de la position initiale correspondante. Il est facile de montrer que l'on a

$$\frac{d\alpha}{d\beta} = -\left(\frac{\overrightarrow{M\mu}}{\overrightarrow{M\nu}}\right) = -\,2.$$

On en tire, en intégrant,

$$\alpha = -\,2\beta.$$

On en déduit immédiatement que le point M peut être considéré comme un point marqué sur le cercle constamment égal à Γ, qui passe par M et est tangent en ν à Γ, roulant sans glisser sur le cercle Γ' concentrique à Γ et de rayon triple du rayon de Γ. Ce cercle Γ' est le cercle qui passe par les trois points de rebroussement de Σ. On voit ainsi que Σ est une *hypocycloïde à trois rebroussements*.

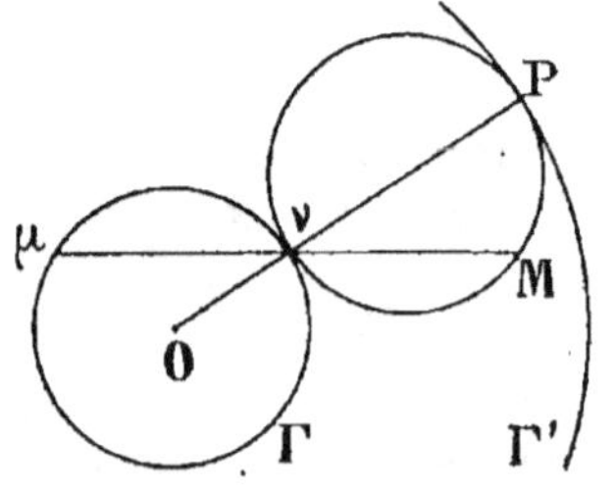

Les coniques S sont les coniques qui ont pour asymptotes deux tangentes rectangulaires à l'hypocycloïde. *Une hypocycloïde à trois rebroussements Σ est d'une infinité de manières l'enveloppe des asymptotes d'hyperboles équilatères qui forment un faisceau linéaire ponctuel ; le lieu des centres de ces hyperboles est le cercle Γ tritangent à l'hypocycloïde.*

On a relativement à l'hypocycloïde Σ les autres résultats suivants :

1° Pour que six tangentes à l'hypocycloïde soient tangentes à une même conique, il faut et il suffit que l'orientation du système de ces tangentes soit égale à 2A.

2° Pour que trois points de l'hypocycloïde Σ soient les points de contact avec Σ d'une conique tritangente à Σ, il faut et il suffit que les tangentes à Σ en ces trois points soient respectivement perpendiculaires à trois tangentes concourantes à Σ.

3° Soit une parabole. Outre la droite à l'infini, elle admet avec l'hypocycloïde Σ quatre tangentes communes $\Delta_1, \Delta_2, \Delta_3, \Delta_4$. Si V_1, V_2, V_3, V_4 sont les angles que fait la direction fixe λ avec ces quatre droites et si v est l'angle que fait cette même direction avec la direction asymptotique de la parabole, on a

$$V_1 + V_2 + V_3 + V_4 - v = A.$$

4° Une droite quelconque L rencontre l'hypocycloïde Σ en quatre points M_1, M_2, M_3, M_4. Si $\Delta_1, \Delta_2, \Delta_3, \Delta_4$ sont les tangentes à Σ en ces quatre points, la parabole tangente à ces quatre droites a sa direction asymptotique perpendiculaire à L. Si V_1, V_2, V_3, V_4 sont les angles que fait λ avec $\Delta_1, \Delta_2, \Delta_3, \Delta_4$ et si u est l'angle que fait λ avec la direction asymptotique de la parabole, on a

$$V_1 + V_2 + V_3 + V_4 - u = A + \frac{\pi}{2}.$$

Si u est constant, il en est de même de $V_1 + V_2 + V_3 + V_4$. Par suite,

L'orientation du système des tangentes à l'hypocycloïde aux quatre points d'intersection de cette courbe avec une droite L demeure constante lorsque la droite L se déplace parallèlement à une droite fixe.

5° Supposons que la droite L soit normale à la courbe Σ. Alors l'une des quatre tangentes précédentes est perpendiculaire à L ; par exemple, on a

$$V_1 = u + \frac{\pi}{2} ;$$

il s'ensuit que l'on a

$$V_2 + V_3 + V_4 = A ;$$

on a ainsi le théorème suivant :

Les tangentes à l'hypocycloïde aux points d'intersection, autres que M, de la courbe avec la normale en un de ses points M sont concourantes.

11. Soit une cubique Σ ayant un point de rebroussement O ; les deux tangentes en O sont confondues en une seule droite Ox. On a le théorème suivant :

Si M et M_1 sont les points d'intersection variables de la cubique avec une droite passant par un point fixe P de la cubique, les couples de droites telles que OM et OM_1 appartiennent à une même involution, qui admet comme droite double la tangente de rebroussement.

On a la démonstration sommaire suivante. A la droite OM il correspond une droite OM_1 et une seule, et inversement ; en outre, quand OM prend la position de OM_1, OM_1 prend la position de OM. Il s'ensuit que les droites OM et OM_1 se correspondent involutivement. Quand M tend vers O, il en est de même de M_1 ; les droites OM et OM_1 tendent simultanément vers Ox, qui est une droite double de l'involution formée par les couples de droites OM et OM_1.

Mais on peut ramener aussi le théorème au théorème de Frégier, en transformant quadratiquement la cubique en une conique. La démonstration est la même que celle du théorème fondamental sur les cubiques ayant un point double à tangentes distinctes (§ 1).

Réciproquement, si deux droites variables passant par O et rencontrant Σ en deux points variables M et M_1 se correspondent en involution, et si en outre la tangente de rebroussement est une droite double de l'involution, la droite MM_1 passe par un point fixe de la cubique.

La démonstration est la même que celle que nous avons donnée du théorème réciproque du théorème fondamental relatif aux cubiques ayant un point double à tangentes distinctes.

Les droites doubles de l'involution formée par les couples de droites OM et OM_1 sont la droite Ox et la droite qui joint le point O au point de contact d'une tangente, autre que la tangente en P, menée de P à la cubique.

Faisons correspondre à chaque point M de Σ un paramètre λ représentant linéairement la droite OM autour du point O. Le point O a un paramètre α, qui est la valeur de λ quand la droite variable qui passe par O prend la position Ox. Soient λ et λ_1 les paramètres des points M et M_1 d'intersection de la cubique avec une droite variable passant par un point fixe P de Σ. D'après ce qui précède, la droite conjuguée harmonique de Ox par rapport aux droites OM et OM_1 est fixe, et par suite on a

$$\frac{1}{\lambda - \alpha} + \frac{1}{\lambda_1 - \alpha} = \text{const.}$$

12. Théorème. — *Le pôle harmonique du point de rebroussement O par rapport à un système de trois points quelconques de Σ en ligne droite est un point fixe de Σ. Ce point fixe est l'unique point d'inflexion I de Σ. Réciproquement, si le pôle harmonique de O par rapport à un système de trois points de Σ coïncide avec I, les trois points sont en ligne droite.*

Soient en effet deux droites Δ et Δ' rencontrant respectivement Σ aux points M_1, M_2, M_3, de paramètres $\lambda_1, \lambda_2, \lambda_3$, et aux points M_1', M_2', M_3', de paramètres $\lambda_1', \lambda_2', \lambda_3'$. Considérons le point m, de paramètre μ, d'intersection, autre que M_1 et M_1', de la droite $M_1 M_1'$ avec Σ. D'après le théorème précédent, on a

$$\frac{1}{\lambda_2 - \alpha} + \frac{1}{\lambda_3 - \alpha} = \frac{1}{\mu - \alpha} + \frac{1}{\lambda_1' - \alpha}$$

et

$$\frac{1}{\lambda_2' - \alpha} + \frac{1}{\lambda_3' - \alpha} = \frac{1}{\mu - \alpha} + \frac{1}{\lambda_1 - \alpha},$$

d'où $\dfrac{1}{\lambda_1 - \alpha} + \dfrac{1}{\lambda_2 - \alpha} + \dfrac{1}{\lambda_3 - \alpha} = \dfrac{1}{\lambda_1' - \alpha} + \dfrac{1}{\lambda_2' - \alpha} + \dfrac{1}{\lambda_3' - \alpha}.$

Nous désignerons par C la valeur constante de la somme des nombres tels que $\dfrac{1}{\lambda - \alpha}$ relatifs aux points de rencontre de Σ avec une droite quelconque.

Réciproquement, si M_1, M_2, M_3, de paramètres $\lambda_1, \lambda_2, \lambda_3$ sur Σ, sont tels que l'on ait

$$\frac{1}{\lambda_1 - \alpha} + \frac{1}{\lambda_2 - \alpha} + \frac{1}{\lambda_3 - \alpha} = C,$$

ces trois points sont en ligne droite. Soit en effet le point d'intersection M_3', autre que M_1 et M_2, de la cubique Σ avec la droite $M_1 M_2$. Si λ_3' est le paramètre de M_3', on a

$$\frac{1}{\lambda_1 - \alpha} + \frac{1}{\lambda_2 - \alpha} + \frac{1}{\lambda_3' - \alpha} = C = \frac{1}{\lambda_1 - \alpha} + \frac{1}{\lambda_2 - \alpha} + \frac{1}{\lambda_3 - \alpha},$$

et par suite $\lambda_3 = \lambda_3'$; donc M_3' coïncide avec M_3.

Cela posé, montrons que la cubique Σ admet un point d'inflexion et un seul. Soit en effet ρ le paramètre d'un point d'inflexion I. La tangente en ce point à Σ rencontrant Σ en trois points confondus, on a

$$\frac{3}{\rho - \alpha} = C.$$

Cette équation en ρ admet une racine et une seule, ce qui montre qu'il existe un point d'inflexion et un seul.

Grâce à l'introduction du point I d'inflexion de Σ, la condition nécessaire et suffisante pour que trois points M_1, M_2, M_3 de Σ soient en ligne droite s'écrit

$$\frac{1}{\lambda_1 - \alpha} + \frac{1}{\lambda_2 - \alpha} + \frac{1}{\lambda_3 - \alpha} = \frac{3}{\rho - \alpha},$$

ce qui exprime que I est le pôle harmonique de O par rapport au système des points M_1, M_2, M_3, ou encore que la droite OI est polaire harmonique de Ox par rapport aux droites OM_1, OM_2, OM_3.

En particulier, supposons que la tangente de rebroussement soit la droite à l'infini du plan. Le théorème précédent peut alors s'énoncer ainsi :

Pour que trois points de la cubique soient en ligne droite, il faut et il suffit que leur centre des moyennes distances soit situé sur la parallèle à la direction asymptotique de la cubique menée par le point d'inflexion.

13. Théorème. — *Le conjugué harmonique du point d'inflexion par rapport aux deux points d'intersection variables de la cubique et d'une droite variable passant par le point d'inflexion décrit la tangente de rebroussement.*

Soient en effet I le point d'inflexion, M et M_1 les points d'intersection variables de Σ avec une droite passant par I. Le couple des droites OM et OM_1 varie dans une involution. Quand la sécante variable vient se confondre avec la tangente d'inflexion, les deux points M et M_1 viennent se confondre avec I. L'une des droites doubles de l'involution est donc la droite OI; la tangente de rebroussement, qui est l'autre droite double de l'involution, est le lieu du conjugué harmonique de I par rapport aux points M et M_1.

Considérons deux sécantes passant par I, l'une rencontrant Σ en M et M_1, l'autre rencontrant Σ en M' et M'_1. Les droites MM' et $M_1 M'_1$ se rencontrent en un point situé sur la tangente de rebroussement. Si, M et M_1 étant fixes, M' et M_1' tendent respectivement vers M et M', les droites MM' et M_1M_1' tendent vers les tangentes en M et M_1 à Σ. Ainsi, la tangente de rebroussement est le lieu du point de rencontre des tangentes à Σ en M et M_1.

14. Théorème. — *Pour que six points* M_1, M_2, ..., M_6 *de* Σ *soient situés sur une même conique, il faut et il suffit que le point d'inflexion de* Σ *soit le pôle harmonique du point double par rapport au système de ces six points.*

1° Supposons que les points M soient sur une même conique Γ. Soient m, m', m'' les troisièmes points d'intersection de Σ avec les droites M_1M_2, M_3M_4, M_5M_6. Si λ_1, λ_2, ..., λ_6 sont les paramètres des points M_1, M_2, ..., M_6, si ρ, ρ', ρ'' sont les paramètres des points m, m', m'', enfin, si μ est le paramètre du point d'inflexion, on a

$$\frac{1}{\lambda_1 - \alpha} + \frac{1}{\lambda_2 - \alpha} + \frac{1}{\rho - \alpha} = \frac{3}{\mu - \alpha},$$

$$\frac{1}{\lambda_3 - \alpha} + \frac{1}{\lambda_4 - \alpha} + \frac{1}{\rho' - \alpha} = \frac{3}{\mu - \alpha},$$

$$\frac{1}{\lambda_5 - \alpha} + \frac{1}{\lambda_6 - \alpha} + \frac{1}{\rho'' - \alpha} = \frac{3}{\mu - \alpha},$$

d'où

$$\frac{1}{\lambda_1 - \alpha} + \cdots + \frac{1}{\lambda_6 - \alpha} + \frac{1}{\rho - \alpha} + \frac{1}{\rho' - \alpha} + \frac{1}{\rho'' - \alpha} = \frac{9}{\mu - \alpha}.$$

Or, les points m, m', m'' sont en ligne droite ; on a donc

$$\frac{1}{\rho - \alpha} + \frac{1}{\rho' - \alpha} + \frac{1}{\rho'' - \alpha} = \frac{3}{\mu - \alpha},$$

et par suite

$$\frac{1}{\lambda_1 - \alpha} + \cdots + \frac{1}{\lambda_6 - \alpha} = \frac{6}{\mu - \alpha}.$$

2° Supposons que les paramètres λ de six points M de Σ vérifient l'égalité précédente. Par les cinq points M_1, M_2, ..., M_5, parmi lesquels il n'y en a pas quatre en ligne droite, il passe une conique Γ, et une seule, qui rencontre Σ en un sixième point M', de paramètre λ'. On a à la fois

$$\frac{1}{\lambda_1 - \alpha} + \cdots + \frac{1}{\lambda_5 - \alpha} + \frac{1}{\lambda' - \alpha} = \frac{6}{\mu - \alpha},$$

et

$$\frac{1}{\lambda_1 - \alpha} + \cdots + \frac{1}{\lambda_5 - \alpha} + \frac{1}{\lambda_6 - \alpha} = \frac{6}{\mu - \alpha},$$

d'où $\lambda' = \lambda_6$; le point M' coïncide avec le point M_6 ; les six points donnés sont situés sur la conique Γ.

Conséquence. — *Par trois points m_1, m_2, m_3 de Σ, il passe une conique Σ et une seule osculatrice à Σ en un point M autre que m_1, m_2, m_3.*

Le paramètre de M est en effet racine de l'équation du premier degré en λ

$$\frac{3}{\lambda - \alpha} = \frac{6}{\mu - \alpha} - \frac{1}{\rho_1 - \alpha} - \frac{1}{\rho_2 - \alpha} - \frac{1}{\rho_3 - \alpha},$$

ρ_1, ρ_2, ρ_3 étant les paramètres des points m_1, m_2, m_3.

15. Soit une conique Γ rencontrant Σ aux six points M_1, M_2, ..., M_6, de paramètres λ_1, λ_2, ..., λ_6. La droite $M_5 M_6$ rencontre la cubique en un troisième point m de paramètre ρ. On a

$$\frac{1}{\lambda_1 - \alpha} + \cdots + \frac{1}{\lambda_6 - \alpha} = \frac{6}{\mu - \alpha},$$

$$\frac{1}{\lambda_5 - \alpha} + \frac{1}{\lambda_6 - \alpha} + \frac{1}{\rho - \alpha} = \frac{3}{\mu - \alpha},$$

d'où, par soustraction membre à membre,

$$\frac{1}{\lambda_1 - \alpha} + \cdots + \frac{1}{\lambda_4 - \alpha} - \frac{1}{\rho - \alpha} = \frac{3}{\mu - \alpha}.$$

Supposons que, les quatre points M_1, M_2, M_3, M_4 restant fixes, la conique Γ varie et tende vers la conique Γ_0 qui passe par les cinq points M_1, M_2, M_3, M_4, O. La droite $M_5 M_6$ tend vers la tangente en O à cette conique, et le point m tend vers le point d'intersection t, autre que O, de Σ avec cette tangente. Si θ est le paramètre de t, on a

$$\frac{1}{\lambda_1 - \alpha} + \cdots + \frac{1}{\lambda_4 - \alpha} - \frac{1}{\theta - \alpha} = \frac{3}{\mu - \alpha}.$$

Cette relation est la condition nécessaire et suffisante pour que les points M_1, M_2, M_3, M_4 et t de Σ soient, les quatre premiers, les points d'intersection, autres que O, d'une conique passant par O avec Σ, le dernier, le point de rencontre, autre que O, de Σ avec la tangente en O à cette conique.

16. La cubique Σ est de la troisième classe. Les résultats précédents admettent des résultats corrélatifs, qui s'appliquent à une courbe de la troisième classe ayant un point d'inflexion. Une telle courbe est du troisième degré et admet un point de rebroussement ; c'est une cubique Σ.

D'un point variable K de la tangente d'inflexion, on ne peut mener qu'une tangente variable à la cubique Σ. Si M est le point de contact de cette tangente, il y a correspondance homographique entre la droite OM et la droite OK. Tout paramètre représentant linéairement le point K sur la tangente d'inflexion est lié homographiquement à un paramètre représentant linéairement la droite OM autour de O. On a aussi les théorèmes suivants :

1° *Pour que les tangentes en trois points* M_1, M_2, M_3 *de* Σ *soient concourantes, il faut et il suffit que le point de rebroussement soit pôle harmonique du point d'inflexion par rapport au système de ces trois points, ou encore, il faut et il suffit que la droite Ox soit polaire harmonique de OI par rapport au système des droites* OM_1, OM_2, OM_3, *ou enfin, il faut et il suffit que le point d'intersection des tangentes d'inflexion et de rebroussement soit pôle harmonique de I par rapport au système des points* K_1, K_2, K_3 *où la tangente d'inflexion rencontre les tangentes en* M_1, M_2, M_3.

2° *Pour que les tangentes en six points* M_1, M_2, ..., M_6 *de* Σ *soient tangentes à une même conique, il faut et il suffit que le point de rebroussement soit pôle harmonique du point d'inflexion par rapport au système de ces six points.*

3° *Si d'un point de la tangente de rebroussement on mène les deux tangentes variables à* Σ, *la droite conjuguée harmonique de la tangente de rebroussement par rapport à ces deux droites passe constamment par le point d'inflexion. La droite qui joint les points de contact de ces tangentes variables à* Σ *passe aussi par le point d'inflexion.*

17. Nous appellerons *cissoïde* toute cubique à point de rebroussement passant par les points cycliques I et J. On a immédiatement, relativement à la cissoïde, les théorèmes suivants :

1° *Si on mène une droite parallèle à l'asymptote réelle, les droites qui joignent le point double aux points d'intersection à distance finie de cette droite avec la cissoïde sont symétriques par rapport à la tangente de rebroussement.*

2° *La droite qui joint le point de rebroussement au point de la cissoïde où la tangente est parallèle à l'asymptote réelle est perpendiculaire à la tangente de rebroussement.*

3° *Par un point de la cissoïde on peut mener à la cissoïde un cercle osculateur, et un seul, touchant la cissoïde en un point autre que le point donné.*

CHAPITRE IX

CONES DU SECOND DEGRÉ ET CONES DE LA SECONDE CLASSE

---

1. Définitions. — Un cône du second degré de sommet S est le lieu d'un point M tel que la droite SM rencontre une conique donnée Γ, proprement dite ou décomposée en deux droites, située dans un plan Π qui ne passe pas par S. Si la conique Γ se décompose en deux droites Δ_1 et Δ_2, on dit que le cône se décompose en les deux plans qui passent par S et respectivement par les droites Δ_1 et Δ_2.

Un cône de la seconde classe de sommet S est l'enveloppe d'un plan qui passe par S et qui rencontre un plan donné Π ne passant pas par S suivant une tangente à une conique donnée Γ, proprement dite ou décomposée en deux points. Si la conique Γ est décomposée en deux points A_1 et A_2, on dit que le cône se décompose en les deux droites SA_1 et SA_2.

Un cône du second degré indécomposable est aussi un cône de la seconde classe indécomposable, et réciproquement.

On dit que deux droites D et D' passant par le sommet S d'un cône du second degré ou de la seconde classe sont *conjuguées* par rapport à ce cône si ces deux droites rencontrent un plan Π qui ne passe pas par S en deux points conjugués par rapport à la conique Γ d'intersection du cône avec le plan Π. La définition est indépendante du plan Π. On dit que trois droites D, D', D'' passant par le sommet S de ce cône forment un *trièdre conjugué* par rapport au cône si ces trois droites rencontrent le plan Π en trois points qui sont les sommets d'un triangle conjugué par rapport à la conique Γ ; la définition est indépendante du plan Π.

On dit que deux plans P et P' passant par le sommet S d'un cône du second degré ou de la seconde classe sont *conjugués* par rapport à ce cône si ces deux plans rencontrent un plan Π qui ne passe pas par S suivant deux droites conjuguées par rapport à la conique Γ d'intersection du cône avec le plan Π. La définition est indépendante du plan Π.

Si trois plans P, P', P'' passant par S sont conjugués deux à deux par rapport au cône, ce sont les plans des faces d'un trièdre conjugué par rapport au cône, et réciproquement.

Soient dans un plan II les coniques Γ d'un faisceau linéaire ponctuel. On dit que les cônes qui ont pour bases ces coniques et pour sommet commun un point S non situé dans le plan II forment un *faisceau linéaire ponctuel de cônes du second degré*. Les coniques Γ' d'intersection de ces cônes avec un autre plan II' qui ne passe pas par S forment un faisceau linéaire ponctuel de coniques. Il existe dans le faisceau de cônes des cônes décomposés en deux plans, qui ont pour bases dans le plan II les coniques Γ décomposées en deux droites.

Soient dans un plan II les coniques Γ d'un faisceau linéaire tangentiel. On dit que les cônes qui ont pour bases ces coniques et pour sommet commun un point S non situé dans le plan II forment un *faisceau linéaire tangentiel de cônes de la seconde classe*. Les coniques Γ' d'intersection de ces cônes avec un autre plan II' qui ne passe pas par S forment un faisceau linéaire tangentiel de coniques. Il existe dans le faisceau de cônes des cônes décomposés en deux droites, qui ont pour bases dans le plan II les coniques Γ' décomposées en deux points.

2. On a les théorèmes suivants :

1° *Les six arêtes de deux trièdres conjugués par rapport à un cône du second degré de sommet S sont situées sur un même cône du second degré de sommet S, qui est proprement dit ou décomposé en deux plans.*

2° *Les plans des six faces de deux trièdres conjugués par rapport à un cône du second degré de sommet S sont tangents à un même cône de la seconde classe de sommet S, qui est proprement dit ou décomposé en deux droites.*

Pour démontrer ces théorèmes, on coupera le cône et les deux trièdres conjugués par rapport à ce cône par un plan II qui ne passe pas par le sommet du cône, et on appliquera les théorèmes relatifs aux triangles conjugués par rapport à une conique, qui ont été établis au chapitre II (§ 1).

On en tire les conséquences suivantes :

1° *Étant donnés deux cônes Σ et Σ' du second degré de même sommet S, s'il existe un trièdre à la fois inscrit à Σ' et conjugué par rapport à Σ, il en existe une infinité, de façon qu'on puisse prendre pour arête d'un tel trièdre une droite arbitraire du cône Σ' passant par S.*

Le cône Σ' est alors dit *harmoniquement circonscrit au cône Σ.*

2° *Étant donnés deux cônes Σ et Σ' de la seconde classe, s'il existe un trièdre à la fois circonscrit à Σ' et conjugué par rapport à Σ, il en existe une infinité, de façon qu'on puisse prendre pour plan d'une face d'un tel trièdre un plan tangent arbitraire au cône Σ'.*

Le cône Σ' est alors dit *harmoniquement inscrit au cône Σ.*

3. Applications. — Dire que deux droites D et D′ passant par le point S sont rectangulaires revient à dire que les deux droites sont conjuguées par rapport au cône isotrope de sommet S ; dire que deux plans P et P′ passant par le point S sont rectangulaires revient à dire que ces deux plans sont conjugués par rapport au cône isotrope de sommet S. Il s'ensuit que pour qu'un trièdre de sommet S soit trirectangle, il faut et il suffit qu'il soit conjugué par rapport au cône isotrope de sommet S.

On en déduit les résultats suivants :

1° *Les six arêtes de deux trièdres trirectangles de même sommet sont situées sur un même cône du second degré.*

2° *Les plans des six faces de deux trièdres trirectangles de même sommet sont tangents à un même cône de la seconde classe.*

3° *Si un cône de sommet S est capable d'un trièdre trirectangle inscrit, il est capable d'une infinité de trièdres trirectangles inscrits, une droite arbitraire du cône, passant par S, pouvant être prise comme arête d'un tel trièdre.*

Le cône est harmoniquement circonscrit au cône isotrope de sommet S ; il est dit *équilatère.*

4° *Si un cône de sommet S est capable d'un trièdre trirectangle circonscrit, il est capable d'une infinité de trièdres trirectangles circonscrits, un plan tangent arbitraire au cône pouvant être pris comme plan d'une face d'un tel trièdre.*

Le cône est harmoniquement inscrit au cône isotrope de sommet S ; c'est le cône supplémentaire d'un cône équilatère.

4. On a les théorèmes suivants :

1° *Étant donnés deux trièdres inscrits à un cône du second degré, il existe un cône du second degré de même sommet admettant ces deux trièdres comme trièdres conjugués.*

2° *Étant donnés deux trièdres circonscrits à un cône de la seconde classe, il existe un cône du second degré admettant ces deux trièdres comme trièdres conjugués.*

Pour démontrer ces théorèmes, on coupera le cône et les deux trièdres par un plan Il ne passant pas par le sommet du cône, et on appliquera les théorèmes établis au chapitre II (§ 3).

On en tire les conséquences suivantes :

1° *Les trièdres inscrits à un cône du second degré de sommet S et conjugués par rapport à un cône du second degré de sommet S sont circonscrits à un cône du second degré de sommet S.*

2° *Les trièdres circonscrits à un cône du second degré de sommet S et conjugués par rapport à un cône du second degré de sommet S sont inscrits à un cône du second degré de sommet S.*

3° *Si deux trièdres sont inscrits à un même cône du second degré, ils sont aussi circonscrits à un même cône du second degré.*

4° *Si deux trièdres sont circonscrits à un même cône du second degré, ils sont aussi inscrits à un même cône du second degré.*

5° *Étant donnés deux cônes du second degré Σ et Σ' de même sommet S, s'il existe un trièdre à la fois inscrit à Σ et circonscrit à Σ', il existe une infinité de tels trièdres.*

6° *Les trièdres inscrits au cône Σ et circonscrits au cône Σ' sont conjugués par rapport à un même cône du second degré.*

5. On a les théorèmes suivants qui se ramènent à des théorèmes établis au chapitre II (§ 6) :

1° *Étant donnés deux cônes du second degré Σ et Σ' de même sommet, si le cône Σ' est harmoniquement circonscrit au cône Σ, le cône Σ est harmoniquement inscrit au cône Σ'.*

2° *Étant donnés deux cônes du second degré Σ et Σ' de même sommet, si le cône Σ' est harmoniquement inscrit au cône Σ, le cône Σ est harmoniquement circonscrit au cône Σ'.*

6. On a les théorèmes suivants qui correspondent à des théorèmes relatifs aux coniques (II, § 8) :

1° *Parmi les cônes du second degré d'un faisceau linéaire ponctuel, il en existe un, et en général un seul, qui est harmoniquement circonscrit à un cône Σ du second degré donné, de même sommet que ces cônes. S'il existe deux cônes du faisceau harmoniquement circonscrits à Σ, tout cône du faisceau est harmoniquement circonscrit à Σ.*

En particulier, supposons que le cône Σ soit isotrope; on a alors l'énoncé suivant :

Parmi les cônes du second degré d'un faisceau linéaire ponctuel, il en existe un, et en général un seul, qui est équilatère. S'il existe dans le faisceau deux cônes équilatères, tout cône du faisceau est équilatère.

2° *Parmi les cônes de la seconde classe d'un faisceau linéaire tangentiel, il en existe un, et en général un seul, qui est harmoniquement inscrit à un cône Σ du second degré donné, de même sommet que ces cônes. Si deux cônes de ce faisceau sont harmoniquement inscrits à Σ, tout cône du faisceau est harmoniquement inscrit à Σ.*

7. Le théorème de Desargues relatif aux coniques d'un faisceau linéaire ponctuel conduit immédiatement au théorème suivant :

Les cônes du second degré d'un faisceau linéaire ponctuel sont rencontrés par un plan fixe Π passant par leur sommet commun S suivant des couples de droites qui appartiennent à une même involution. Parmi ces cônes, il en existe deux qui sont tangents au plan Π, les génératrices de contact étant les droites doubles de l'involution précédente.

On déduit aussi du théorème de Desargues relatif aux coniques d'un faisceau linéaire tangentiel le théorème suivant :

Les couples de plans tangents menés aux cônes de la seconde classe d'un faisceau linéaire tangentiel par une droite fixe Δ passant par leur sommet commun S appartiennent à une même involution. Parmi ces cônes, il en existe deux qui passent par Δ, les plans tangents à ces deux cônes le long de Δ étant les plans doubles de l'involution précédente.

8. **Applications.** — 1° Étant donné un cône Σ du second degré de sommet S, il existe une infinité de cônes du second degré qui ont mêmes directions de plans cycliques que le cône Σ. Les coniques à l'infini de ces cônes passent par les points d'intersection de la conique à l'infini de Σ et du cercle à l'infini; elles forment un faisceau linéaire ponctuel qui contient le cercle à l'infini. Les cônes considérés forment un faisceau linéaire ponctuel qui contient le cône isotrope de sommet S. On dit que ces cônes sont *homocycliques*.

L'involution formée par les couples de droites suivant lesquels les cônes homocycliques à un cône de second degré Σ sont rencontrés par un plan Π passant par leur sommet commun S contient le couple des droites isotropes du plan II qui passent par S. Il s'ensuit que *les couples de droites considérés ont les mêmes bissectrices ; il existe deux cônes du faisceau qui sont tangents au plan II suivant deux droites rectangulaires.*

2° Soit un cône Σ du second degré non de révolution. Sa conique à l'infini rencontre le cercle à l'infini en quatre points distincts A, B, C, D. Soient P, Q, R les points de rencontre respectivement des droites AB et CD, AC et DB, AD et BC ; ces points sont les points à l'infini des axes du cône Σ, les droites QR, RP, PQ sont les droites à l'infini des plans principaux du cône Σ. Considérons le faisceau linéaire tangentiel de coniques qui contient le cercle à l'infini et la conique à l'infini de Σ. Ce faisceau contient trois coniques décomposées en deux points : une conique formée de deux points α et α' situés sur la droite QR et conjugués harmoniques par rapport aux points Q et R, une conique formée de deux points β et β' situés sur la droite RP et conjugués harmoniques par rapport aux points R et P, enfin, une conique formée de deux points γ et γ' situés sur la droite PQ et conjugués harmoniques par rapport aux points P et Q. Les six droites $S\alpha$ et $S\alpha'$, $S\beta$ et $S\beta'$, $S\gamma$ et $S\gamma'$ sont dites les *droites focales du cône* Σ. Dans chaque plan principal de Σ, il existe deux droites focales, qui sont symétriques par rapport aux axes de Σ situés dans le plan. Ces droites focales sont les droites passant par S par chacune desquelles il passe deux plans isotropes tangents à Σ. Si l'équation du cône Σ est à coefficients réels, les plans isotropes tangents à Σ sont deux à deux imaginaires conjugués ; il s'ensuit que deux des droites focales sont réelles, les quatre autres étant imaginaires conjuguées deux à deux.

Il existe une infinité de cônes du second degré qui ont mêmes droites focales que le cône Σ ; ce sont les cônes proprement dits du faisceau linéaire tangentiel de cônes de la seconde classe qui contient le cône Σ et le cône isotrope de même sommet. Ces cônes de la seconde classe sont dits *homofocaux*. Les trois couples de droites focales de ces cônes homofocaux sont des cônes de la seconde classe décomposés en deux droites qui font partie du faisceau linéaire tangentiel précédent.

Les couples de plans tangents menés aux cônes de la seconde classe homofocaux à un cône Σ par une droite Δ passant par le sommet S de Σ forment une involution qui contient le couple des plans isotropes qui passent par Δ ; il s'ensuit que *ces couples de plans ont les mêmes plans bissecteurs. Par la droite Δ, il passe deux cônes homofocaux à Σ, et ces deux cônes se coupent suivant Δ orthogonalement. Les plans tangents menés à un cône du second degré Σ par* *une droite Δ qui passe par le sommet de Σ ont les mêmes plans bissecteurs que les deux plans qui passent par Δ et par les droites focales réelles de Σ.*

Soit un cylindre Σ du second degré à centres à distance finie et non de révolution. Menons par son sommet S à l'infini les tangentes D_1 et D_2 au cercle à l'infini. Il existe quatre plans tangents isotropes au cylindre, qui passent par les droites D_1 et D_2 ; ces quatre plans se coupent suivant quatre droites, autres que D_1 et D_2, qui sont dites les *droites focales du cylindre*. Ces quatre droites sont les lieux des foyers des sections droites du cylindre. Il existe une infinité de cylindres du second degré qui ont mêmes droites focales que Σ ; ces cylindres sont coupés par un plan perpendiculaire à la direction commune de leurs génératrices suivant des coniques homofocales ; ils sont dits *homofocaux* ; ils forment un faisceau linéaire tangentiel, qui contient trois cylindres de la seconde classe décomposés en deux droites ; un de ces trois cylindres est formé des droites D_1 et D_2, les deux autres sont formés par les deux couples de droites focales qui sont situés respectivement dans les deux plans principaux communs aux cylindres du faisceau.

Soit un cylindre parabolique Σ. Il existe une droite Δ par laquelle on peut mener au cylindre parabolique deux plans tangents isotropes ; cette droite est le lieu des foyers des sections droites du cylindre ; elle est dite *droite focale du cylindre*. On dit que deux cylindres paraboliques sont *homofocaux* s'ils ont même droite focale et même plan principal. Les cylindres paraboliques homofocaux à un cylindre parabolique donné forment un faisceau linéaire tangentiel.

3° Les coniques qui, dans le plan à l'infini, rencontrent le cercle à l'infini en quatre points fixes distincts forment un faisceau linéaire ponctuel contenant le cercle à l'infini. Ces coniques se transforment par polaires réciproques par rapport au cercle à l'infini en des coniques qui ont quatre tangentes communes distinctes et forment un faisceau linéaire tangentiel contenant le cercle à l'infini. Comme, d'autre part, les coniques à l'infini de deux cônes supplémentaires du second degré proprement dits sont polaires réciproques l'une de l'autre par rapport au cercle à l'infini, on voit que *les cônes supplémentaires de deux cônes du second degré homocycliques sont homofocaux, et réciproquement.* En outre, *les droites focales d'un cône du second degré proprement dit sont perpendiculaires aux directions des plans cycliques du cône supplémentaire.*

4° Les cônes de révolution qui ont un sommet S donné et un

axe Δ donné appartiennent à un faisceau linéaire ponctuel et à un faisceau linéaire tangentiel. Ils sont rencontrés par le plan Π mené par S perpendiculairement à Δ suivant deux droites D_1 et D_2 le long de chacune desquelles ils sont tangents au cône isotrope de sommet S. Ces cônes ont mêmes directions de plans cycliques. Les plans tangents menés par Δ à chacun de ces cônes sont isotropes ; cette droite Δ est dite *droite focale*.

9. Théorèmes. — *1° Soient un cône du second degré Σ de sommet S et deux droites D et D′ passant par S et non situées dans un même plan tangent au cône. Le lieu de la droite Δ d'intersection de deux plans variables qui passent respectivement par D et D′ et qui sont conjugués par rapport au cône Σ est un cône Σ' du second degré qui contient les droites D et D′ et les droites de contact des plans tangents au cône Σ menées par D et D′.*

En effet, le point d'intersection de la droite Δ avec un plan fixe Π qui ne passe pas par S décrit la conique harmonique ponctuelle relative à la conique d'intersection du cône Σ avec le plan Π et au couple des points d'intersection de D et de D′ avec ce plan.

En particulier, supposons que le cône Σ soit isotrope. Le théorème précédent s'énonce alors ainsi :

Étant données deux droites D et D′ se rencontrant en un point S à distance finie, le lieu de la droite Δ d'intersection de deux plans rectangulaires passant respectivement par D et D′ est un cône du second degré qui passe par les droites D et D′ et qui admet deux directions de plans cycliques respectivement perpendiculaires à ces droites.

2° Étant donnés deux cônes du second degré Σ et Σ' de même sommet S, si la droite polaire par rapport à Σ d'un plan sécant commun aux deux cônes est située sur Σ', la droite polaire par rapport à Σ du plan sécant commun qui forme avec le précédent un cône faisant partie du faisceau linéaire ponctuel qui contient Σ et Σ' est aussi située sur Σ'.

Pour établir ce théorème, on coupera la figure par un plan Π ne passant pas par S et on sera ramené à un théorème relatif aux coniques antérieurement démontré (V, § 4).

En particulier, supposons que le cône Σ soit isotrope. On a alors le théorème suivant :

Si un cône du second degré admet une génératrice rectiligne perpendiculaire à une direction de plans cycliques, il admet aussi une génératrice rectiligne perpendiculaire à la direction de plans cycliques associée.

Le cône est dit *cône de Hachette*. Ce qui précède montre que le lieu de la droite d'intersection de deux plans rectangulaires qui passent par deux droites fixes ayant un point commun à distance finie est un cône de Hachette, et que, réciproquement, tout cône de Hachette peut être engendré par la droite d'intersection de deux plans variables rectangulaires passant par les génératrices rectilignes du cône qui sont perpendiculaires à deux directions de plans cycliques associées.

3° *Soient un cône Σ du second degré de sommet S et deux plans P et P' passant par S et ne se rencontrant pas suivant une génératrice rectiligne de Σ. L'enveloppe d'un plan II qui rencontre Σ suivant deux génératrices rectilignes conjuguées harmoniques par rapport aux droites d'intersection des plans P et P' avec ce plan est un cône de la seconde classe qui est tangent aux plans P et P' et aux plans tangents à Σ dont les génératrices de contact sont les droites d'intersection de Σ avec les plans P et P'.*

En effet, la droite d'intersection du plan II avec un plan fixe H qui ne passe pas par S enveloppe la conique harmonique tangentielle relative à la conique d'intersection du cône Σ avec le plan H et au couple des droites d'intersection des plans P et P' avec H.

En particulier, supposons que le cône Σ soit isotrope. On a alors le théorème suivant :

Étant donnés deux plans P et P' passant par un point S à distance finie, l'enveloppe d'un plan II passant par S et rencontrant P et P' suivant deux droites rectangulaires est un cône Σ' de la seconde classe tangent aux plans P et P' et admettant pour droites focales associées les perpendiculaires menées par S aux plans P et P'.

Il est immédiat que le cône supplémentaire de Σ' est un cône de Hachette passant par les perpendiculaires en S aux plans P et P' et admettant les plans P et P' comme plans cycliques associés.

4° *Étant donnés deux cônes de la seconde classe Σ et Σ' de même sommet et les droites D et D' qui forment un cône décomposé appartenant au faisceau linéaire tangentiel qui contient Σ et Σ', si le plan polaire de D par rapport à Σ est tangent à Σ', il en est de même du plan polaire de D' par rapport à Σ.*

Pour établir ce théorème, on coupera les deux cônes et les deux droites par un plan II ne passant pas par S et on sera ramené à un théorème antérieurement établi sur les coniques (V, § 4).

En particulier, supposons que le cône Σ soit isotrope. On a alors le théorème suivant :

Si une droite focale d'un cône du second degré est perpendiculaire à un plan tangent à ce cône, il en est de même de la droite focale qui lui est associée.

Le cône est dans ce cas le cône supplémentaire d'un cône de Hachette.

10. Théorèmes. — 1° *Soient deux cônes du second degré Σ et Σ' de même sommet S. L'enveloppe des plans passant par S qui rencontrent ces deux cônes suivant deux couples de droites harmoniques l'un par rapport à l'autre est un cône de la seconde classe.*

Pour que l'enveloppe se décompose en deux droites, il faut et il suffit que la droite polaire d'un plan sécant commun aux deux cônes Σ et Σ' par rapport à un de ces deux cônes coïncide avec la droite polaire par rapport à l'autre de ces deux cônes du plan sécant commun associé.

Ces théorèmes se ramènent à des théorèmes antérieurement établis sur les coniques (V, § 8) ; il suffit de couper les deux cônes par un plan Π ne passant pas par S.

En particulier, supposons que l'un des cônes soit isotrope. On a alors le théorème suivant :

Soit un cône du second degré Σ. L'enveloppe des plans qui passent par le sommet S de Σ et qui rencontrent Σ suivant deux droites rectangulaires est un cône de la seconde classe. Pour que cette enveloppe se décompose en deux droites, il faut et il suffit que le diamètre conjugué par rapport à Σ d'une de ses directions de plans cycliques soit perpendiculaire à la direction de plans cycliques qui lui est associée.

On a par suite le résultat suivant :

Soient un cône du second degré Σ et ses deux directions P et P' de plans cycliques. Si le diamètre conjugué D de la direction P par rapport à Σ est perpendiculaire à P', réciproquement le diamètre conjugué D' de la direction P' par rapport à Σ est perpendiculaire à P.

Un plan quelconque Π passant par D rencontre Σ suivant deux droites rectangulaires G_1 et G_2 qui sont conjuguées harmoniques par rapport à la droite D et à la droite d'intersection Δ du plan sécant Π et du plan P ; les deux droites G_1 et G_2 sont les bissectrices des angles formés par les droites D et Δ. La droite symétrique de la droite D par rapport à une génératrice rectiligne variable du cône Σ décrit le plan P.

Réciproquement, soient un plan P et une droite D rencontrant P en un point S à distance finie. Montrons que le lieu d'une droite G passant par S *telle que la symétrique de* D *par rapport à* G *soit située dans le plan* P *est un cône du second degré.*

En effet, soient Sx une droite variable dans le plan P et G la

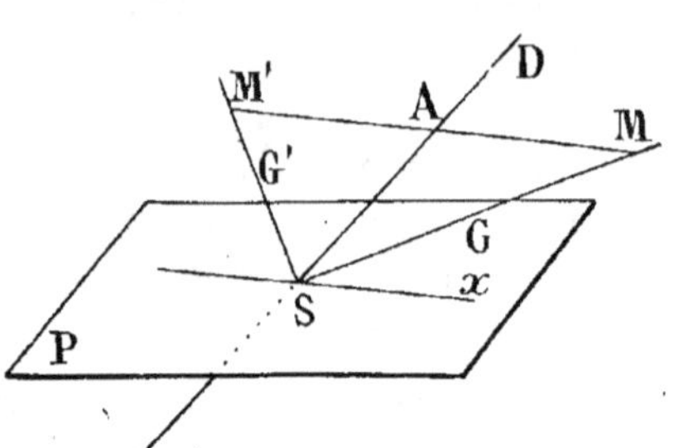

bissectrice d'un angle formé par D et Sx. Par un point fixe A de D menons la parallèle à Sx qui rencontre G en M. Quand Sx varie, on a

$$AM = SA = \text{const.} ;$$

le lieu de M est un cercle Γ situé dans un plan P_1 parallèle au plan P. Le lieu de G est le cône Σ de sommet S qui a pour base le cercle Γ. La direction du plan P est une première direction réelle de plans cycliques du cône Σ.

Le cercle Γ passe par le point M' symétrique de M par rapport à A. La droite G' qui passe par S et M' est une génératrice du cône Σ ; elle est perpendiculaire à G. Un plan quelconque passant par D rencontre le cône Σ suivant deux droites rectangulaires.

Le plan P' tangent en S à la sphère qui passe par le cercle Γ et par le point S est perpendiculaire à D. Il s'ensuit que la seconde direction réelle de plans cycliques du cône Σ est la direction des plans perpendiculaires à D. Le diamètre conjugué de cette direction par rapport à Σ est la droite D' perpendiculaire en S au plan P. Un plan quelconque passant par D' rencontre Σ suivant deux génératrices rectangulaires.

Voici une application du théorème précédent :

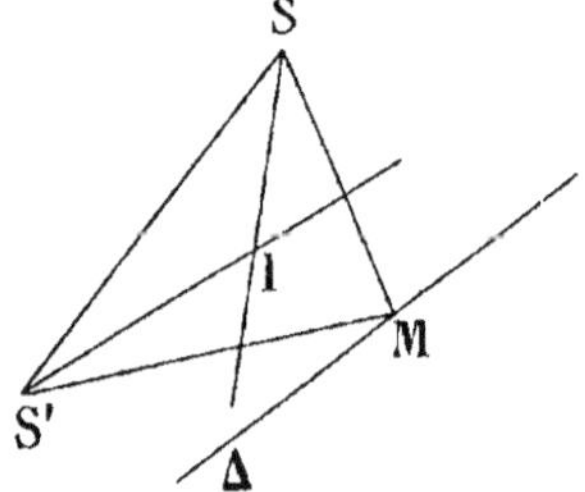

Soient deux points fixes S *et* S' *et une droite* Δ *non situés dans un même plan.* M *étant un point variable de* Δ, *le lieu des centres des cercles inscrit et exinscrits au triangle* MSS' *est une biquadratique.*

En effet, soit I le centre d'un de ces cercles. Comme SS' est une droite fixe et comme SM décrit le plan qui passe par S et Δ, la droite SI bissectrice de l'angle S'SM décrit un cône du second degré à base circulaire dans un plan perpendiculaire à SS'. De même, la droite S'I décrit un cône du second degré à base circulaire dans un plan perpendiculaire à SS'. Le lieu du point I est la biquadratique d'intersection de ces deux cônes du second degré. Cette courbe passe par les points cycliques des plans perpendiculaires à SS'. Un plan quelconque passant par SS' la rencontre en quatre points qui sont les sommets d'un quadrangle orthocentrique.

$2°$ *Soient deux cônes de la seconde classe Σ et Σ' de même sommet S. Le lieu d'une droite Δ passant par S et telle que les deux couples de plans tangents menés par Δ aux deux cônes soient harmoniques l'un par rapport à l'autre est un cône du second degré.*

Pour que ce cône se décompose en deux plans, il faut et il suffit que parmi les cônes décomposés du faisceau linéaire tangentiel qui contient Σ et Σ' il s'en trouve un formé de deux droites D_1 et D_2 telles que le plan polaire de D_1 par rapport à Σ coïncide avec le plan polaire de D_2 par rapport à Σ'.

Ces théorèmes se ramènent à des théorèmes antérieurement établis sur les coniques (V, § 8); il suffit de couper les deux cônes donnés par un plan Π ne passant pas par S.

En particulier, supposons que l'un des cônes Σ et Σ' soit isotrope. On a alors le théorème suivant :

Étant donné un cône de la seconde classe Σ de sommet S, le lieu d'une droite Δ passant par S telle que les deux plans tangents menés au cône par Δ soient rectangulaires est un cône du second degré de sommet S.

Pour que ce lieu se décompose en deux plans, il faut et il suffit qu'il existe une droite focale du cône Σ telle que son plan polaire par rapport à Σ soit perpendiculaire à la droite focale associée.

On a par suite le résultat suivant :

Étant donnés un cône de la seconde classe Σ et ses deux droites focales réelles D et D', si le plan polaire P de D par rapport à Σ est perpendiculaire à D', réciproquement, le plan polaire P' de D' par rapport à Σ est perpendiculaire à D.

Soit un plan Π passant par D. Par la droite d'intersection des deux plans P et Π on peut mener à Σ deux plans tangents rectangulaires, qui sont conjugués harmoniques par rapport aux plans P et Π et qui sont ainsi les plans bissecteurs des dièdres formés par les plans P et Π. Le plan symétrique de P par rapport à un plan tangent variable à Σ passe constamment par la droite D.

Réciproquement, soient un plan P et une droite D rencontrant P en un point S à distance finie. L'enveloppe d'un plan passant par S et tel que le symétrique de P par rapport à ce plan passe constamment par D est un cône de la seconde classe.

Pour démontrer ce résultat, il suffit de constater que le cône supplémentaire de l'enveloppe cherchée est le lieu d'une droite G telle que la symétrique de la perpendiculaire en S au plan P par rapport à G soit située constamment dans le plan perpendiculaire en S à la droite D ; or, ce lieu est un cône du second degré.

CHAPITRE X

INVOLUTIONS BINAIRE, TERNAIRE ET QUATERNAIRE

1. Par définition, nous dirons que les couples de points, de droites ou de plans qui forment chacun avec un couple de points, de droites ou de plans, que nous appellerons *couple de base*, une division ou un faisceau harmonique sont en *involution binaire*. Nous dirons que les groupes de trois points, de trois droites ou de trois plans qui sont les sommets, les côtés des triangles conjugués par rapport à une conique, que nous appellerons *conique de base*, les arêtes ou les faces des trièdres conjugués par rapport à un cône du second degré, que nous appellerons *cône de base*, sont en *involution ternaire*. Enfin, nous dirons que les groupes de quatre points ou de quatre plans qui sont les sommets ou les faces des tétraèdres conjugués par rapport à une quadrique, que nous appellerons *quadrique de base*, sont en *involution quaternaire*.

Si l'on considère les tétraèdres conjugués par rapport à une quadrique de base qui ont en commun un sommet et la face opposée, les groupes d'arêtes ou de faces qui passent par le sommet commun sont en involution ternaire, le cône de base étant le cône circonscrit à la quadrique de base qui a pour sommet ce sommet commun; les groupes de sommets ou d'arêtes qui sont dans la face commune sont en involution ternaire, la conique de base étant la conique d'intersection de la quadrique de base avec cette face commune. De même, si l'on considère les groupes d'éléments en involution ternaire qui ont un élément commun, les couples d'éléments non communs sont en involution binaire. Par suite, d'une propriété quelconque commune aux groupes d'éléments en involution quaternaire résulte une propriété de groupes d'éléments en involution ternaire, et de celle-ci résulte aussi une propriété de l'involution binaire; on a ainsi trois propriétés correspondantes des involutions binaire, ternaire et quaternaire. Inversement, il est possible, en partant d'une propriété de l'involution binaire, d'établir la propriété correspondante de l'involution ternaire, et de passer de celle-ci à la propriété correspondante de l'involution quaternaire.

2. Passage de l'involution binaire à l'involution ternaire. Théorème fondamental. — *Étant donnés deux groupes d'éléments d'une involution ternaire, il est possible de déterminer deux autres groupes d'éléments de cette involution, formant avec les deux groupes donnés une suite de quatre groupes telle que deux groupes consécutifs de cette suite aient un élément commun.*

Soient, par exemple, deux triangles ABC et A'B'C' conjugués par rapport à une conique de base Γ. Le point d'intersection I des droites BC et B'C' étant le pôle par rapport à Γ de la droite AA', il existe deux triangles conjugués par rapport à Γ ayant pour sommets l'un I et A, l'autre I et A', leurs troisièmes sommets étant deux points J et J' situés sur la droite AA'. Nous pouvons ainsi former la suite des quatre triangles conjugués ABC, AIJ, A'IJ', A'B'C', dans laquelle deux triangles conjugués consécutifs ont un sommet commun.

La même démonstration s'applique à toute involution ternaire.

D'après cela, faisons correspondre un élément d'une nature quelconque à tout groupe d'éléments d'une involution ternaire, de façon que dans cette correspondance il ne soit fait aucune distinction entre les trois éléments d'un groupe ; si cet élément reste invariable quand le groupe correspondant de l'involution varie en conservant un élément fixe, le même élément reste invariable quand le groupe correspondant de l'involution varie d'une façon quelconque.

Voici des applications.

1° **Théorèmes d'Apollonius relatifs aux quadriques.** — Soit une quadrique à centre unique O. Les trièdres qui ont pour arêtes trois diamètres conjugués de la quadrique forment une involution ternaire dont le cône de base est le cône asymptote de la quadrique. Quand un tel trièdre varie en conservant une même arête OA et la même face opposée, les deux arêtes variables OB et OC restent diamètres conjugués par rapport à la conique d'intersection de la quadrique avec le plan de la face fixe.

Supposons que A, B, C désignent des points de rencontre de la quadrique respectivement avec les arêtes d'un tel trièdre.

α. La somme des carrés des longueurs des diamètres variables OB et OC étant, d'après le premier théorème d'Apollonius relatif aux coniques, constante, la somme des carrés des longueurs des diamètres conjugués OA, OB, OC de la quadrique est la même pour toutes les positions du trièdre (OA, OB, OC) qui ont une arête commune OA ; il s'ensuit que cette somme est la même pour toutes les positions de ce trièdre. Ainsi,

La somme des carrés des longueurs de trois diamètres conjugués quelconques d'une quadrique à centre est constante.

β. D'après le second théorème d'Apollonius relatif aux coniques, l'aire du parallélogramme qui a pour côtés les deux diamètres conjugués variables OB et OC est constante. Le volume du parallélépipède qui a pour arêtes OA, OB, OC étant égal au produit de l'aire de ce parallélogramme par la distance de A au plan BOC est donc constant pour toutes les positions du trièdre (OA, OB, OC) qui ont une arête commune OA ; ce volume est donc constant pour toutes les positions du trièdre. Ainsi,

Le volume du parallélépipède qui a pour arêtes trois demi-diamètres conjugués quelconques d'une quadrique à centre est constant.

γ. Quand, OA restant fixe, OB et OC varient dans le plan diamétral conjugué de la direction de OA, la somme des carrés des aires des parallélogrammes qui ont pour côtés l'un OA et OB, l'autre OA et OC est constante. En effet, cette somme est égale au produit par $\overline{OA}^2$ de la somme des carrés des distances des points B et C à OA, c'est-à-dire au produit par $\overline{OA}^2$ de la somme des carrés des projections orthogonales de OB et de OC sur un plan P perpendiculaire à OA. Or, cette somme est constante, car les projections des droites OB et OC sur le plan P sont deux diamètres conjugués de la projection sur le plan P de la conique d'intersection de la quadrique avec le plan fixe BOC. Par application du théorème fondamental, on voit que

La somme des carrés des aires des faces du parallélépipède qui a pour arêtes trois demi-diamètres conjugués quelconques d'une quadrique à centre est constante.

2° Soit une quadrique à centre unique O. Considérons un trièdre trirectangle variable de sommet O dont les arêtes rencontrent la quadrique respectivement aux points A, B, C. Si le trièdre varie de façon que OA reste fixe, OB et OC sont deux diamètres rectangulaires de la conique d'intersection de la quadrique avec le plan fixe BOC, et, comme nous l'avons établi, $\dfrac{1}{\overline{OB}^2} + \dfrac{1}{\overline{OC}^2}$ est constant

(VI, § 2); il s'ensuit que si le trièdre rectangle (OA, OB, OC) varie d'une façon quelconque, la somme

$$\frac{1}{\overline{OA}^2} + \frac{1}{\overline{OB}^2} + \frac{1}{\overline{OC}^2}$$

est constante. Or, comme l'on sait, cette somme est égale à $\dfrac{1}{\overline{OH}^2}$, H étant le pied de la perpendiculaire menée de O sur le plan ABC. Il s'ensuit que le plan ABC enveloppe une sphère de centre O. Le cône qui a pour sommet O et pour base la conique d'intersection de la quadrique avec le plan ABC est équilatère. Ainsi,

L'enveloppe d'un plan P tel que le cône ayant pour sommet le centre O de la quadrique et pour base la section de la quadrique par le plan P soit équilatère est une sphère de centre O.

3° **Théorème de Frégier.** — Soit un trièdre ayant pour sommet un point O d'une quadrique Q et variant en involution ternaire. Montrons que le plan qui passe par les points d'intersection variables A, B, C des arêtes de ce trièdre avec la quadrique Q passe par un point fixe.

En effet, quand le trièdre varie en conservant une même arête OA, le couple des arêtes OB et OC varie en involution binaire dans le plan conjugué de OA, les points B et C étant constamment situés sur la conique Γ d'intersection de la quadrique Q avec ce plan. En vertu du théorème de Frégier relatif aux coniques, la droite BC passe par un point fixe, et par suite le plan ABC passe par une droite fixe Δ. Mais, quand OB coïncide avec la tangente OT en O à la conique Γ, le plan ABC coïncide avec le plan conjugué de OT ; le plan conjugué de OT passe donc par Δ. Comme OT est située dans le plan tangent en O à la quadrique, le plan conjugué de OT passe par la droite L, conjuguée du plan tangent en O à la quadrique. Ainsi, Δ rencontre L ; autrement dit, le plan ABC rencontre L en un point 1 qui reste fixe quand le trièdre (OA, OB, OC) varie en conservant une même arête OA. En vertu du théorème fondamental, le point 1 reste le même pour toutes les positions de ce trièdre.

Le cône qui a pour sommet le point O et pour base la conique d'intersection de Q avec le plan ABC est harmoniquement circonscrit au cône de base de l'involution ternaire. Ainsi,

Tous les plans qui sont tels que les cônes ayant pour sommet un point O d'une quadrique Q et pour bases les sections de la quadrique par ces plans soient harmoniquement circonscrits à un cône Σ donné du

second degré de sommet O, passent par un même point, situé sur la droite polaire par rapport à Σ du plan tangent en O à la quadrique Q.

Si l'on suppose que le cône Σ soit isotrope, on a l'énoncé suivant :

Les plans tels que les cônes ayant pour sommet un point O de la quadrique Q et pour bases les sections de Q par ces plans soient équilatères passent par un même point, situé sur la normale en O à la quadrique Q.

Voici une application du théorème de Frégier relatif aux quadriques.

Soient une quadrique Q et un point fixe O situé sur la quadrique, et proposons-nous de déterminer le lieu d'un point M de la quadrique tel que les deux plans qui passent par O et les deux droites de Q qui passent par M soient conjugués par rapport à un cône Σ donné du second degré de sommet O.

Le cône qui a pour sommet O et pour base la section de Q par le plan tangent en M est formé des deux plans qui passent par O et les deux droites de la quadrique qui passent par M. Dire que M est un point du lieu, c'est dire que ce cône est harmoniquement circonscrit au cône Σ. Donc le plan tangent en M passe par un point fixe I situé sur la droite polaire par rapport à Σ du plan tangent en O à la quadrique Q. Il s'ensuit que *le lieu du point M est la conique de section de Q par le plan polaire de I.*

En particulier, si le cône Σ est isotrope, les deux plans qui passent par O et les droites de Q qui passent par M sont rectangulaires.

Par application du principe de dualité, du théorème de Frégier relatif aux quadriques on déduit le théorème corrélatif suivant :

Soient une quadrique Q et une conique Γ située dans un plan Π tangent à la quadrique. Le lieu d'un point M tel que le cône de sommet M circonscrit à la quadrique soit harmoniquement inscrit au cône de sommet M qui a pour base la conique Γ est un plan qui passe par la polaire par rapport à Γ du point de contact du plan Π avec la quadrique Q.

En particulier, supposons que la conique Γ soit le cercle à l'infini ; la quadrique Q est alors un paraboloïde, et l'on a le théorème suivant :

Le lieu des sommets des cônes circonscrits à un paraboloïde qui sont capables d'une infinité de trièdres trirectangles circonscrits est un plan, dit plan orthoptique du paraboloïde, qui est perpendiculaire à l'axe du paraboloïde.

4° Théorème de Faure relatif aux coniques. — A la démonstration précédente du théorème de Frégier relatif aux quadriques, il correspond une démonstration du théorème de Faure relatif aux triangles conjugués par rapport à une conique, lorsque cette conique est à centre unique.

Soit un triangle ABC variant en restant conjugué par rapport à une conique Γ à centre unique O à distance finie. Lorsque ce triangle varie en conservant un sommet fixe A, le couple des autres sommets B et C varie en involution binaire sur la polaire de A par rapport à Γ ; si ω est le point d'intersection de cette polaire avec la droite OA, on a

$$\overline{\omega B} \cdot \overline{\omega C} = \text{const.}$$

Les points A et ω et par suite les points de la droite Aω ont chacun une puissance constante par rapport au cercle circonscrit au triangle ABC. La puissance du point O par rapport au cercle circonscrit au triangle ABC reste donc la même quand le triangle ABC varie en conservant un sommet fixe ; en vertu du théorème fondamental, cette puissance est la même pour tous les triangles conjugués par rapport à Γ ; c'est le théorème de Faure.

5° Autre théorème relatif aux coniques. — *La puissance du centre O d'une conique Γ par rapport au cercle qui passe par les pieds α, β, γ des perpendiculaires abaissées de O sur les côtés d'un triangle quelconque ABC conjugué par rapport à Γ est constante.*

Il suffit de démontrer ce théorème en supposant que le triangle

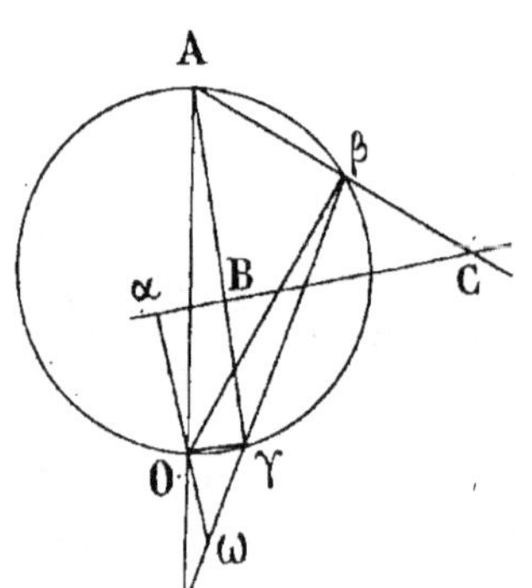

ABC varie en conservant un sommet fixe A. Les points β et γ décrivent alors le cercle de diamètre OA ; d'autre part, le couple des droites AB et AC variant en involution, d'après le théorème de Frégier, la droite $\beta\gamma$ passe par un point fixe ω. Quand, le triangle ABC variant, la droite AC devient parallèle à la polaire de A par rapport à Γ, la droite AB coïncide avec la droite AO ; le point γ vient alors en O, tandis que le point β vient sur la droite Ox ; la droite $\beta\gamma$ coïncide alors avec la droite Oα, et ainsi le point ω est situé sur la droite Ox. Or, la puissance du point ω par rapport au cercle variable $\alpha\beta\gamma$, qui est égale à la puissance de ω par rapport au cercle de diamètre AO, est constante. Les points α et ω ayant chacun même puissance par rapport aux divers cercles $\alpha\beta\gamma$, il en est de même de tout point de la droite $\alpha\omega$ et, en particulier, du point O, ce qui démontre le théorème.

Rappelons que dans le cas particulier où la conique Γ est une hyperbole équilatère, le cercle circonscrit au triangle conjugué ABC passe par O ; par suite, les points α, β, γ sont dans ce cas en ligne droite.

6° **Sphère de Monge ou orthoptique.** — Les trièdres trirectangles qui ont un sommet donné S sont en involution ternaire, le cône de base étant le cône isotrope de sommet S. D'après cela, étant donnés deux trièdres trirectangles de sommet S, il est possible de déterminer deux autres trièdres trirectangles de sommet S formant avec les deux premiers une suite dans laquelle deux trièdres trirectangles consécutifs ont une arête commune et par suite la face opposée commune. Amenons par translation chacun de ces trièdres à être circonscrit à une quadrique Q. On voit ainsi qu'étant donnés deux trièdres trirectangles circonscrits à Q, il est possible de déterminer deux autres trièdres trirectangles circonscrits à Q formant avec les deux premiers une suite dans laquelle deux trièdres consécutifs ont une face commune.

Cela posé, soit un trièdre trirectangle variable circonscrit à une quadrique Q ayant pour centre O. Quand ce trièdre varie en conservant une même face P, les deux autres faces, restant parallèles à la direction des droites perpendiculaires à P, sont tangentes au cylindre circonscrit à la quadrique dont les génératrices sont parallèles à cette direction. Les traces des faces variables du trièdre sur le plan P sont tangentes à la section du cylindre par le plan P ; elles sont de plus rectangulaires ; le sommet du trièdre reste donc à une distance constante d'un point quelconque de l'axe du cylindre et, en particulier, du centre O de la quadrique Q. On voit ainsi que la distance du sommet du trièdre au centre de Q est la même pour toutes les positions de ce trièdre qui ont une face commune ; donc, elle est la même pour toutes les positions du trièdre. Autrement dit,

Le lieu des sommets des cônes circonscrits à Q qui sont capables de trièdres trirectangles circonscrits est une sphère, dite sphère *de Monge ou* sphère *orthoptique, concentrique à la quadrique.*

3. **Passage de l'involution ternaire à l'involution quaternaire. — Théorème fondamental.** — *Étant donnés deux tétraèdres conjugués par rapport à une quadrique, il est possible d'en*

déterminer deux autres formant avec les deux premiers une suite dans laquelle deux tétraèdres consécutifs ont un sommet commun et par suite le plan de la face opposée commun.

Soient en effet deux tétraèdres ABCD et A'B'C'D' conjugués par rapport à une quadrique de base Q. Si ω est un point de la droite d'intersection des plans BCD et B'C'D', considérons deux triangles $\omega\alpha\beta$ et $\omega\alpha'\beta'$ respectivement situés dans les plans BCD et B'C'D' et respectivement conjugués par rapport aux coniques d'intersection de la quadrique de base avec ces plans. Nous avons ainsi quatre tétraèdres conjugués par rapport à la quadrique de base : ABCD, A$\alpha\beta\omega$, A'$\alpha'\beta'\omega$, A'B'C'D', qui se suivent de façon que deux tétraèdres consécutifs aient en commun un sommet et le plan de la face opposée.

D'après cela, faisons correspondre à tout tétraèdre conjugué par rapport à la quadrique Q un élément d'une nature quelconque de façon que dans cette correspondance il ne soit fait aucune distinction entre les sommets ou entre les faces du tétraèdre ; si cet élément reste invariable quand le tétraèdre correspondant varie en conservant un sommet fixe, le même élément reste invariable quand le tétraèdre correspondant varie d'une façon quelconque.

Voici des applications.

1° **Théorème de Faure relatif aux quadriques.** — Le tétraèdre ABCD conjugué par rapport à une quadrique Q de centre unique O variant en conservant le sommet A fixe, le triangle BCD varie dans le plan polaire de A en restant conjugué par rapport à la conique Γ d'intersection de la quadrique de base et de ce plan. D'après le théorème de Faure relatif aux coniques, la puissance du centre ω de cette conique Γ par rapport au cercle variable circonscrit au triangle BCD, qui est aussi la puissance de ω par rapport à la sphère circonscrite au tétraèdre ABCD, est constante. Il s'ensuit que la puissance de tout point de la droite Aω et, en particulier, du point O par rapport à cette sphère est elle-même constante. Par application du théorème fondamental, la puissance de O par rapport à la sphère circonscrite au tétraèdre ABCD est la même pour toutes les positions du tétraèdre ABCD.

Montrons que cette puissance constante est égale au carré du rayon de la sphère de Monge de la quadrique Q. Pour cela, supposons que le sommet A du tétraèdre ABCD soit situé sur la sphère de Monge. Il existe alors une infinité de trièdres trirectangles circonscrits au cône circonscrit à Q qui a pour sommet le point A. Un tel trièdre est coupé par le plan polaire de A suivant un triangle PQR circonscrit à Γ, dont l'orthocentre est le pied H de la perpendiculaire abaissée de A sur le plan polaire de A. Considérons le cercle qui admet le triangle PQR comme triangle conjugué ; il a pour centre le point H et le carré de son rayon est égal à $-\overline{HA}^2$. La conique Γ est harmoniquement inscrite à ce cercle, qui est donc harmoniquement circonscrit à Γ et par suite orthogonal au cercle orthoptique de Γ. Si ρ est le rayon du cercle orthoptique de Γ, on a

$$\overline{\omega H}^2 = \rho^2 - \overline{HA}^2,$$

d'où
$$\rho^2 = \overline{\omega H}^2 + \overline{HA}^2 = \overline{\omega A}^2.$$

Il s'ensuit que la droite ωA est tangente en A à la sphère circonscrite au tétraèdre ABCD et qu'ainsi la puissance de O par rapport à cette sphère est égale à $\overline{OA}^2$. Finalement, on a le théorème suivant :

La sphère circonscrite à un tétraèdre conjugué par rapport à une quadrique à centre est orthogonale à la sphère orthoptique de cette quadrique.

2° **Théorème.** — *La puissance du centre O d'une quadrique Q à centre par rapport à la sphère qui passe par les pieds α, β, γ, δ des perpendiculaires abaissées de O sur les plans des faces d'un tétraèdre conjugué variable ABCD par rapport à la quadrique est constante.*

Il suffit de montrer que cette puissance est constante quand le tétraèdre ABCD varie en conservant un sommet A fixe. Le groupe des droites $O\beta$, $O\gamma$, $O\delta$ varie alors en involution, le cône de base de l'involution étant le cône de sommet O qui se déduit par translation du cône supplémentaire du cône circonscrit à la quadrique de sommet A. Comme les points β, γ, δ varient sur la sphère de diamètre OA, le plan $\beta\gamma\delta$ passe par un point fixe ω. La puissance de ω par rapport à la sphère qui passe par les points α, β, γ, δ est constante ; par suite, la puissance de tout point de la droite $\alpha\omega$ par rapport à cette sphère est également constante. Le théorème sera établi s'il est démontré que la droite $\alpha\omega$ passe par O. Or, parmi les tétraèdres conjugués par rapport à Q qui ont pour sommet le point A, il en existe une infinité dont la face ACD est parallèle au plan polaire de A par rapport à Q, dont par suite le sommet B est situé sur la droite AO. Pour chacun de ces tétraèdres, les points γ et δ coïncident avec O, tandis que β est situé sur la droite $O\alpha$; le plan $\beta\gamma\delta$ passe alors par la droite $O\alpha$; le point ω, étant commun à une infinité de tels plans, est donc situé sur la droite $O\alpha$.

4. Indices. — Soit une quadrique Q à centre unique O. Menons par un point M une droite variable rencontrant la quadrique Q aux deux points A et A′ et par le point O la parallèle à cette droite, rencontrant la quadrique en deux points dont l'un est α. En appliquant un théorème établi antérieurement sur les coniques (VI, § 1) à une section de Q par un plan quelconque passant par M, on voit facilement que le rapport $\dfrac{\overline{MA} \cdot \overline{MA'}}{\overline{Ox}^2}$ est indépendant de la droite menée par M. Ce nombre sera dit, d'après Faure, l'*indice du point* M *par rapport à* Q ; nous le désignerons, d'une manière générale, par μ.

Comme pour les coniques, la somme des inverses des indices de deux points conjugués M_1 et M_2 par rapport à Q variables sur une droite fixe est constante, le produit des indices de ces deux points conjugués M_1 et M_2 est dans un rapport constant avec le carré de leur distance M_1M_2. Nous désignerons ce rapport sous le nom d'*indice de la droite* M_1M_2, et nous le représenterons, d'une manière générale, par la notation μ_{12}.

Par application du premier théorème fondamental, on voit que

La somme des inverses des indices des sommets d'un triangle $M_1M_2M_3$ *conjugué variable par rapport à une conique fixe de la quadrique* Q *est constante.*

On a aussi le théorème suivant :

Le produit des indices des sommets du triangle $M_1M_2M_3$ *est dans un rapport constant avec le carré de l'aire du triangle.*

En effet, l'aire du triangle $M_1M_2M_3$ est égale à la moitié du produit de la distance des points M_1 et M_2 par la distance du point M_3 à la droite M_1M_2. Il s'ensuit que le rapport $\dfrac{\mu_1 \cdot \mu_2 \cdot \mu_3}{(\text{aire } M_1M_2M_3)^2}$ a une valeur qui reste constante quand le triangle $M_1M_2M_3$ varie en conservant un sommet fixe M_3 ; par application du premier théorème fondamental, ce rapport reste constant quand le triangle $M_1M_2M_3$ varie d'une façon quelconque.

Nous désignerons ce rapport sous le nom d'*indice du plan* $M_1M_2M_3$, et nous le représenterons par la notation μ_{123}.

Par application du second théorème fondamental, nous obtenons les théorèmes suivants :

1° *La somme des inverses des indices des sommets d'un tétraèdre conjugué variable par rapport à* Q *est constante.*

2° *Le produit des indices des sommets d'un tétraèdre conjugué quelconque est dans un rapport constant avec le carré du volume de ce tétraèdre.*

Pour établir ce second théorème, il suffit de considérer le volume du tétraèdre $M_1M_2M_3M_4$ comme étant égal au tiers du produit de l'aire du triangle $M_1M_2M_3$ par la distance du point M_4 au plan $M_1M_2M_3$.

Comme pour les coniques, la somme des inverses des indices de deux droites conjuguées par rapport à une section plane fixe de Q qui varient en passant par un point fixe du plan de cette conique est constante, et le produit des indices de ces deux droites est dans un rapport constant avec le carré du sinus de leur angle.

Par application du premier théorème fondamental, on en déduit que

1° *La somme des inverses des indices des côtés d'un triangle conjugué variable par rapport à une conique fixe de Q est constante,*
et que

2° *La somme des inverses des indices des arêtes d'un trièdre conjugué variable par rapport à un cône fixe circonscrit à la quadrique Q est constante.*

De ces deux théorèmes, il résulte, par application du second théorème fondamental, que

La somme des inverses des indices des arêtes d'un tétraèdre conjugué variable par rapport à la quadrique Q est constante.

Considérons les trois arêtes M_4M_1, M_4M_2, M_4M_3 du tétraèdre conjugué $M_1M_2M_3M_4$, variant en passant par le point fixe M_1. On a

$$\mu_{41} = \frac{\mu_4 \cdot \mu_1}{\overline{M_4M_1}^2}, \qquad \mu_{42} = \frac{\mu_4 \cdot \mu_2}{\overline{M_4M_2}^2}, \qquad \mu_{43} = \frac{\mu_4 \cdot \mu_3}{\overline{M_4M_3}^2},$$

d'où

$$\mu_{41} \cdot \mu_{42} \cdot \mu_{43} = \mu_4^2 \cdot \frac{\mu_1 \cdot \mu_2 \cdot \mu_3 \cdot \mu_4}{\overline{M_4M_1}^2 \cdot \overline{M_4M_2}^2 \cdot \overline{M_4M_3}^2}.$$

Mais le volume V du tétraèdre $M_1M_2M_3M_4$ est égal à

$$\frac{1}{6} M_4M_1 \cdot M_4M_2 \cdot M_4M_3 \sin (\text{trièdre } M_4);$$

donc,

$$\frac{\mu_{41} \cdot \mu_{42} \cdot \mu_{43}}{\sin^2 (\text{trièdre } M_4)} = \frac{\mu_4^2}{36} \cdot \frac{\mu_1 \cdot \mu_2 \cdot \mu_3 \cdot \mu_4}{V^2} = \text{const.}$$

Ainsi,

Le produit des indices des arêtes d'un trièdre conjugué variable par

*rapport à un cône circonscrit fixe à la quadrique Q est dans un rap-
port constant avec le carré du sinus du trièdre.*

Considérons les deux plans $M_3M_4M_1$ et $M_3M_4M_2$ variant en passant
par la droite fixe M_3M_4. On a

$$\mu_{134} = \frac{\mu_1 \cdot \mu_3 \cdot \mu_4}{(\text{aire } M_1M_3M_4)^2}, \qquad \mu_{234} = \frac{\mu_2 \cdot \mu_3 \cdot \mu_4}{(\text{aire } M_2M_3M_4)^2},$$

d'où

$$\mu_{134} \cdot \mu_{234} = \mu_3 \cdot \mu_4 \cdot \frac{\mu_1 \cdot \mu_2 \cdot \mu_3 \cdot \mu_4}{(\text{aire } M_1M_3M_4)^2 \cdot (\text{aire } M_2M_3M_4)^2}.$$

Mais le volume V du tétraèdre $M_1M_2M_3M_4$ est égal à

$$\frac{2}{3} \frac{(\text{aire } M_1M_3M_4) \cdot (\text{aire } M_2M_3M_4) \cdot \sin (M_1M_3M_4, M_2M_3M_4)}{M_3M_4};$$

donc,

$$\frac{\mu_{134} \cdot \mu_{234}}{\sin^2 (M_1M_3M_4, M_2M_3M_4)} = \frac{4}{9} \frac{\mu_3 \cdot \mu_4}{M_3M_4^2} \cdot \frac{\mu_1 \cdot \mu_2 \cdot \mu_3 \cdot \mu_4}{V^2} = \text{const.}$$

Par conséquent,

*Le produit des indices de deux plans conjugués variables par rap-
port à Q passant par une même droite fixe est dans un rapport constant avec le carré du sinus de leur angle.*

On a

$$\frac{1}{\mu_{134}} + \frac{1}{\mu_{234}} = \frac{1}{\mu_3 \cdot \mu_4}\left[\frac{(\text{aire } M_1M_3M_4)^2}{\mu_1} + \frac{(\text{aire } M_2M_3M_4)^2}{\mu_2}\right]$$

$$= \frac{d^2}{\mu_3 \cdot \mu_4}\left[\frac{(\text{aire } M_1M_3M_4)^2}{M_1M_2 \cdot M_1\omega} + \frac{(\text{aire } M_2M_3M_4)^2}{M_2M_1 \cdot M_2\omega}\right],$$

ω étant le milieu de la corde de Q située sur la droite M_1M_2, d étant
la demi-longueur du diamètre de Q parallèle à la droite M_1M_2.
D'après le théorème de Stewart généralisé, la parenthèse est égale à

$$\frac{M_3M_4^2}{4} \sin^2 (M_1M_2, M_3M_4) - \frac{(\text{aire } \omega M_3M_4)^2}{\omega M_1 \cdot \omega M_2},$$

et, comme le produit $\omega M_1 \cdot \omega M_2$ est constant, on voit que l'on a

$$\frac{1}{\mu_{134}} + \frac{1}{\mu_{234}} = \text{const.}$$

Donc,

La somme des inverses des indices de deux plans conjugués par rapport à Q variant en passant par une même droite fixe est constante.

Le premier théorème fondamental permet d'en déduire que

La somme des inverses des indices des faces d'un trièdre conjugué variable par rapport à un cône fixe circonscrit à Q est constante.

De ce théorème, on déduit, par application du second théorème fondamental, que

La somme des inverses des indices des faces d'un tétraèdre conjugué quelconque par rapport à la quadrique est constante (¹).

(¹) J. NEUBERG, *Nouvelles Annales de Mathématiques*, 1870.

CHAPITRE XI

**THÉORÈMES RELATIFS AUX FAISCEAUX LINÉAIRES PONCTUELS
ET TANGENTIELS DE QUADRIQUES**

1. Théorème. — *Les quadriques d'un faisceau linéaire ponctuel
sont rencontrées par un plan suivant les coniques d'un faisceau linéaire
ponctuel.*

En effet, soient Σ_1, Σ_2, Σ_3 trois de ces quadriques et Γ_1, Γ_2, Γ_3 les
coniques d'intersection de ces quadriques avec un plan Π. L'une
quelconque des coniques Γ_1, Γ_2, Γ_3 passe par les points communs
aux deux autres ; il s'ensuit que chacune de ces coniques appartient
au faisceau linéaire qui contient les deux autres. En définitive, les
coniques d'intersection du plan Π avec les quadriques considérées
forment un faisceau linéaire ponctuel.

Théorème corrélatif. — Par application du principe de
dualité au théorème précédent, on obtient le théorème suivant :

*Les cônes qui ont pour sommet un point donné et qui sont circonscrits
aux quadriques d'un faisceau linéaire tangentiel forment un faisceau
linéaire tangentiel de cônes de la seconde classe.*

2. Applications. — 1° En général, un plan Π rencontre la
biquadratique L commune aux quadriques Σ d'un faisceau linéaire
ponctuel en quatre points distincts A, B, C, D. Les coniques Γ d'intersection des quadriques Σ avec le plan Π passent par ces quatre
points. Parmi ces coniques, il en existe trois qui sont décomposées
en deux droites ; une telle conique est la section par Π d'une quadrique Σ qui est en général tangente au plan Π. On a ainsi le
théorème suivant :

*Parmi les quadriques d'un faisceau linéaire ponctuel, il en existe en
général trois qui sont tangentes à un plan.*

Les points de contact sont les sommets du triangle conjugué commun aux coniques Γ.

En particulier, supposons que le plan Π soit le plan à l'infini. Une quadrique tangente au plan à l'infini étant un paraboloïde ou un cylindre, on voit que

Parmi les quadriques d'un faisceau linéaire ponctuel, il existe en général trois paraboloïdes ou cylindres.

2° Pour que les coniques Γ d'un faisceau linéaire ponctuel soient bitangentes entre elles en deux points A et B, il faut et il suffit que parmi ces coniques il en existe une décomposée en deux droites confondues avec la droite AB. D'autre part, pour que la section d'une quadrique Σ par un plan Π soit une conique décomposée en deux droites confondues, il faut et il suffit que la quadrique Σ soit un cône tangent au plan Π. On voit ainsi que l'on a le théorème suivant :

L'enveloppe des plans qui rencontrent deux quadriques données Σ_1 et Σ_2 suivant deux coniques bitangentes est formée par les cônes du second degré qui appartiennent au faisceau linéaire ponctuel contenant les quadriques Σ_1 et Σ_2.

Ces cônes sont, en général, en nombre égal à quatre.

Le théorème précédent peut s'énoncer ainsi :

Le lieu des cordes d'une biquadratique qui sont telles que les tangentes aux extrémités soient situées dans un même plan se compose des cônes du second degré qui passent par cette biquadratique.

3° Par application du principe de dualité aux résultats précédents, on obtient les résultats suivants :

Parmi les quadriques d'un faisceau linéaire tangentiel, il en existe en général trois qui passent par un point donné.

Les plans tangents en ce point aux trois quadriques sont les plans des faces du trièdre conjugué commun aux cônes circonscrits aux quadriques du faisceau donné qui ont pour sommet le point donné.

Le lieu des points tels que les cônes circonscrits à deux quadriques Σ_1 et Σ_2 qui ont pour sommet l'un quelconque d'entre eux soient tangents l'un à l'autre le long de deux droites communes est formé des coniques qui appartiennent, comme quadriques dégénérées, au faisceau linéaire tangentiel contenant les quadriques Σ_1 et Σ_2.

3. Théorème. — *Les quadriques d'un faisceau linéaire ponctuel sont rencontrées par une droite en les couples de points d'une involution.*

En effet, coupons les quadriques par un plan Π passant par la droite donnée Δ. Les coniques d'intersection forment un faisceau linéaire ponctuel ; d'après le théorème de Desargues, elles sont rencontrées par la droite Δ en les couples de points d'une involution ; or, ces couples de points sont aussi les couples de points d'intersection des quadriques avec la droite Δ.

Comme conséquence de ce théorème, on a le résultat suivant :

Parmi les quadriques d'un faisceau linéaire ponctuel, il en existe en général deux qui sont tangentes à une droite donnée.

Les points de contact sont les points doubles de l'involution précédente.

Théorème corrélatif. — Par application du principe de dualité, on obtient les théorèmes suivants :

1° *Les couples de plans tangents menés par une droite donnée aux quadriques d'un faisceau linéaire tangentiel appartiennent à une même involution.*

2° *Parmi les quadriques d'un faisceau linéaire tangentiel, il en existe deux qui sont tangentes à une droite donnée.*

Les plans tangents aux points de contact avec cette droite sont les plans doubles de l'involution précédente.

4. Théorème. — *Les plans polaires d'un point P par rapport aux quadriques Q d'un faisceau linéaire ponctuel passent par une même droite Δ.*

Soient en effet Π_1 et Π_2 les plans polaires de P par rapport à deux quadriques Q_1 et Q_2 du faisceau. En général, ces deux plans sont distincts et ont une droite commune Δ. Les quadriques Q du faisceau sont coupées par le plan Π' qui passe par P et par Δ suivant les coniques Γ d'un faisceau linéaire ponctuel. Or, le point P a la même polaire Δ par rapport aux coniques Γ_1 et Γ_2 d'intersection des quadriques Q_1 et Q_2 avec le plan Π' ; il a donc même polaire Δ par rapport à toutes les coniques Γ ; autrement dit, les plans polaires Π de P par rapport aux quadriques Q passent tous par Δ.

Il peut arriver que les plans Π_1 et Π_2 soient confondus suivant un plan Π ; alors le raisonnement précédent s'applique à toute droite Δ de ce plan Π. Il en résulte que les plans polaires de P par rapport aux quadriques Q sont tous confondus avec le plan Π. On voit que pour qu'il en soit ainsi, il faut et il suffit que P soit un point double d'un cône du second degré proprement dit ou décomposé faisant partie du faisceau linéaire considéré.

En supposant que P n'a pas même plan polaire par rapport aux quadriques Q, montrons que *tout plan* Π *passant par* Δ *est le plan polaire de P par rapport à une quadrique* Q. En effet, soit un tel plan Π. Menons par P une droite quelconque L rencontrant Π en un point I non situé sur Δ. Pour que la quadrique Q soit telle que le plan polaire de P par rapport à cette quadrique coïncide avec le plan Π, il faut et il suffit que le couple des points d'intersection de cette quadrique avec la droite L fasse partie de l'involution qui a pour points doubles P et I et par suite soit commun à cette involution et à l'involution formée par les couples de points d'intersection de la droite L avec les quadriques Q. Or, ces deux involutions sont distinctes, sinon le point P aurait le même plan polaire Π par rapport aux quadriques Q; étant distinctes, elles ont un couple commun et un seul, et la proposition est établie.

Théorème corrélatif. — Par application du principe de dualité, on a le théorème suivant :

Les pôles d'un plan Π *par rapport aux quadriques d'un faisceau linéaire tangentiel sont sur une même droite* Δ.

Il peut arriver que le plan Π ait même pôle par rapport aux quadriques du faisceau ; pour qu'il en soit ainsi, il faut et il suffit que le plan Π soit le plan d'une quadrique du faisceau dégénérée en une conique.

Si l'on suppose que le plan Π n'a pas même pôle par rapport aux quadriques du faisceau, tout point de la droite Δ est le pôle de Π par rapport à une de ces quadriques.

En particulier, supposons que Π soit le plan à l'infini ; on a alors le théorème suivant :

Le lieu des centres des quadriques d'un faisceau linéaire tangentiel est une droite. Son point à l'infini est le point à l'infini dans la direction asymptotique double du paraboloïde du faisceau.

5. Théorème. — *Le rapport anharmonique des plans polaires d'un point variable de l'espace par rapport à quatre quadriques fixes d'un faisceau linéaire ponctuel est constant.*

Soient en effet une quadrique Σ variable d'un faisceau linéaire ponctuel donné et deux points fixes P et P'. Considérons les deux droites fixes Δ et Δ' par lesquelles passent respectivement les plans polaires variables Π et Π' de P et de P' par rapport à Σ. Menons par la droite PP' un plan H rencontrant Σ suivant une conique variable Γ qui appartient à un faisceau linéaire ponctuel fixe. Ce plan rencontre les deux droites Δ et Δ' en deux points O et O' et les deux plans Π et Π' suivant deux droites δ et δ' qui passent respectivement par O et O' et qui sont les polaires de P et de P' respectivement par rapport à Γ. Or, on sait que ces deux droites se correspondent homographiquement (III, § 2); il s'ensuit que les deux plans Π et Π' se correspondent homographiquement, et qu'ainsi le rapport anharmonique des plans polaires de P par rapport à quatre quadriques Σ est égal au rapport anharmonique des plans polaires de P' par rapport à ces quatre quadriques.

La valeur constante du rapport anharmonique des plans polaires d'un point variable de l'espace par rapport à quatre quadriques fixes d'un faisceau linéaire ponctuel est dite *rapport anharmonique de ces quatre quadriques*. Ce nombre est en particulier égal au rapport anharmonique des quatre plans tangents à ces quadriques en un point quelconque de leur biquadratique commune.

Théorème corrélatif. — Par application du principe de dualité, on obtient le théorème suivant :

Le rapport anharmonique des pôles d'un plan variable par rapport à quatre quadriques fixes d'un faisceau linéaire tangentiel est constant.

Ce nombre constant est dit *rapport anharmonique des quatre quadriques*.

6. A chaque point P de l'espace il correspond une droite Δ commune aux plans polaires de P par rapport aux quadriques Σ d'un faisceau linéaire ponctuel. L'ensemble des droites Δ est donc un complexe, que nous appellerons le *complexe polaire* relatif au faisceau linéaire ponctuel considéré.

Relativement au complexe polaire, on a les théorèmes suivants :

1° *Quand le point P décrit une droite L, la droite Δ décrit une quadrique U, qui est aussi le lieu des droites conjuguées de L par rapport aux quadriques Σ.*

En effet, soient deux points P et P' de la droite L, Δ et Δ' les droites du complexe polaire qui correspondent aux points P et P'. La droite D conjuguée de L par rapport à une quadrique Σ

est dans le plan polaire Π de P par rapport à Σ et aussi dans le plan polaire Π' de P' par rapport à Σ. Quand la quadrique Σ varie, les deux plans Π et Π', d'après un théorème établi au paragraphe précédent, se correspondent homographiquement ; le lieu de leur droite D d'intersection est donc une quadrique U, qui passe par les droites Δ et Δ', et qui est ainsi le lieu de la droite Δ du complexe polaire lorsque le point P auquel elle correspond décrit la droite L.

La droite conjuguée d'une droite L par rapport à un cône du second degré passant par le sommet du cône, on voit que la quadrique U passe par le sommet de tout cône du second degré appartenant au faisceau linéaire ponctuel des quadriques Σ.

En général, la quadrique U est proprement dite. Pour qu'elle soit un cône, il faut et il suffit que les droites Δ et Δ' aient un point commun. Si ces deux droites ont un point commun A, le plan polaire de A par rapport à une quadrique Σ quelconque passe par P et P' et par suite par la droite L ; ainsi la droite L appartient au complexe polaire. Réciproquement, si la droite L appartient au complexe polaire et est ainsi la droite commune aux plans polaires d'un point A par rapport aux quadriques Σ, les droites D conjuguées de L par rapport aux quadriques Σ passent toutes par A, et la quadrique U est un cône.

On appelle *cône d'un complexe de droites ayant pour sommet le point* A le lieu des droites du complexe qui passent par A. On a le théorème suivant :

Le cône du complexe polaire qui a pour sommet un point A *est un cône du second degré, qui est aussi le lieu des droites conjuguées par rapport aux quadriques* Σ *de la droite du complexe qui correspond au point* A.

2° *Dans tout plan* Π, *il existe une infinité de droites* Δ *du complexe polaire, et leur enveloppe dans ce plan est une conique* Γ. *En outre, le lieu des points* P *auxquels il correspond les droites* Δ *du complexe situées dans le plan* Π *est, en général, une cubique gauche qui est aussi le lieu des pôles du plan* Π *par rapport aux quadriques* Σ.

En effet, il est d'abord immédiat que pour qu'une droite Δ du complexe soit située dans le plan Π, il faut et il suffit que le point P auquel elle correspond soit pôle du plan Π par rapport à une quadrique Σ. Cela posé, soient dans le plan Π deux droites fixes Δ_1 et Δ_2 et une droite variable Δ appartenant au complexe ; elles correspondent respectivement aux points fixes P_1 et P_2 et au point variable P. Les droites PP_1 et PP_2 sont des droites du complexe, qui correspondent respectivement aux points de rencontre A_1 et A_2 de Δ avec les droites Δ_1 et Δ_2. Pour la même raison, la droite P_1P_2 est une droite du complexe, qui correspond au point ω d'intersection des droites Δ_1 et Δ_2. Cette droite P_1P_2 étant ainsi sur le cône du complexe qui a pour sommet P_1,

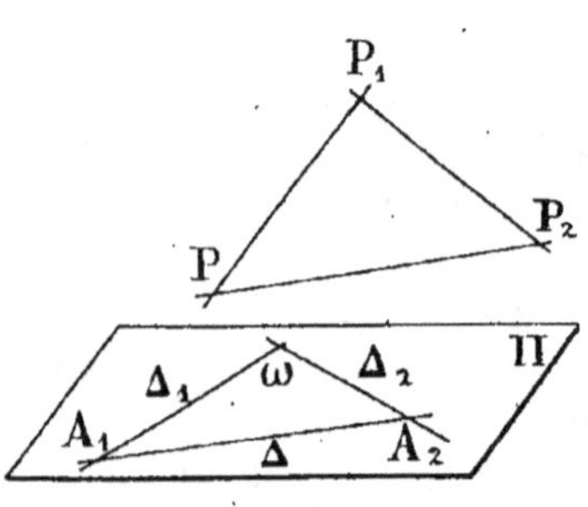

il existe une quadrique Σ' du faisceau donné telle que la droite P_1P_2 soit conjuguée de Δ_1 par rapport à Σ', de façon que le plan PP_1P_2 soit le plan polaire de A_1 par rapport à Σ'. Désignons par I le point d'intersection du plan PP_1P_2 avec la droite Δ_1; les points I et A_1 sont conjugués par rapport à Σ', et, quand Δ varie, les points I et A_1 se correspondent homographiquement. Il s'ensuit que si l'on considère quatre positions de Δ, le rapport anharmonique des quatre positions correspondantes de A_1 est égal au rapport anharmonique des quatre plans PP_1P_2. De même, le rapport anharmonique des quatre points A_2 est égal au rapport anharmonique des quatre plans PP_1P_2. Il en résulte que les points A_1 et A_2 se correspondent homographiquement, et que la droite Δ enveloppe une conique Γ.

D'autre part, le point P est situé à la fois sur les deux cônes du complexe qui ont pour sommets P_1 et P_2. Ces cônes du second degré ont en commun la droite P_1P_2; le reste de leur intersection est une cubique gauche, qui est le lieu du point P.

Cette cubique gauche passe par les sommets des cônes du faisceau et rencontre le plan Π aux trois points de contact avec le plan Π des quadriques Σ qui sont tangentes au plan Π.

Si l'on suppose que Δ, variant en restant tangente à Γ, tende vers Δ_1, le point A_1 tend vers le point de contact de Δ_1 avec Γ. Dans les mêmes conditions, le point P varie sur la cubique gauche en tendant vers P_1 et la droite PP_1 tend vers la tangente en P_1 à la cubique. On voit ainsi que

Les tangentes à la cubique gauche appartiennent au complexe polaire et correspondent aux points de la conique Γ.

On appelle *courbe d'un complexe de droites située dans un plan Π* l'enveloppe des droites du complexe qui sont situées dans ce plan Π. Ainsi,

La courbe du complexe polaire située dans un plan est une conique.

3° *Le lieu des points P tels que les droites Δ correspondantes du complexe polaire rencontrent une droite donnée L est la quadrique U, lieu des droites conjuguées de L par rapport aux quadriques Σ.*

En effet, soit P un tel point. Il existe une quadrique Σ telle que le plan polaire de P par rapport à Σ contienne la droite L. La droite conjuguée de L par rapport à Σ passe par le point P, qui est ainsi situé sur la quadrique U. Réciproquement, P étant un point de la quadrique U, il existe une droite passant par P, située sur U et conjuguée de L par rapport à une quadrique Σ; le plan polaire de P par rapport à cette quadrique passe par L, et par suite la droite Δ du complexe polaire qui correspond au point P rencontre la droite L.

4° *Quand la droite L varie arbitrairement dans un plan fixe Π, la quadrique U qui lui correspond passe constamment par la cubique gauche lieu des pôles du plan Π par rapport aux quadriques Σ.*

En effet, la droite Δ du complexe qui correspond à un point P quelconque de cette cubique rencontre toute droite L du plan Π; on voit ainsi que tout point de la cubique est situé sur toute quadrique U correspondant à une droite L du plan Π.

7. A chaque plan Π de l'espace il correspond une droite Δ, lieu des pôles du plan Π par rapport aux quadriques Σ d'un faisceau linéaire tangentiel. L'ensemble des droites Δ est donc un complexe, que nous appellerons le *complexe polaire* relatif au faisceau linéaire tangentiel considéré.

Relativement à ce complexe, on a les théorèmes suivants, qui se déduisent par dualité des théorèmes qui viennent d'être établis.

1° *Quand le plan variable Π passe par une droite fixe L, la droite Δ décrit une quadrique U, qui est aussi le lieu des droites conjuguées de L par rapport aux quadriques Σ.*

Cette quadrique U est tangente au plan de toute conique faisant partie, à titre de quadrique dégénérée, du faisceau linéaire tangentiel des quadriques Σ.

En général, la quadrique U est proprement dite. Pour qu'elle dégénère en une conique, il faut et il suffit que la droite L appartienne au complexe. On a le théorème suivant :

La courbe du complexe polaire qui est située dans un plan Π est une conique qui est aussi l'enveloppe des droites conjuguées par rapport aux quadriques Σ de la droite du complexe qui correspond au plan Π.

2° *Le cône du complexe qui a pour sommet un point A est un cône du second degré. En outre, l'enveloppe des plans Π auxquels il correspond les droites Δ du complexe qui passent par A est, en général, une développable de la troisième classe, qui est aussi l'enveloppe des plans polaires du point A par rapport aux quadriques Σ.*

Les génératrices rectilignes de la développable appartiennent au complexe et correspondent aux plans tangents au cône du complexe de sommet A.

3° *L'enveloppe des plans Π tels que les droites Δ correspondantes du complexe rencontrent une droite donnée L est la quadrique U, lieu des droites conjuguées de L par rapport aux quadriques Σ.*

4° *Quand la droite L varie arbitrairement en passant par un point fixe A, la quadrique U qui lui correspond reste inscrite à la développable de la troisième classe enveloppe des plans polaires du point A par rapport aux quadriques Σ.*

8. Complexe tétraédral. — On appelle *complexe tétraédral* l'ensemble des droites Δ telles que le rapport anharmonique des points d'intersection de l'une quelconque d'entre elles avec les quatre faces d'un tétraèdre donné prises dans un ordre donné ait une valeur donnée.

Nous allons démontrer que *le rapport anharmonique des plans qui passent par une droite Δ et les quatre sommets S_1, S_2, S_3, S_4 d'un tétraèdre est égal au rapport anharmonique des points d'intersection de cette droite avec les quatre faces respectivement opposées de ce tétraèdre.*

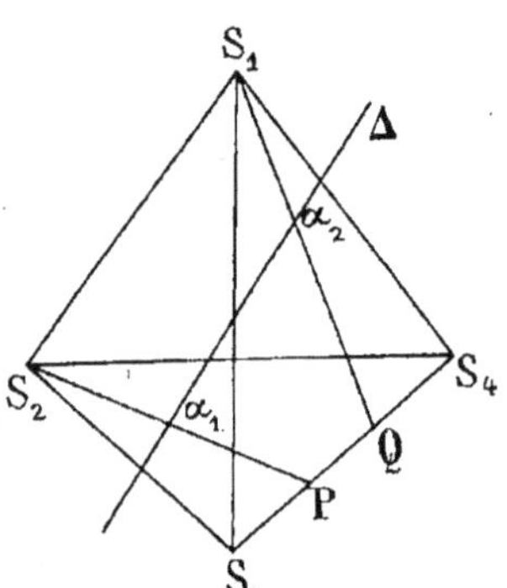

Soient α_1, α_2, α_3, α_4 les points de rencontre de Δ avec les faces du tétraèdre respectivement opposées à S_1, S_2, S_3, S_4. Les droites $S_2\alpha_1$ et $S_1\alpha_2$ rencontrent S_3S_4 respectivement aux deux points P et Q. Le rapport anharmonique ρ des quatre plans qui passent par Δ et respectivement par S_1, S_2, S_3, S_4 est égal au rapport anharmonique des quatre points Q, P, S_3, S_4. D'autre part, le rapport anharmonique ρ' des quatre points α_1, α_2, α_3, α_4 est égal au rapport anharmonique des quatre plans qui passent par la droite S_1S_2 et respectivement par ces quatre points, et celui-ci est égal au rapport anharmonique des quatre points P, Q, S_4, S_3. Or, on a

$$(QPS_3S_4) = (PQS_4S_3);$$

on a donc $\rho = \rho'$ [1].

---

[1] C. Guichard, *Compléments de géométrie.*

Un complexe tétraédral est donc aussi l'ensemble des droites Δ telles que le rapport anharmonique des quatre plans qui passent par l'une quelconque d'entre elles et les quatre sommets d'un tétraèdre ait une valeur donnée.

Soit un faisceau linéaire ponctuel de quadriques Σ contenant quatre cônes du second degré distincts, de sommets S_1, S_2, S_3, S_4; le tétraèdre $S_1S_2S_3S_4$ est conjugué par rapport à chacune des quadriques Σ. Soient une droite Δ du complexe polaire relatif au faisceau linéaire ponctuel et le point P auquel elle correspond. Les plans polaires de P par rapport aux quatre cônes du faisceau sont les quatre plans qui passent par Δ et respectivement par les points S_1, S_2, S_3, S_4; le rapport anharmonique de ces quatre plans est, comme nous l'avons vu, indépendant de la position du point P ($\S$ 5). On voit ainsi que *le complexe polaire est un complexe tétraédral.*

Nous allons établir que, réciproquement, *tout complexe tétraédral peut être regardé comme le complexe polaire relatif à un faisceau linéaire ponctuel de quadriques admettant le tétraèdre du complexe comme tétraèdre conjugué.*

Montrons d'abord qu'étant donnés dans un plan un triangle ABC, un point P et une droite Δ, il existe une conique admettant le triangle ABC comme triangle conjugué et telle que la polaire de P par rapport à la conique soit la droite Δ. En effet, soit une conique quelconque passant par les points A, B, C, P; elle rencontre Δ en deux points Q et R. Comme les deux triangles ABC et PQR sont inscrits à une même conique, il existe une conique Γ qui admet les deux triangles ABC et PQR comme triangles conjugués; cette conique Γ passe bien par les points A, B, C et la polaire de P par rapport à cette conique est bien la droite Δ.

Il s'ensuit qu'étant donnés dans l'espace un trièdre S(ABC), un point P et une droite Δ, il existe un cône du second degré admettant le trièdre S(ABC) comme trièdre conjugué et tel que le plan polaire de P par rapport au cône passe par la droite Δ.

Cela posé, soient un tétraèdre $S_1S_2S_3S_4$, un point quelconque P et une droite quelconque Δ. Soient un cône Σ_1 du second degré, de sommet S_1, admettant le trièdre $S_1(S_2S_3S_4)$ comme trièdre conjugué, et tel que le plan polaire de P par rapport au cône passe par Δ, et un cône Σ_2 du second degré, de sommet S_2, admettant le trièdre $S_2(S_1S_3S_4)$ comme trièdre conjugué, et tel que le plan polaire de P par rapport au cône passe par Δ. Le point S_3 a même plan polaire, le plan $S_1S_2S_4$, par rapport aux deux cônes Σ_1 et Σ_2; de même, le point S_4 a même plan polaire, le plan $S_1S_2S_3$, par rapport à ces deux cônes. Si donc l'on considère le faisceau linéaire ponctuel de quadriques qui contient les cônes Σ_1 et Σ_2, il contient aussi deux cônes de sommets S_3 et S_4, et ainsi le tétraèdre $S_1S_2S_3S_4$ est conjugué par rapport à chacune des quadriques du faisceau. Il s'ensuit que le complexe tétraédral relatif au tétraèdre $S_1S_2S_3S_4$, qui contient la droite arbitraire Δ, est le complexe polaire relatif au faisceau linéaire ponctuel considéré.

Par application du principe de dualité, on a aussi les théorèmes suivants :

1° *Le complexe polaire relatif à un faisceau linéaire tangentiel de quadriques qui contient quatre quadriques distinctes dégénérées en coniques est un complexe tétraédral relatif au tétraèdre qui a pour faces les plans de ces quatre coniques.*

2° *Réciproquement, tout complexe tétraédral peut être regardé comme le complexe polaire relatif à un faisceau linéaire tangentiel de quadriques admettant le tétraèdre du complexe comme tétraèdre conjugué.*

9. Propriétés du complexe tétraédral. — Soit un complexe tétraédral relatif au tétraèdre $S_1S_2S_3S_4$. Toute droite passant par un sommet du tétraèdre appartient au complexe, de même que toute droite située dans le plan d'une face du tétraèdre. Le cône du complexe qui a pour sommet un point quelconque A de l'espace est du second degré, et il contient les quatre droites AS_1, AS_2, AS_3 et AS_4 ; le rapport anharmonique de ces quatre droites sur le cône est indépendant de la position de A. La courbe du complexe située dans un plan Π est une conique, qui est tangente aux droites d'intersection du plan Π avec les plans des quatre faces du tétraèdre ; le rapport anharmonique des quatre tangentes est indépendant de la position du plan Π, et il est égal au rapport anharmonique précédent.

10. Applications. — Nous avons vu que le lieu des pôles d'un plan fixe Π par rapport aux quadriques d'un faisceau linéaire ponctuel est une cubique gauche, qui passe par les sommets des cônes du faisceau et par les points de contact avec le plan Π des quadriques du faisceau qui sont tangentes à ce plan.

En particulier, si le plan Π est le plan à l'infini, on voit qu'en général

Le lieu des centres des quadriques d'un faisceau linéaire ponctuel est une cubique gauche C, qui passe par les sommets des cônes du faisceau et par les points de contact avec le plan à l'infini des paraboloïdes du faisceau.

Si le faisceau contient une sphère, les points de contact avec le plan à l'infini des paraboloïdes du faisceau sont les sommets d'un triangle conjugué par rapport au cercle à l'infini. Par suite, les directions asymptotiques de la cubique C sont deux à deux rectangulaires; on dit alors que la cubique est *équilatère*. Ces directions asymptotiques sont d'ailleurs les directions principales de chacune des quadriques du faisceau.

Tout point P de la cubique étant le centre d'une quadrique du faisceau, la droite correspondante Δ du complexe polaire relatif au faisceau est à l'infini. Le plan polaire de P par rapport à une quadrique quelconque du faisceau est donc parallèle au plan polaire de P par rapport à la sphère du faisceau. Si I est le centre de cette sphère, on voit que la droite IP est perpendiculaire au plan polaire de P par rapport à une quadrique du faisceau. Ainsi,

Le lieu des points P tels que la perpendiculaire menée par l'un quelconque d'entre eux au plan polaire de ce point par rapport à une quadrique Σ à centre unique passe par un point fixe I est une cubique gauche C qui passe par le point I, par le centre de Σ et par les points à l'infini dans les directions principales de la quadrique.

Cette cubique est dite *cubique d'Apollonius relative au point* I.

Les six points de rencontre de cette cubique avec la quadrique sont les pieds des normales menées de I à la quadrique. Donc,

D'un point quelconque I *on peut mener à une quadrique Σ à centre unique à distance finie six normales. Les pieds des six normales sont sur une cubique gauche équilatère qui passe par* I, *par le centre de la quadrique et par les points à l'infini dans les directions principales de cette quadrique.*

Le cône qui a pour sommet le point I et passe par la cubique est un cône du second degré. Donc,

Les six normales menées d'un point I *à une quadrique à centre sont sur un cône du second degré, dit cône de Chasles relatif au point* I.

Si la quadrique considérée est non plus une quadrique à centre, mais un paraboloïde, l'un des points de rencontre de la cubique et de la quadrique est le point de contact de cette quadrique avec le plan à l'infini. On voit ainsi que

D'un point quelconque I *on peut mener à un paraboloïde cinq normales. Ces cinq normales et la parallèle à l'axe du paraboloïde menée par* I *sont sur un même cône du second degré, dit encore cône de Chasles relatif au point* I.

11. Quadriques homofocales à centre. — Soit une quadrique Σ_0 non de révolution, à centre unique O à distance finie, et considérons le faisceau linéaire tangentiel qui contient Σ_0 et le cercle à l'infini.

Ce faisceau linéaire tangentiel de quadriques Σ contient, outre le cercle à l'infini, trois quadriques dégénérées en coniques. Les plans de ces coniques Γ_1, Γ_2, Γ_3 forment avec le plan à l'infini un tétraèdre conjugué commun aux quadriques Σ. L'une de ces quadriques étant le cercle à l'infini, les plans des coniques Γ_1, Γ_2, Γ_3 sont rectangulaires deux à deux et sont ainsi les plans principaux d'une quadrique quelconque Σ. Ainsi, *les quadriques Σ ont même centre O et mêmes plans principaux.*

Les coniques Γ_1, Γ_2, Γ_3 sont dites les *coniques focales* de l'une quelconque des quadriques Σ, lesquelles sont dites *homofocales.*

Ces quadriques homofocales Σ ont les propriétés suivantes, qui résultent des théorèmes généraux relatifs aux faisceaux linéaires tangentiels de quadriques.

1° Les cônes S circonscrits aux quadriques Σ qui ont pour sommet commun un point quelconque P forment un faisceau linéaire tangentiel qui contient le cône isotrope de sommet P. Ces cônes ont mêmes plans principaux et sont homofocaux. *Parmi les quadriques Σ, il en existe trois qui passent par P ; les plans tangents à ces quadriques en P sont les plans principaux des cônes S ; ces trois plans sont deux à deux rectangulaires, et ainsi, deux quadriques Σ sont orthogonales en chacun des points de leur biquadratique d'intersection. Les droites qui passent par P et qui sont situées sur les quadriques Σ qui passent par P sont les droites focales communes aux cônes S.*

2° *Parmi les quadriques Σ, il en existe deux qui sont tangentes à une droite donnée L. Les plans tangents à ces deux quadriques aux points de contact avec L sont les plans doubles d'une involution qui contient le couple des plans tangents au cercle à l'infini menés par L ; ces deux plans doubles sont donc rectangulaires.*

3° Soient une de ces quadriques Σ et le cercle à l'infini. Le lieu des points P tels que le cône circonscrit à Σ ayant pour sommet un de ces points soit de révolution est le lieu des points P tels que les cônes circonscrits à Σ et au cercle à l'infini ayant pour sommet commun un de ces points soient tangents l'un à l'autre le long de deux droites communes ; *il est formé par les trois focales Γ_1, Γ_2, Γ_3 de la quadrique Σ.*

Les cônes S qui ont pour sommet un point P d'une de ces focales et qui sont circonscrits aux quadriques Σ sont tangents au cône isotrope de sommet P le long de deux mêmes droites de ce cône ; autrement dit, ces cônes S sont de révolution autour d'un même axe Δ, qui est d'ailleurs la tangente en P à la focale considérée.

La sphère de rayon nul qui a pour centre le point P est bitangente à chacune des quadriques Σ. Si Q et Q' sont les points de contact de cette sphère avec une quadrique Σ, les deux surfaces se rencontrent suivant deux coniques qui passent par Q et Q'. Le point P est dit un *foyer* de la quadrique Σ, et la droite QQ' est dite la *directrice* correspondant à ce foyer, par rapport à la quadrique Σ. La droite QQ' est conjuguée par rapport à Σ de la tangente en P à la focale sur laquelle se trouve le point P.

4° Les pôles d'un plan fixe Π par rapport aux quadriques homofocales Σ sont situés sur une droite Δ. Le pôle du plan Π par rapport au cercle à l'infini étant à l'infini dans la direction des droites perpendiculaires au plan Π, la droite Δ est perpendiculaire au plan Π. La droite Δ passe par le point de contact M avec le plan Π de la quadrique Σ qui est tangente à ce plan, et elle est normale en M à cette quadrique. On voit ainsi que *le complexe polaire relatif au faisceau linéaire tangentiel des quadriques homofocales Σ est aussi le complexe des normales à ces quadriques.*

5° Soit une droite Δ du complexe, lieu des pôles d'un plan Π, qui lui est perpendiculaire, par rapport aux quadriques Σ. La droite conjuguée de Δ par rapport à l'une quelconque des quadriques Σ est située dans le plan Π, et l'on voit ainsi qu'une droite Δ du complexe est perpendiculaire à sa droite conjuguée par rapport à l'une quelconque des quadriques Σ. Réciproquement, soit une droite Δ perpendiculaire à sa conjuguée Δ_0' par rapport à une quadrique Σ, soit Σ_0. Par la droite Δ_0' il passe un plan Π perpendiculaire à Δ ; le lieu des pôles de ce plan par rapport aux quadriques Σ est une droite qui, comme Δ, est perpendiculaire au plan Π et qui, comme Δ, passe par le pôle de Π par rapport à la quadrique Σ_0 ; elle coïncide donc avec Δ. Ainsi,

Le complexe polaire relatif aux quadriques Σ est l'ensemble des droites dont chacune est perpendiculaire à sa droite conjuguée par rapport à une quadrique Σ et par conséquent perpendiculaire à sa droite conjuguée par rapport à toute quadrique Σ.

Montrons, d'après cela, que le complexe polaire contient les axes des coniques situées sur les surfaces Σ. En effet, soit un axe Δ d'une section plane d'une surface Σ ; A et A' étant les extrémités de cet axe, la droite Δ' conjuguée de Δ par rapport à Σ est la droite d'intersection des plans tangents en A et A' à Σ. Mais, les tangentes en

A et A' à la section plane sont perpendiculaires à Δ ; il s'ensuit que la droite Δ' est parallèle à chacune de ces deux tangentes et perpendiculaire à Δ.

Soit encore la perpendiculaire Δ à un plan Π menée par le centre ω de la section d'une quadrique Σ par ce plan. La droite conjuguée Δ' de Δ par rapport à Σ est située dans le plan polaire de ω par rapport à Σ, lequel plan est parallèle au plan Π ; on voit ainsi que Δ' est perpendiculaire à Δ ; la droite Δ fait donc partie du complexe.

On a, d'après cela, les théorèmes suivants :

Le lieu des axes des sections planes des quadriques Σ qui ont pour centre un point donné ω est le cône du complexe polaire qui a pour sommet ω.

Le lieu des perpendiculaires en ω aux plans de ces coniques est aussi le cône du complexe de sommet ω. Il s'ensuit que l'enveloppe des plans qui rencontrent les quadriques Σ suivant des coniques ayant un centre donné ω est le cône supplémentaire du cône du complexe de sommet ω.

Enfin, soit une corde AB d'une quadrique Σ telle que les normales en A et B soient dans un même plan. Il est immédiat que la droite AB est perpendiculaire à sa droite conjuguée par rapport à Σ, qui est la droite d'intersection des plans tangents à Σ en A et B ; donc, *la droite AB fait partie du complexe.*

6° Le complexe polaire est tétraédral. Donc, si M_1, M_2, M_3 sont les points d'intersection d'une droite Δ du complexe avec les plans principaux des quadriques Σ contenant respectivement les coniques focales Γ_1, Γ_2, Γ_3, *le rapport* $\dfrac{M_1 M_2}{M_1 M_3}$ *est constant.*

7° Le rapport anharmonique des pôles d'un plan Π par rapport à quatre quadriques Σ est indépendant de la position du plan Π. En prenant pour trois de ces quadriques le cercle à l'infini et les deux focales Γ_1 et Γ_2, on obtient le théorème suivant :

M étant un point quelconque d'une quadrique Σ, si M_1 et M_2 sont les points de rencontre de la normale en M avec deux plans principaux, le rapport $\dfrac{MM_1}{MM_2}$ *est constant.*

8° Le lieu des droites conjuguées d'une droite donnée L par rapport aux quadriques Σ et le lieu des normales aux points de contact des quadriques Σ avec les plans tangents menés à ces quadriques par la droite L sont une seule et même quadrique U, qui est en général proprement dite, et qui est inscrite au tétraèdre conjugué commun aux quadriques Σ ; c'est donc un paraboloïde hyperbolique tangent aux trois plans principaux des quadriques Σ.

Pour que cette quadrique U dégénère en une conique, il faut et il suffit que la droite L appartienne au complexe. On a le théorème suivant :

La courbe du complexe située dans un plan II est une parabole tangente aux droites d'intersection du plan II avec les plans principaux des quadriques Σ.

9° *Le cône du complexe qui a pour sommet un point A est un cône du second degré qui passe par le centre O des quadriques Σ et par les parallèles aux axes de ces quadriques menées par A.*

Ce cône est le cône de Chasles de sommet A relatif à chacune des quadriques Σ.

L'enveloppe des plans II auxquels il correspond les droites Δ du complexe qui passent par A est, en général, une développable de la troisième classe, qui est aussi l'enveloppe des plans polaires de A par rapport aux quadriques Σ. Cette développable est tangente au plan à l'infini et aux plans principaux des quadriques Σ.

L'enveloppe des plans II tels que les droites Δ correspondantes du complexe rencontrent une droite donnée L est le paraboloïde hyperbolique U lieu des droites conjuguées de L par rapport aux quadriques Σ. Si la droite L fait partie du complexe, cette enveloppe est une parabole.

12. Paraboloïdes homofocaux. — Soit un paraboloïde Σ_0

non de révolution, et considérons le faisceau linéaire tangentiel qui contient Σ_0 et le cercle à l'infini.

Les quadriques Σ de ce faisceau sont toutes tangentes au même point au plan à l'infini ; ce sont des paraboloïdes ayant même direction asymptotique double. Parmi ces quadriques se trouvent, outre le cercle à l'infini, deux quadriques dégénérées en coniques tangentes au plan à l'infini ; ces deux coniques sont des paraboles, qui sont dites les *paraboles focales* de l'un quelconque des paraboloïdes Σ, lesquels sont dits *homofocaux*.

Le plan de chacune des paraboles focales a même pôle, dans le plan à l'infini, par rapport à un paraboloïde Σ et par rapport au cercle à l'infini ; c'est donc un plan principal de Σ. Ainsi, *les paraboloïdes Σ ont mêmes plans principaux*.

On a les théorèmes suivants :

1° *Par un point* P *de l'espace, il passe trois paraboloïdes homofocaux à* Σ_0, *et les plans tangents en* P *à ces trois quadriques sont deux à deux rectangulaires.*

2° *Le lieu des sommets des cônes de révolution circonscrits à un paraboloïde* Σ *est formé des deux paraboles focales de ce paraboloïde.*

Un point quelconque d'une focale est encore dit un *foyer* de chacun des paraboloïdes Σ ; la sphère de rayon nul qui a pour centre un foyer touche un paraboloïde Σ en deux points, et la droite qui joint ces deux points est encore dite la *directrice* correspondant au foyer, par rapport au paraboloïde Σ.

3° *Le lieu des pôles d'un plan* II *par rapport aux paraboloïdes* Σ *est une droite* Δ *perpendiculaire au plan* II.

4° *Le complexe des droites* Δ *correspondant aux divers plans* II *de l'espace est l'ensemble des normales aux paraboloïdes* Σ *et aussi l'ensemble des droites dont chacune est perpendiculaire à sa droite conjuguée par rapport à un paraboloïde* Σ *et est par suite perpendiculaire à sa droite conjuguée par rapport à l'un quelconque des paraboloïdes* Σ. *Ce complexe contient les axes des sections planes des paraboloïdes* Σ *et les perpendiculaires aux plans des coniques des paraboloïdes* Σ *menées respectivement par les centres de ces coniques.*

5° *Le cône du complexe qui a pour sommet un point* A *est un cône du second degré qui contient les parallèles aux directions principales des paraboloïdes* Σ *menées par* A. *La courbe du complexe située dans un plan* II *est une parabole tangente aux droites d'intersection du plan* II *avec les plans principaux des paraboloïdes.*

6° *Le lieu des droites conjuguées d'une droite* L *par rapport aux paraboloïdes* Σ *est un paraboloïde* U, *qui dégénère en une parabole lorsque la droite* L *fait partie du complexe.*

13. Théorème. — *Étant données deux quadriques* Σ *et* Σ', *s'il existe une quadrique* A *circonscrite à* Σ *et homofocale à* Σ', *il existe une quadrique* A' *circonscrite à* Σ' *et homofocale à* Σ ([1]).

En effet, soit le pôle O par rapport à chacune des quadriques Σ et A du plan de leur conique de contact, et considérons un plan quelconque passant par O et tangent à la quadrique Σ'. Il existe une quadrique A' homofocale à Σ et tangente à ce plan. Chacun des cônes de sommet O qui sont circonscrits aux quadriques A' et Σ' est

---

([1]) Ce théorème est dû à G. Darboux.

tangent à ce même plan et fait partie du faisceau linéaire tangentiel de cônes de sommet O qui contient le cône de sommet O circonscrit aux quadriques Σ et A et le cône isotrope de sommet O. Donc, ces deux cônes coïncident, et par suite tout plan Π passant par O et tangent à Σ' est aussi tangent à A'. Soit α le pôle unique d'un tel plan Π par rapport aux quadriques Σ et A. Le lieu des pôles d'un plan par rapport à des quadriques homofocales étant une droite perpendiculaire au plan, le point de contact du plan Π avec l'une ou l'autre des quadriques Σ' et A' est le pied de la perpendiculaire abaissée de α sur le plan Π. Les deux quadriques Σ' et A' sont donc circonscrites l'une à l'autre le long d'une conique ; le plan de cette conique a pour pôle unique par rapport à ces deux quadriques le point O. Le théorème est établi.

En particulier, *si deux coniques* Γ *et* Γ' *sont telles qu'il existe une quadrique passant par* Γ *et admettant* Γ' *comme conique focale, il existe aussi une quadrique passant par* Γ' *et admettant* Γ *comme conique focale.*

CHAPITRE XII

RÉSEAUX LINÉAIRES
PONCTUELS ET TANGENTIELS DE QUADRIQUES

1. Soient

$$f_1(x, y, z, t) = 0, \qquad f_2(x, y, z, t) = 0, \qquad f_3(x, y, z, t) = 0$$

les équations homogènes de trois quadriques Σ_1, Σ_2, Σ_3 qui n'appartiennent pas à un même faisceau linéaire ponctuel. On voit immédiatement que les quadriques qui font partie d'un faisceau linéaire ponctuel contenant Σ_1 et une quadrique quelconque du faisceau linéaire ponctuel qui contient Σ_2 et Σ_3 ont pour équation générale

$$\lambda_1 f_1(x, y, z, t) + \lambda_2 f_2(x, y, z, t) + \lambda_3 f_3(x, y, z, t) = 0,$$

λ_1, λ_2, λ_3 étant trois constantes arbitraires non simultanément nulles. La forme même de cette équation montre que les quadriques précédentes coïncident avec les quadriques qui font partie d'un faisceau linéaire ponctuel contenant Σ_2 et une quadrique quelconque du faisceau linéaire ponctuel qui contient Σ_3 et Σ_1 et coïncident aussi avec les quadriques qui font partie d'un faisceau linéaire ponctuel contenant Σ_3 et une quadrique quelconque du faisceau linéaire ponctuel qui contient Σ_1 et Σ_2. On désigne l'ensemble de ces quadriques Σ sous le nom de *réseau linéaire ponctuel*. Cet ensemble contient les quadriques Σ_1, Σ_2, Σ_3 qui sont dites *quadriques de base*. On voit facilement que le réseau linéaire ponctuel considéré ne change pas si l'on remplace les trois quadriques Σ_1, Σ_2, Σ_3 par trois autres quadriques du réseau prises comme nouvelles quadriques de base, ces trois nouvelles quadriques n'appartenant pas à un même faisceau linéaire ponctuel.

Corrélativement, soient trois quadriques Σ_1, Σ_2, Σ_3 n'appartenant pas à un même faisceau linéaire tangentiel. L'ensemble des quadriques qui font partie d'un faisceau linéaire tangentiel contenant Σ_1 et une quadrique quelconque du faisceau linéaire tangentiel qui contient Σ_2 et Σ_3 coïncide avec l'ensemble des quadriques qui font partie d'un faisceau linéaire tangentiel contenant Σ_2 et une quadrique quelconque du faisceau linéaire tangentiel qui contient Σ_3 et Σ_1 et aussi avec l'ensemble des quadriques qui font partie d'un faisceau linéaire tangentiel contenant Σ_3 et une quadrique quelconque du faisceau linéaire tangentiel qui contient Σ_1 et Σ_2. On désigne cet ensemble unique de quadriques Σ sous le nom de *réseau linéaire tangentiel*. Il contient les quadriques Σ_1, Σ_2, Σ_3 dites *quadriques de base*. Le réseau linéaire tangentiel considéré ne change pas si l'on remplace les trois quadriques Σ_1, Σ_2, Σ_3 par trois autres quadriques du réseau, prises comme nouvelles quadriques de base, ces trois nouvelles quadriques n'appartenant pas à un même faisceau linéaire ponctuel.

En particulier, si les quadriques Σ_1, Σ_2, Σ_3 sont trois cônes de la seconde classe proprement dits ou décomposés en deux droites ayant même sommet S, toutes les quadriques Σ sont des cônes de la seconde classe ayant pour sommet le point S.

2. Théorème. — *Par sept points distincts non situés dans un même plan, tels qu'il n'y en ait ni six sur une même conique ni quatre sur une même droite, il passe une infinité de quadriques Σ qui forment un réseau linéaire ponctuel.*

En effet, soit, en coordonnées homogènes, l'équation indéterminée d'une quadrique

$$f(x, y, z, t) = 0,$$

$f(x, y, z, t)$ ayant dix coefficients. En exprimant que la quadrique passe par les sept points $A_i(x_i, y_i, z_i, t_i)$, $(i = 1, 2, \ldots, 7)$, on obtient pour déterminer ces coefficients sept équations

$$f(x_i, y_i, z_i, t_i) = 0,$$

qui sont linéaires et homogènes. Montrons que le rang du système de ces équations ne peut être inférieur à 7.

Distinguons plusieurs cas :

1° Supposons que parmi les sept points, il n'y en ait pas quatre dans un même plan. Le rang étant supposé inférieur à 7, on pourrait faire passer une quadrique par les sept points donnés et par trois points α, β, γ choisis dans le plan $A_1A_2A_3$ de façon que les points α, β, γ, A_1, A_2, A_3 ne soient pas situés sur une même conique. Alors, la quadrique se décomposerait en le plan $A_1A_2A_3$ et en un autre plan qui devrait contenir les points A_4, A_5, A_6, A_7, ce qui est impossible.

2° Supposons que parmi les sept points A, il y en ait quatre et quatre seulement, A_1, A_2, A_3, A_4, dans un même plan, mais qu'il n'y en ait pas trois en ligne droite. Le rang étant supposé inférieur à 7, on pourrait faire passer une quadrique par les sept points A donnés et par trois points α, β, γ choisis de la manière suivante : α et β dans le plan $A_1A_2A_3A_4$ de façon que les six points $A_1, A_2, A_3, A_4, \alpha, \beta$ ne soient pas situés sur une même conique, γ non situé dans le plan $A_1A_2A_3A_4$ et non situé dans le plan $A_5A_6A_7$. Alors la quadrique se décomposerait en le plan $A_1A_2A_3A_4$ et en un autre plan qui devrait contenir A_5, A_6, A_7 et γ, ce qui est impossible.

3° Supposons que parmi les sept points A, il y en ait trois, A_1, A_2, A_3, en ligne droite, les quatre autres n'étant pas dans un même plan. Soit I le point d'intersection de la droite $A_1A_2A_3$ et du plan $A_4A_5A_6$; choisissons trois points α, β, γ de la manière suivante : α et β dans le plan $A_4A_5A_6$, de façon que les six points $I, \alpha, \beta, A_4, A_5, A_6$ ne soient pas situés sur une même conique, γ non situé dans le plan $A_4A_5A_6$ et non situé dans le plan $A_1A_2A_3A_7$. Le rang étant supposé inférieur à 7, on pourrait faire passer une quadrique par les sept points A et les points α, β, γ ; cette quadrique se décomposerait nécessairement en le plan $A_4A_5A_6$ et en un plan qui devrait contenir les points A_1, A_2, A_3, A_7 et γ, ce qui est impossible.

4° Supposons que trois des sept points A, les points A_1, A_2, A_3, soient en ligne droite et que les quatre autres soient dans un même plan qui ne contient aucun des trois premiers. Soit I le point d'intersection de la droite $A_1A_2A_3$ et du plan $A_4A_5A_6A_7$; choisissons trois points α, β, γ de la manière suivante : α dans le plan $A_4A_5A_6A_7$, de façon que les six points $I, \alpha, A_4, A_5, A_6, A_7$ ne soient pas situés sur une même conique, β et γ non situés dans le plan $A_4A_5A_6A_7$, de façon que la droite $\beta\gamma$ ne soit pas dans un même plan avec la droite $A_1A_2A_3$. Le rang étant supposé inférieur à 7, on pourrait faire passer une quadrique par les sept points A et les points α, β, γ ; cette quadrique se décomposerait nécessairement en le plan $A_4A_5A_6A_7$ et en un plan qui devrait contenir les points A_1, A_2, A_3, β et γ, ce qui est impossible.

5° Supposons que cinq des sept points A, les points A_1, A_2, A_3, A_4, A_5, soient dans un même plan P, les deux autres, A_6 et A_7, n'étant pas situés dans ce plan. Choisissons trois points α, β, γ comme il suit : α dans le plan P de façon que les six points $\alpha, A_1, A_2, A_3, A_4, A_5$ ne soient pas situés sur une même conique, β et γ en dehors du plan P de façon qu'ils ne soient pas dans un même plan avec A_6 et A_7. Le rang étant supposé inférieur à 7, on pourrait faire passer une quadrique par les sept points A et les points α, β, γ ; cette quadrique se décomposerait nécessairement en le plan P et en un plan qui devrait contenir les points A_6, A_7, β et γ, ce qui est impossible.

6° Supposons enfin que six des sept points A, les points A_1, A_2, A_3, A_4, A_5, A_6 soient dans un même plan P, le septième point A_7 n'étant pas situé dans ce plan. Choisissons trois points α, β, γ en dehors du plan P et de façon qu'ils ne soient pas dans un même plan avec le plan A_7. Le rang étant supposé inférieur à 7, on pourrait faire passer une quadrique par les points A et les points α, β, γ ; comme les six points A_1, A_2, A_3, A_4, A_5, A_6 ne sont pas situés sur une même conique, cette quadrique se décomposerait nécessairement en le plan P et en un plan qui devrait contenir les points A_7, α, β, γ, ce qui est impossible.

Le rang du système des équations linéaires étant dès lors égal à 7, il est possible d'exprimer sept des coefficients de $f(x, y, z, t)$ en fonction linéaire et homogène des valeurs arbitraires λ_1, λ_2, λ_3 attribuées aux trois autres, de telle sorte que l'équation générale des quadriques passant par les sept points donnés soit de la forme

$$\lambda_1 f_1(x, y, z, t) + \lambda_2 f_2(x, y, z, t) + \lambda_3 f_3(x, y, z, t) = 0,$$

f_1, f_2, f_3 étant trois polynomes à coefficients fixes, premiers membres des équations homogènes de trois quadriques n'appartenant pas à un même faisceau linéaire ponctuel. Le théorème est établi.

Théorème corrélatif. — *Étant donnés sept plans distincts ne passant pas par un même point, tels qu'il n'en existe ni six tangents à un même cône de la seconde classe ni quatre passant par une même droite, il existe une infinité de quadriques tangentes à ces sept plans, et ces quadriques forment un réseau linéaire tangentiel.*

3. Théorème. — *Les quadriques d'un réseau linéaire ponctuel sont rencontrées par un plan fixe Π suivant les coniques d'un réseau linéaire ponctuel.*

En effet, soient Γ_1, Γ_2, Γ_3 les coniques d'intersection du plan Π avec les trois quadriques de base Σ_1, Σ_2, Σ_3 du réseau. Une quadrique Σ du réseau fait partie d'un faisceau linéaire ponctuel contenant Σ_1 et une quadrique du faisceau linéaire ponctuel qui contient les quadriques Σ_2 et Σ_3. La conique Γ d'intersection de la quadrique Σ et du plan Π fait par suite partie d'un faisceau linéaire ponctuel contenant Γ_1 et une conique du faisceau linéaire ponctuel qui contient Γ_2 et Γ_3. On voit donc que les coniques Γ forment un réseau linéaire ponctuel.

Théorème corrélatif. — *Les cônes ayant pour sommet un point donné et qui sont circonscrits aux quadriques d'un réseau linéaire tangentiel forment un réseau linéaire tangentiel.*

4. Théorème. — *Les plans polaires d'un point donné par rapport aux quadriques d'un réseau linéaire ponctuel passent par un même point.*

En effet, considérons les plans polaires du point donné P par rapport aux quadriques de base Σ_1, Σ_2, Σ_3 ; ils ont un point commun P'. Soit un point A de la courbe d'intersection des quadriques Σ_1 et Σ_2 non situé sur la quadrique Σ_3. Le plan PP'A rencontre les quadriques Σ_1, Σ_2, Σ_3 suivant trois coniques Γ_1, Γ_2, Γ_3 qui n'appartiennent pas à un même faisceau linéaire ponctuel. Elles peuvent être prises comme coniques de base du réseau linéaire ponctuel formé par les coniques Γ d'intersection du plan Π avec les quadriques Σ du réseau donné. Les polaires de P par rapport aux coniques Γ_1, Γ_2, Γ_3 concourent au point P' ; d'après un résultat antérieurement établi (VII, § 8), la polaire de P par rapport à l'une quelconque des coniques Γ passe par P', et par suite le plan polaire de P par rapport à l'une quelconque des quadriques Σ passe par P'.

Théorème corrélatif. — *Les pôles d'un plan fixe par rapport aux quadriques d'un réseau linéaire tangentiel sont tous dans un même plan.*

En particulier, *le lieu des centres des quadriques d'un réseau linéaire tangentiel est un plan.*

CHAPITRE XIII

TÉTRAÈDRES CONJUGUÉS ET INSCRITS OU CIRCONSCRITS A DEUX QUADRIQUES

1. Théorème de Hesse. — *Toute quadrique Q qui passe par sept des sommets A, B, C, D, A′, B′, C′ de deux tétraèdres conjugués par rapport à une même quadrique Σ passe par le huitième sommet D′.*

En effet, soient q et σ les coniques d'intersection du plan BCD respectivement avec les quadriques Q et Σ. Puisqu'il existe un triangle BCD inscrit à q et conjugué par rapport à σ, il existe une infinité de tels triangles, et, en particulier, il en existe un, $\omega\alpha\beta$, dont le sommet ω est situé sur la droite d'intersection des plans BCD et B′C′D′. Soient q' et σ' les coniques d'intersection du plan A$\alpha\beta$ avec les quadriques Q et Σ. Puisqu'il existe un triangle A$\alpha\beta$ inscrit à q' et conjugué par rapport à σ', il en existe un autre dont un sommet est en A′, qui est un point du plan A$\alpha\beta$; les deux autres sommets α' et β' de ce triangle sont situés dans le plan B′C′D′. Si q'' et σ'' sont les coniques d'intersection du plan B′C′D′ avec les quadriques Q et Σ, il existe donc un triangle $\omega\alpha'\beta'$ inscrit à q'' et conjugué par rapport à σ''. Par suite, le triangle B′C′D′, qui est conjugué par rapport à σ'' et dont les sommets B′ et C′ sont situés sur q'', a aussi son troisième sommet D′ sur cette dernière conique ; autrement dit, la quadrique Q passe par D′.

Ce théorème peut s'énoncer de la façon suivante:

Étant données deux quadriques Q et Σ, s'il existe un tétraèdre inscrit à Q et conjugué par rapport à Σ, tout point de Q est un sommet d'une infinité de tétraèdres inscrits à Q et conjugués par rapport à Σ.

En effet, soient A, B, C, D les sommets du tétraèdre considéré inscrit à Q et conjugué par rapport à Σ. Considérons un point A′ quelconque de Q et son plan polaire par rapport à Σ, rencontrant Q suivant une conique q et Σ suivant une conique σ. Soient B′ un point de q, C′ et D′ les points d'intersection de q avec la polaire de B' par rapport à σ. Les points A', B', C' sont trois sommets d'un tétraèdre conjugué par rapport à Σ. Toute quadrique passant par A, B, C, D, A', B', C' passe nécessairement par le pôle du plan A'B'C' par rapport à Σ. Or, ce point est situé sur C'D'; c'est donc D'. Donc, le tétraèdre A'B'C'D' est inscrit à Q et conjugué par rapport à Σ.

Une quadrique Q circonscrite à un tétraèdre conjugué par rapport à Σ est dite *harmoniquement circonscrite à* Σ.

Théorème corrélatif. — *Les quadriques Q qui sont tangentes aux plans de sept des faces de deux tétraèdres conjugués par rapport à une quadrique* Σ *sont toutes tangentes au plan de la huitième.*

On a aussi l'énoncé suivant :

Si une quadrique Q est inscrite à un tétraèdre conjugué par rapport à une quadrique Σ, *tout plan tangent à Q est le plan d'une face d'une infinité de tétraèdres circonscrits à Q et conjugués par rapport à* Σ.

On dit alors que la quadrique Q est *harmoniquement inscrite à la quadrique* Σ.

2. Théorème. — *Parmi les quadriques d'un faisceau linéaire ponctuel, il en existe une, et en général une seule, qui est harmoniquement circonscrite à une quadrique donnée* Σ. *S'il en existe plus d'une, toute quadrique du faisceau est harmoniquement circonscrite à* Σ.

Soit, en effet, un point A quelconque de la biquadratique commune aux quadriques Q du faisceau donné. Le plan polaire de A par rapport à Σ rencontre les quadriques Q suivant les coniques q d'un faisceau linéaire ponctuel, et la quadrique Σ suivant une conique σ. Comme nous l'avons établi (II, § 8), parmi les coniques q, il en existe une, et en général une seule, qui est harmoniquement circonscrite à σ. La quadrique Q correspondante est harmoniquement circonscrite à Σ. S'il existe plus d'une conique q harmoniquement circonscrite à σ, toute conique q est harmoniquement circonscrite à σ, et par suite toute quadrique Q est harmoniquement circonscrite à Σ.

Théorème corrélatif. — *Parmi les quadriques d'un faisceau linéaire tangentiel, il en existe une, et en général une seule, qui est harmoniquement inscrite à une quadrique donnée* Σ. *S'il en existe plus d'une, toute quadrique du faisceau est harmoniquement inscrite à* Σ.

3. Théorème. — *Si une quadrique Σ' est harmoniquement circonscrite à une quadrique Σ, la quadrique Σ est harmoniquement inscrite à Σ'.*

En effet, soit ABCD un tétraèdre inscrit à Σ' et conjugué par rapport à Σ. Π étant un plan tangent à Σ, les quadriques Q tangentes à ce plan et admettant le tétraèdre ABCD comme tétraèdre conjugué, parmi lesquelles se trouve Σ, sont tangentes à sept plans Π' autres que Π, définis de la façon suivante :

On considère le plan Π' conjugué harmonique de Π par rapport au plan d'une face du tétraèdre ABCD et au plan qui passe par le sommet opposé et par la droite d'intersection de Π et du plan de cette face ; on obtient de la sorte quatre plans Π' tangents aux quadriques Q. On répète ensuite les mêmes constructions à partir de l'un quelconque de ces plans Π' remplaçant le plan Π ; quel que soit ce plan Π', on obtient quatre mêmes nouveaux plans tangents aux quadriques Q, parmi lesquels se trouve le plan Π.

Réciproquement, il est immédiat que toute quadrique Q tangente au plan Π et aux sept plans Π' précédents admet le tétraèdre ABCD comme tétraèdre conjugué.

On voit ainsi que les quadriques Q forment un réseau linéaire tangentiel dont fait partie la quadrique Σ. Comme on le reconnaît immédiatement, les huit plans auxquels sont tangentes les quadriques Q se groupent de six manières différentes en deux systèmes de quatre plans, concourant respectivement en deux points tels que α et α' ; les six couples de points α et α' sont situés sur les six arêtes du tétraèdre ABCD et sont respectivement harmoniques par rapport aux couples des extrémités des arêtes qui les portent ; ces six couples de points sont des quadriques singulières du réseau linéaire tangentiel.

Cela posé, soit O le pôle du plan Π par rapport à la quadrique Σ'. Il s'agit de montrer que le cône de sommet O circonscrit à Σ est harmoniquement inscrit au cône de sommet O circonscrit à Σ'. Or, les cônes S de sommet O qui sont circonscrits aux quadriques Q forment un réseau linéaire tangentiel qui contient, en particulier, les six cônes décomposés en les couples de droites telles que $O\alpha$ et $O\alpha'$. Mais, le tétraèdre ABCD étant inscrit à la quadrique Σ', deux points tels que α et α' sont conjugués par rapport à Σ', deux droites telles que $O\alpha$ et $O\alpha'$ sont conjuguées par rapport au cône de sommet O circonscrit à Σ'. Ainsi, le cône de sommet O circonscrit à Σ' est harmoniquement circonscrit à six cônes S ; c'est plus qu'il n'en faut pour qu'il soit harmoniquement circonscrit à tout cône S et, en particulier, au cône de sommet O circonscrit à Σ, lequel, inversement, lui est harmoniquement inscrit, ce qu'il fallait établir.

Théorème corrélatif. — *Si une quadrique Σ est harmoniquement inscrite à une quadrique Σ', la quadrique Σ' est harmoniquement circonscrite à Σ.*

4. Théorème. — *Les quadriques qui passent par cinq points donnés sont rencontrées par un plan fixe quelconque suivant des coniques harmoniquement circonscrites à une conique fixe.*

Soient en effet A, B, C, D, E les cinq points donnés et Π le plan donné. Je dis qu'il existe une quadrique Σ admettant le tétraèdre ABCD comme tétraèdre conjugué et telle que le plan polaire de E par rapport à cette quadrique soit le plan Π. Pour le montrer, cherchons quelle doit être la conique Γ d'intersection d'une telle quadrique avec le plan BCD. D'abord, cette conique admet le triangle BCD comme triangle conjugué ; en outre, la droite L d'intersection des plans Π et BCD, étant conjuguée de la droite AE par rapport à Q, a pour pôle par rapport à Γ le point I d'intersection de AE et du plan BCD. Soient β et β', γ et γ', δ et δ' les points de rencontre avec L respectivement des droites IB et CD, IC et DB, ID et BC. Les droites IB, IC, ID étant respectivement conjuguées par rapport à Γ des droites CD, DB, BC, les points P et Q d'intersection de L et de la conique Γ sont les points doubles de l'involution qui contient les couples de points (β, β'), (γ, γ'), (δ, δ'), d'où il résulte que la conique Γ est déterminée d'une manière unique (II, § 2). La quadrique Σ cherchée est nécessairement inscrite suivant la conique Γ au cône qui a pour directrice cette conique et pour sommet le point A. Pour achever de déterminer la quadrique Σ, il suffit d'en déterminer un point non situé dans le plan BCD. Menons pour cela la droite qui passe par E et un point M de la conique Γ ; la quadrique Σ doit passer par le conjugué harmonique M' de M par rapport au point E et au point de rencontre de la droite EM avec le plan Π. D'ailleurs, la quadrique qui passe par Γ, qui est telle que le pôle du plan de Γ par rapport à cette quadrique soit le point A et qui passe par M' est bien la quadrique Σ cherchée.

Cela posé, en vertu du théorème de Hesse, toute quadrique qui passe par les cinq points A, B, C, D, E est harmoniquement circonscrite à Σ et est rencontrée par le plan Π, plan polaire de E par rapport à Σ, suivant une conique harmoniquement circonscrite à la conique Ω d'intersection de la quadrique Σ avec le plan Π.

Remarquons qu'il existe cinq quadriques telles que Σ, chacune d'elles correspondant à une manière de partager les cinq points donnés en deux groupes, l'un contenant un de ces points, l'autre contenant les quatre autres points. Ces cinq quadriques sont rencontrées par le plan Π suivant la même conique Ω.

Application. — Supposons que le plan Π soit le plan à l'infini et que la conique Ω d'intersection du plan Π avec les cinq quadriques Σ soit le cercle à l'infini. Les quadriques Σ sont alors des sphères, et les cinq points A, B, C, D, E sont tels que quatre quelconques d'entre eux soient les sommets d'un tétraèdre orthocentrique ayant pour orthocentre le cinquième de ces points. Les quadriques qui passent par ces cinq points ont pour coniques à l'infini des coniques harmoniquement circonscrites au cercle à l'infini ; autrement dit, *leurs cônes asymptotiques sont équilatères.*

On voit immédiatement que, *réciproquement, les quadriques dont les cônes asymptotiques sont équilatères qui passent par les sommets d'un tétraèdre orthocentrique passent aussi par l'orthocentre de ce tétraèdre.*

5. Théorème de Faure et théorème de Monge. — $1°$ Soient deux sphères S_1 et S_2 harmoniquement circonscrites à une quadrique Σ à centre unique à distance finie. D'après un théorème précédent, les sphères S qui passent par l'intersection de ces deux sphères sont toutes harmoniquement circonscrites à Σ. L'une de ces sphères S est formée du plan radical Π des sphères S_1 et S_2 et du plan à l'infini ; ces deux plans sont donc conjugués par rapport à Σ ; autrement dit, le plan radical Π des sphères S_1 et S_2 passe par le centre O de la quadrique Σ. Par suite, le centre O de Σ a même puissance par rapport à deux sphères quelconques harmoniquement circonscrites à Σ. Ainsi,

Les sphères harmoniquement circonscrites à une quadrique Σ à centre unique à distance finie sont orthogonales à une sphère fixe ω concentrique à Σ.

Parmi les sphères qui passent par l'intersection des sphères S_1 et S_2, il en existe deux qui sont des sphères de rayon nul ; ces deux sphères de rayon nul sont orthogonales à la sphère ω ; autrement dit, leurs centres P et P′ sont situés sur ω. Ces sphères de rayon nul sont les cônes isotropes qui ont pour sommets P et P′ ; ces cônes sont harmoniquement circonscrits aux cônes circonscrits à Σ qui ont pour sommets P et P′, lesquels leur sont harmoniquement inscrits. On peut donc, d'une infinité de manières, mener de chacun des points P et P′ trois plans tangents rectangulaires à Σ. On est ainsi conduit au théorème suivant, dû à Monge :

Le lieu des sommets des trièdres trirectangles circonscrits à une quadrique Σ à centre unique à distance finie est une sphère concentrique à Σ.

Cette sphère est dite *sphère orthoptique de Σ*. On a alors l'énoncé suivant, dû à Faure :

Les sphères harmoniquement circonscrites à une quadrique Σ à centre unique à distance finie sont orthogonales à la sphère orthoptique de cette quadrique.

2° Supposons que la quadrique Σ, au lieu d'être une quadrique à centre unique à distance finie, soit un paraboloïde. Le plan radical des sphères S_1 et S_2 est conjugué du plan à l'infini par rapport au paraboloïde. On a le théorème suivant :

Les sphères harmoniquement circonscrites à un paraboloïde ont leurs centres dans un même plan P perpendiculaire à l'axe du paraboloïde.

En répétant le raisonnement précédent, on voit que *ce plan P est le lieu des sommets des trièdres trirectangles circonscrits au paraboloïde.*

Ce plan est dit *plan orthoptique* du paraboloïde.

Soit un tétraèdre orthocentrique ABCD circonscrit à un paraboloïde Σ. Si H est l'orthocentre et si A′, B′, C′, D′ sont les pieds des hauteurs issues respectivement de A, B, C, D, on a

$$\overline{HA} \cdot \overline{HA'} = \overline{HB} \cdot \overline{HB'} = \overline{HC} \cdot \overline{HC'} = \overline{HD} \cdot \overline{HD'}.$$

La sphère qui a pour centre H et pour rayon $\sqrt{\overline{HA} \cdot \overline{HA'}}$ admet le tétraèdre ABCD comme tétraèdre conjugué. Le paraboloïde est harmoniquement inscrit à cette sphère, laquelle est harmoniquement circonscrite au paraboloïde ; d'après le théorème de Faure, le centre de la sphère est dans le plan orthoptique du paraboloïde. Ainsi,

Le point de concours des hauteurs d'un tétraèdre orthocentrique circonscrit à un paraboloïde est situé dans le plan orthoptique de ce paraboloïde.

Applications. — 1° Considérons un point P commun aux sphères orthoptiques de deux quadriques Σ_1 et Σ_2. Les cônes S qui ont pour sommet le point P et qui sont circonscrits aux quadriques Σ du faisceau linéaire tangentiel qui contient Σ_1 et Σ_2 forment un faisceau linéaire tangentiel. Or, deux de ces cônes sont harmoniquement inscrits au cône isotrope de sommet P ; il en est de même de l'un quelconque des cônes S ; autrement dit, le point P est situé sur la sphère orthoptique de l'une quelconque des quadriques Σ. Par suite,

Les sphères orthoptiques des quadriques d'un faisceau linéaire tangentiel forment un faisceau linéaire ponctuel.

La ligne des centres de ces sphères est le lieu des centres des quadriques Σ ; cette droite est parallèle à l'axe du paraboloïde qui fait partie du faisceau des quadriques Σ. Le plan radical commun aux sphères orthoptiques est le plan orthoptique de ce paraboloïde.

2° Considérons un point P commun aux sphères orthoptiques de trois quadriques Σ_1, Σ_2, Σ_3 n'appartenant pas à un même faisceau linéaire tangentiel. Les cônes S qui ont pour sommet le point P et qui sont circonscrits aux quadriques Σ du réseau linéaire tangentiel qui contient Σ_1, Σ_2 et Σ_3 forment un réseau linéaire tangentiel. Or, trois cônes de ce réseau, n'appartenant pas à un même faisceau linéaire tangentiel, sont harmoniquement inscrits au cône isotrope de sommet P ; il en est de même de l'un quelconque des cônes S, autrement dit, le point P est situé sur la sphère orthoptique de l'une quelconque des quadriques Σ. Par suite,

Les sphères orthoptiques des quadriques d'un réseau linéaire tangentiel ont deux points communs, distincts ou confondus. Elles forment un réseau linéaire ponctuel.

Le plan des centres de ces sphères est le lieu des centres des quadriques Σ.

6. Théorème de Frégier. — *Si un trièdre ayant pour sommet un point fixe O d'une quadrique Σ varie de façon à rester conjugué par rapport à un cône fixe S du second degré de sommet O, le plan qui passe par les points de rencontre variables de ses arêtes avec la quadrique Σ passe par un point fixe.*

Soient en effet deux positions de ce trièdre variable, ayant pour arêtes respectivement OA, OB, OC et OA', OB', OC', les points A, B, C et A', B', C' étant les points de rencontre autres que O de ces droites avec Σ. Soient Γ et Γ' les coniques d'intersection de la quadrique Σ avec les plans ABC et A'B'C' ; ces deux coniques se rencontrent en deux points D et D' situés sur la droite d'intersection des plans ABC et A'B'C'. Les deux cônes qui ont pour sommet le point O et pour directrices les coniques Γ et Γ' passent par les deux droites Ox et Ox' d'intersection de Σ avec son plan tangent en O et aussi par les droites OD et OD'. Or, ces deux cônes sont harmoniquement circonscrits au cône S ; il en est de même de tout cône du faisceau linéaire ponctuel qui contient ces deux cônes ; d'après cela, le plan tangent en O à Σ et le plan (OD, OD′) sont conjugués par rapport au cône S ; autrement dit, la droite polaire Δ par rapport au cône S du plan tangent en O à Σ rencontre la droite DD′. On voit ainsi que les deux plans ABC et A′B′C′ rencontrent cette droite fixe Δ au même point.

Théorème corrélatif. — *Si un trièdre variable circonscrit à une quadrique fixe Σ est rencontré par un plan tangent fixe Π à cette quadrique suivant un triangle qui reste conjugué par rapport à une conique fixe Γ située dans le plan Π, le sommet de ce trièdre décrit un plan, qui rencontre le plan Π suivant la polaire par rapport à Γ du point de contact de Π avec Σ.*

En particulier, supposons que la conique considérée Γ soit le cercle à l'infini ; la quadrique Σ est alors un paraboloïde et le trièdre variable est trirectangle. On voit ainsi que

Le lieu des sommets des trièdres trirectangles circonscrits à un paraboloïde est un plan perpendiculaire à l'axe du paraboloïde.

CHAPITRE XIV

CUBIQUES GAUCHES

---

1. Théorème. — *Par six points arbitraires de l'espace, il passe une cubique gauche et une seule.*

Soient en effet A_1, A_2, . . . , A_6 les six points donnés. La cubique cherchée est nécessairement située sur le cône du second degré qui a pour sommet le point A_1 et qui passe par les cinq droites A_1A_2, A_1A_3, . . . , A_1A_6 et aussi sur le cône du second degré qui a pour sommet le point A_2 et qui passe par les cinq droites A_2A_1, A_2A_3, A_2A_4, . . . , A_2A_6. Or, ces deux cônes ont en commun la droite A_1A_2; le reste de leur intersection est une cubique gauche, qui convient.

2. Théorème. — *Une cubique gauche est, en général, rencontrée par une quadrique quelconque en six points. Si une cubique gauche a plus de six points communs avec une quadrique, elle appartient à cette quadrique.*

Soient en effet deux points O et O' de la cubique et considérons les cônes du second degré qui ont pour sommets O et O' et pour directrice commune la cubique. Ces deux cônes et la quadrique donnée Σ ont huit points communs dont deux sont les points d'intersection de la droite OO' avec la quadrique Σ; les six autres points sont les points d'intersection de la cubique et de la quadrique Σ.

Il y a exception si les quadriques précédentes ont une courbe commune; O et O' étant arbitraires, cette courbe commune ne peut être que la cubique gauche, qui est alors située sur la quadrique Σ.

Ainsi, deux cas et deux seulement sont possibles : ou bien la cubique a six points communs avec Σ, ou bien elle est située sur Σ. Il en résulte que les quadriques qui passent par sept points d'une cubique gauche la contiennent tout entière; ces quadriques forment un réseau linéaire ponctuel.

3. Théorème. — *Par tout point de l'espace il passe une droite et une seule rencontrant une cubique gauche donnée en deux points, distincts ou confondus.*

En effet, les quadriques qui passent par sept points de la cubique et par le point donné O forment un faisceau linéaire ponctuel. La courbe commune à ces quadriques se compose de la cubique gauche et d'une droite passant par le point O et rencontrant la cubique en deux points. En outre, une telle droite est unique, car s'il existait deux droites passant par O et rencontrant chacune la cubique en deux points, le plan de ces deux droites aurait quatre points communs avec la cubique, ce qui est impossible.

4. Rapport anharmonique de quatre points d'une cubique gauche. — Théorème. — *Le rapport anharmonique des quatre plans qui passent par quatre points fixes d'une cubique gauche et par une droite variable rencontrant la cubique en deux points est constant.*

Soient en effet quatre points A, B, C, D de la cubique, et d'autre part deux droites rencontrant la cubique, l'une aux points M et N, l'autre aux points M′ et N′ ; il s'agit de démontrer que le rapport anharmonique (MNA, MNB, MNC, MND) est égal au rapport anharmonique (M′N′A, M′N′B, M′N′C, M′N′D). Montrons d'abord que les rapports anharmoniques des plans MNA, MNB, MNC, MND et des plans MM′A, MM′B, MM′C, MM′D sont égaux. En effet, considérons le cône S qui a pour sommet M et pour directrice la cubique ; c'est un cône du second degré ; sa section par un plan quelconque Π est une conique. Si a, b, c, d, m' et n sont les points d'intersection de ce plan et des droites MA, MB, MC, MD, MM′ et MN, d'après le théorème de Chasles, les deux rapports anharmoniques (na, nb, nc, nd) et ($m'a$, $m'b$, $m'c$, $m'd$) sont égaux. Or, ces deux rapports anharmoniques sont respectivement égaux aux rapports anharmoniques (MNA, MNB, MNC, MND) et (MM′A, MM′B, MM′C, MM′D), qui sont ainsi eux-mêmes égaux.

De la même manière, en considérant le cône qui a pour sommet M′ et pour directrice la cubique, on voit que les rapports anharmoniques (MM′A, MM′B, MM′C, MM′D) et (M′N′A, M′N′B, M′N′C, M′N′D) sont égaux. En définitive, le rapport anharmonique (MNA, . . . , MND) est égal au rapport anharmonique (M′N′A, . . . , M′N′D).

La valeur constante du rapport anharmonique des quatre plans qui passent par quatre points A, B, C, D fixes d'une cubique gauche et une droite variable rencontrant cette cubique en deux points est dite le *rapport anharmonique des quatre points considérés sur la cubique*; nous la représenterons par la notation (ABCD).

On dit que deux points variables M et M' d'une cubique gauche Γ se correspondent homographiquement si, Δ et Δ' étant deux droites fixes qui rencontrent chacune la cubique en deux points distincts ou confondus, les deux plans qui passent l'un par Δ et M, l'autre par Δ' et M' se correspondent homographiquement. De la définition du rapport anharmonique de quatre points d'une cubique gauche, il résulte que la définition précédente ne dépend pas des droites Δ et Δ'. En particulier, on dira que les points M et M' se correspondent en involution s'il est possible d'échanger les points M et M' sans qu'ils cessent d'être des points correspondants.

5. Soient une cubique gauche Γ et une droite Δ rencontrant la cubique en deux points distincts A et B. Un plan variable Π rencontre la cubique Γ en trois points M_1, M_2, M_3 et la droite Δ en un point m. Soient, d'autre part, un point O de la cubique, autre que A et B, et I le point d'intersection de Δ avec le plan osculateur en O à Γ. M étant un point quelconque de Γ et m un point quelconque de Δ, nous poserons

$$R = (ABMO), \qquad r = (ABmI).$$

Cela posé, on a le théorème suivant :

Pour que trois points M_1, M_2, M_3 *de* Γ *et un point* m *de* Δ *soient dans un même plan, il faut et il suffit que l'on ait*

$$R_1 R_2 R_3 = r.$$

1° *La condition énoncée est nécessaire.* — En effet, projetons la figure sur un plan passant par O et par I en prenant comme centre de projection le point M_1. La cubique Γ se projette suivant une conique Γ' passant par O, la droite Δ se projette suivant une droite Δ' rencontrant Γ' en deux points A' et B', projections de A et de B. Les points M_2, M_3 et m se projettent en trois points M_2', M_3' et m' en ligne droite. Si ω désigne le point d'intersection de la tangente en O à Γ' et de la droite Δ', on a

$$(A'B'M_2'O) \cdot (A'B'M_3'O) = (A'B'm'\omega).$$

Mais, on a

$$(A'B'm'\omega) = \frac{(A'B'm'I)}{(A'B'\omega I)};$$

par suite, on a

$$\frac{(\mathrm{A'B'M_2'O}) \cdot (\mathrm{A'B'M_3'O})}{(\mathrm{A'B'}m'\mathrm{I})} = \frac{\mathrm{I}}{(\mathrm{A'B'}\omega\mathrm{I})}.$$

Or, on a

$$(\mathrm{A'B'M_2'O}) = \mathrm{R_2}, \qquad (\mathrm{A'B'M_3'O}) = \mathrm{R_3}, \qquad (\mathrm{A'B'}m'\mathrm{I}) = r \,;$$

on a donc

$$\frac{\mathrm{R_2 R_3}}{r} = \frac{\mathrm{I}}{(\mathrm{A'B'}\omega\mathrm{I})}.$$

On en déduit que si le plan Π varie en passant par un point fixe $\mathrm{M_1}$ de Γ, la quantité

$$\frac{\mathrm{R_1 R_2 R_3}}{r}$$

a une valeur constante.

Cela posé, soient deux plans Π et Π' rencontrant Γ et Δ respectivement aux points $\mathrm{M_1}$, $\mathrm{M_2}$, $\mathrm{M_3}$, m et aux points $\mathrm{M_1'}$, $\mathrm{M_2'}$, $\mathrm{M_3'}$, m'. Considérons le plan $\mathrm{M_1 M_1' M_3}$ rencontrant Δ au point m''. D'après ce qui précède, on a successivement

$$\frac{\mathrm{R_1 R_2 R_3}}{r} = \frac{\mathrm{R_1 R_1' R_3}}{r''} = \frac{\mathrm{R_1' R_2' R_3'}}{r'},$$

d'où

$$\frac{\mathrm{R_1 R_2 R_3}}{r} = \frac{\mathrm{R_1' R_2' R_3'}}{r'}.$$

Ainsi, la quantité

$$\frac{\mathrm{R_1 R_2 R_3}}{r}$$

a une valeur constante quand le plan Π varie d'une manière arbitraire.

En particulier, si le plan Π coïncide avec le plan osculateur en O à Γ, on a

$$\mathrm{R_1} = \mathrm{R_2} = \mathrm{R_3} = \mathrm{I}, \qquad r = \mathrm{I}.$$

Donc la valeur constante de l'expression précédente est I ; ainsi, on a bien

$$\mathrm{R_1 R_2 R_3} = r.$$

2° *La condition énoncée est suffisante.* — En effet, soient quatre points M_1, M_2, M_3, sur Γ, et m, sur Δ, tels que l'on ait

$$R_1 R_2 R_3 = r.$$

Considérons le plan $M_1 M_2 M_3$ et soit m' le point d'intersection de ce plan et de la droite Δ. On a à la fois

$$R_1 R_2 R_3 = (ABml) = (ABm'I),$$

d'où il résulte que m' coïncide avec m ; ainsi, les quatre points M_1, M_2, M_3 et m sont dans un même plan.

6. Application. — Supposons que le plan sécant Π varie en passant constamment par le point m, qui est un point quelconque de l'espace non situé sur la développable lieu des tangentes à la cubique. Le produit $R_1 R_2 R_3$, qui est égal à r, est constant.

Si M est le point de contact d'un plan osculateur à la cubique passant par M, R étant le rapport anharmonique (ABMO), on a

$$R^3 = r,$$

équation du troisième degré en R qui admet trois racines R_1, R_2, R_3. Le produit $R_1 R_2 R_3$ de ces racines est égal à r. On a donc le théorème suivant, dû à Chasles :

Par tout point m de l'espace non situé sur la développable lieu des tangentes à la cubique gauche Γ, on peut mener trois plans osculateurs à la cubique, et les points de contact de ces plans avec la cubique sont dans un même plan avec le point m donné.

Si on projette coniquement la cubique Γ sur un plan P, le centre de projection étant m, on obtient une cubique γ qui a un point double au point d'intersection de la droite Δ avec le plan de projection. Les traces sur le plan de projection des plans osculateurs à Γ qui passent par m sont des tangentes d'inflexion à γ. Comme les points de contact des plans osculateurs à Γ menés par m sont dans un plan qui passe par m, on voit que

La cubique γ qui a un point double à tangentes distinctes a trois points d'inflexion, qui sont en ligne droite.

7. Considérons la développable S lieu des tangentes à la cubique Γ. Les plans tangents à S sont les plans osculateurs à Γ. Par un point quelconque m non situé sur S, on peut mener à S trois plans tangents ; *la surface S est de la troisième classe.*

Par application du principe de dualité, on a le résultat suivant :

L'arête de rebroussement d'une développable de la troisième classe est une cubique gauche.

On voit, d'après cela, que *le rapport anharmonique des points d'intersection de quatre plans osculateurs fixes à une cubique gauche* Γ *avec une droite variable d'intersection de deux plans osculateurs à la cubique a une valeur constante qui est dite* le rapport anharmonique des plans osculateurs à la cubique.

On a aussi le théorème suivant :

L'enveloppe des traces des plans osculateurs à une cubique gauche sur un plan osculateur donné est une conique.

8. Théorème. — *Une développable de la troisième classe est du quatrième degré.*

Cherchons en combien de points une telle surface S est rencontrée par une droite quelconque L. A tout point d'intersection de S et de L il correspond une tangente à l'arête de rebroussement Γ de S qui rencontre L, et réciproquement. Projetons la cubique Γ suivant une cubique γ sur un plan P, le centre de projection étant situé sur L ; les tangentes à Γ qui rencontrent L se projettent suivant les tangentes à γ menées par le point d'intersection de L et du plan P. La cubique γ, qui a un point double, en général à tangentes distinctes, est de la classe quatre ; il s'ensuit que la développable S est du degré quatre.

9. 1° Le cône qui a pour directrice une cubique gauche Γ et pour sommet un point quelconque de l'espace est du troisième degré ; il a une droite double et trois droites d'inflexion. Par application du principe de dualité, on voit que *l'enveloppe* E *de la trace sur un plan quelconque* Π *du plan osculateur en un point variable d'une cubique gauche* Γ*, c'est-à-dire la courbe d'intersection du plan* Π *et de la développable* S *qui a pour arête de rebroussement la cubique* Γ*, est en général une courbe de la troisième classe,* à tangente double, par suite du quatrième degré, admettant comme points de rebroussement les trois points d'intersection de la cubique Γ et du plan Π. Si le plan Π est tangent à la cubique Γ, la courbe précédente est de la troisième classe et du troisième degré ; elle admet comme point de rebroussement le point d'intersection, autre que le point de contact, du plan Π et de la cubique Γ.

2° *Les traces sur le plan* Π *des cônes qui ont pour directrice* Γ *et*

*pour sommets les points de Γ sont des coniques γ qui ont pour enveloppe
la courbe E.* En effet, soient ω et ω′ deux points de Γ, γ et γ′ les
traces sur Π des cônes qui ont pour sommets les points ω et ω′ et
pour directrice Γ. Les deux coniques γ et γ′ ont en commun les
trois points d'intersection, distincts ou confondus, du plan Π et de
la cubique Γ ; leur quatrième point commun est la trace sur Π de
la droite ωω′ ; quand ω′ tend vers ω, ce point tend vers la trace *m*
sur Π de la tangente en ω à Γ ; le point *m* est situé sur la courbe E,
et c'est aussi le point de contact de γ avec son enveloppe.

3° Soient A et B deux des points d'intersection de Γ et du plan Π.
Les tangentes en A et B à une conique γ sont les traces sur le plan Π
des deux plans qui passent par le point correspondant ω de Γ et
respectivement par les tangentes en A et B à Γ. Or, comme nous
l'avons vu (§ 4), quand ω varie sur Γ, ces deux plans se correspondent homographiquement, et il en est de même de leurs traces
sur le plan Π. Il en résulte que *le lieu des pôles de la droite AB par
rapport aux coniques γ est une conique passant par A et B.* En plaçant
le point ω au troisième point C d'intersection de Γ et du plan Π, on
voit que *ce lieu passe par* C.

10. Application. — Soient deux cônes du second degré de
sommets S et Σ, ayant des
bases circulaires dans le plan
horizontal Π de projection et
ayant une génératrice rectiligne commune SΣ. Le reste
de leur intersection est une
cubique gauche Γ, qui est
rencontrée par le plan horizontal de projection aux deux
points cycliques de ce plan et
au point *o* d'intersection des

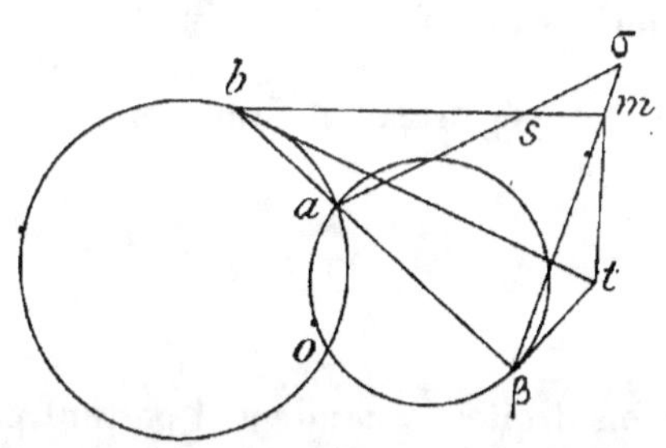

cercles de base des deux cônes, autre que le point *a* où la génératrice commune aux deux cônes rencontre les deux bases. Un point
t de la section par le plan horizontal de la développable qui a pour
arête de rebroussement la cubique Γ s'obtient en menant par *a* une
sécante variable qui rencontre les cercles de base aux points *b* et β
et en prenant l'intersection des tangentes en *b* et β à ces deux cercles. Le lieu de ce point est une courbe du quatrième degré admettant le point *o* et les points cycliques I et J comme points de rebroussement, c'est-à-dire une *cardioïde.*

Les traces sur le plan horizontal Π des cônes qui ont pour direc-

trice la cubique gauche et pour sommets les points de cette cubique
sont des cercles γ passant par o. Le lieu des centres des cercles γ est
un cercle λ qui passe par o ; l'enveloppe de ces cercles est la cardioïde précédente, podaire par rapport à o du cercle homothétique
du cercle λ par rapport à o, le centre d'homothétie étant 2.

La droite à l'infini du plan horizontal H rencontre Γ aux deux
points cycliques I et J. Un plan sécant variable P parallèle à une
droite horizontale fixe δ rencontre la droite IJ en un point fixe. Par
application de la relation établie au § 5, on voit que si M_1, M_2, M_3
sont les points d'intersection de Γ et du plan P, l'orientation du
système des traces sur H des trois plans $S\Sigma M_1$, $S\Sigma M_2$, $S\Sigma M_3$ est
constante ; autrement dit, si m_1, m_2, m_3 sont, sur le cercle de base du
cône de sommet S, les traces horizontales des droites SM_1, SM_2, SM_3
et si θ_1, θ_2, θ_3 sont les angles polaires, par rapport à une droite fixe
du plan H, des droites am_1, am_2, am_3, on a

$$\theta_1 + \theta_2 + \theta_3 = C,$$

C étant une constante définie à un multiple de π près.

Soit M le point de contact d'un plan osculateur à Γ qui est parallèle à δ. Si m est la trace horizontale de SM et si θ est l'angle polaire
de am, on a

$$3\theta = C + k\pi,$$

k étant un entier arbitraire. De cette égalité on déduit trois valeurs
de θ définies à un multiple de π près :

$$\frac{C}{3}, \qquad \frac{C}{3} + \frac{\pi}{3}, \qquad \frac{C}{3} + \frac{2\pi}{3}.$$

Ce sont les angles polaires de trois droites issues de a et passant par
trois points m, m', m'' qui sont les sommets d'un triangle équilatéral inscrit au cercle de base du cône de sommet S. On a ainsi le
théorème suivant :

*Étant donnée une cubique gauche Γ passant par les points cycliques
d'un plan H, il existe trois plans osculateurs à Γ qui sont parallèles à
une droite donnée du plan H. Les points de contact de ces plans avec Γ
se projettent sur le plan H, d'un point quelconque de Γ, aux sommets
d'un triangle équilatéral.*

11. Théorème. — *Pour que deux points d'une cubique gauche se
correspondent en involution, il faut et il suffit que la droite qui les joint*

varie dans un système de génératrices rectilignes d'une quadrique passant par la cubique.

1° *La condition est nécessaire.* — Soient en effet deux points M et M' d'une cubique gauche se correspondant en involution sur cette courbe. Projetons la figure sur un plan P, d'un point O pris sur la cubique. La cubique se projette suivant une conique, les deux points M et M' de la cubique se projettent sur la conique en deux points m et m' qui se correspondent en involution. D'après le théorème de Frégier, la droite mm' passe par un point fixe ω du plan P ; donc la droite MM' rencontre constamment la droite fixe $O\omega$. En remplaçant successivement le point O de la cubique par deux autres points O' et O'' de cette courbe, on obtiendra deux droites $O'\omega'$ et $O''\omega''$ analogues à la droite $O\omega$. Ainsi, la droite MM' rencontre les trois droites fixes $O\omega$, $O'\omega'$, $O''\omega''$; donc, elle varie dans un système de génératrices rectilignes d'une quadrique, laquelle passe évidemment par la cubique.

2° *La condition est suffisante.* — Soit en effet une quadrique passant par une cubique gauche. Considérons sur cette surface le système des génératrices rectilignes qui rencontrent la cubique en deux points tels que M et M', et prenons une génératrice quelconque de l'autre système, s'appuyant en un seul point O sur la cubique. Cette dernière droite rencontre toutes les droites MM'. Projetons du point O la figure sur un plan P, qui rencontre cette droite en ω. La cubique se projette suivant une conique, les points M et M' se projettent en deux points m et m' de la conique, et la droite mm' passe par le point fixe ω. D'après la réciproque du théorème de Frégier, les points m et m' se correspondent en involution sur la conique. Les points M et M' se correspondent eux-mêmes en involution sur la cubique.

De ce théorème on peut déduire un théorème sur les cubiques planes à point double.

Soit une cubique gauche et considérons sur cette courbe deux points variables M et M' se correspondant en involution. La droite MM', comme nous venons de le voir, engendre une quadrique Q. Projetons sur un plan P, d'un point S quelconque de l'espace. La cubique gauche se projette suivant une cubique plane ayant un point double qui est la trace sur le plan de la droite menée par S qui rencontre la cubique gauche en deux points. Les points M et M' se projettent sur la cubique plane en deux points μ et μ' qui se correspondent en involution. La droite $\mu\mu'$ est la trace sur le plan P du plan qui passe par S et par la génératrice rectiligne MM' de la quadrique Q. Or, un tel plan enveloppe le cône circonscrit à la quadrique Q qui a pour sommet le point S. Par suite, la droite $\mu\mu'$ enveloppe une conique, trace de ce cône sur le plan P. On a ainsi le théorème suivant :

Si deux points μ et μ' d'une cubique plane à point double se correspondent en involution, la droite $\mu\mu'$ enveloppe une conique, qui est tangente en trois points à la cubique.

En particulier, supposons que le point S soit situé sur la quadrique Q. Les génératrices rectilignes de cette quadrique telles que MM′ rencontrent une des deux génératrices de Q qui passent par S. Cette génératrice s'appuie en un point sur la cubique gauche, et par suite sa trace sur le plan P est un point α de la cubique plane. D'ailleurs, l'autre génératrice qui passe par S est une droite MM′, et sa trace sur le plan P est le point double de la cubique plane ; par suite, le point double se correspond à lui-même dans l'involution formée par les couples de points (μ, μ'), de telle façon que lorsque μ tend à se confondre avec le point double en variant sur une des branches de la cubique plane qui passent par le point double, le point μ' tend aussi à se confondre avec le point double, mais en variant sur l'autre branche. On a donc le théorème suivant (VIII, § 1) :

Si deux points variables μ et μ' d'une cubique plane à point double se correspondent en involution, de façon qu'au point double considéré comme appartenant à une des branches qui passent par ce point corresponde le point double considéré comme appartenant à l'autre branche, la droite $\mu\mu'$ passe par un point fixe de la cubique.

Corrélativement, on a le théorème suivant concernant les courbes de la troisième classe à tangente double :

Le lieu des points d'intersection de deux tangentes à une courbe de la troisième classe à tangente double qui se correspondent en involution est une conique tangente en trois points à la courbe.

12. Théorème. — *Les quadriques Σ qui passent par six points donnés* $M_1, M_2, \ldots, M_6$ *de la cubique* Γ *rencontrent la droite* Δ *en des couples de points qui forment une involution, à laquelle appartient le couple des points A et B.*

Soient en effet deux points quelconques de l'espace P et Q. Les quadriques U qui passent par les six points M et les points P et Q forment un faisceau linéaire ponctuel et par suite rencontrent la droite Δ en des couples de points appartenant à une même involution. Cette involution contient le couple des points A et B, car celle des quadriques U qui passe par A, ayant sept points communs avec la cubique, la contient tout entière et passe par suite par le point B.

Montrons que cette *involution est indépendante des points* P *et* Q. Considérons deux autres points de l'espace P' et Q'. Les quadriques U_1 qui passent par les six points M et par les points P' et Q rencontrent la droite Δ en des couples de points appartenant à une même involution. Cette nouvelle involution a en commun avec la précédente le couple des points A et B et le couple des points d'intersection avec Δ de la quadrique qui passe par les neuf points M_1, M_2, ..., M_6, P, P', Q ; les deux involutions coïncident. Ainsi donc, l'involution formée sur la droite Δ par les couples de points d'intersection de la droite Δ avec les quadriques U ne change pas quand on remplace les points P et Q par les points P' et Q. Pour la même raison, elle ne change pas quand on remplace les points P' et Q par les points P' et Q' ; c'est ce qu'il fallait établir.

13. Cela posé, soit une quadrique Σ quelconque rencontrant la cubique Γ en six points variables M_1, M_2, ..., M_6 et la droite Δ en deux points variables m_1 et m_2. Soient μ et μ' les points d'intersection avec Δ des plans $M_1M_2M_3$ et $M_4M_5M_6$, et posons

$$\rho = (AB\mu I), \qquad \rho' = (AB\mu' I).$$

Comme le couple des plans $M_1M_2M_3$ et $M_4M_5M_6$ est une quadrique passant par les six points M_1, M_2, ..., M_6, les trois couples de points (A, B), (m_1, m_2), (μ, μ') appartiennent à une même involution ; donc, on a (I, § 4)

$$\rho\rho' = r_1 r_2.$$

D'après cela, on a

$$\frac{R_1 R_2 R_3 R_4 R_5 R_6}{r_1 r_2} = \frac{R_1 R_2 R_3}{\rho} \cdot \frac{R_4 R_5 R_6}{\rho'} = I,$$

et par suite

$$R_1 R_2 R_3 R_4 R_5 R_6 = r_1 r_2.$$

14. Dans ce qui précède, nous avons supposé que la droite Δ rencontrait la cubique Γ en deux points distincts. Supposons maintenant que Δ soit tangente à Γ en un point A.

Désignons par λ un paramètre représentant linéairement un point m variable de Δ, et, en particulier, par α le paramètre du point A.

D étant une droite fixe qui rencontre Γ en deux points distincts ou confondus, faisons correspondre à chaque point M de Γ le paramètre λ du point de rencontre m avec Δ du plan qui passe par D et M ; dans la représentation paramétrique de Γ ainsi définie, le point A a pour paramètre α.

D$'$ étant une autre droite qui rencontre Γ en deux points, les deux plans qui passent par le point variable M de Γ et respectivement par D et D$'$ se correspondent homographiquement ; il en est de même de leurs points de rencontre m et m' avec Δ. Il s'ensuit que le nouveau paramètre λ' du point M de Γ est lié homographiquement au paramètre λ. D'autre part, les points m et m' ne sont confondus que si M est en A ; les divisions homographiques décrites par m et m' ont deux points doubles confondus avec A ; il en résulte que la relation qui existe entre λ et λ' est de la forme

$$\frac{1}{\lambda - \alpha} - \frac{1}{\lambda' - \alpha} = \text{const.},$$

cette constante dépendant des deux droites D et D$'$.

Cela posé, soit un plan Π rencontrant Γ aux points M_1, M_2, M_3 et Δ au point m. Projetons coniquement la figure sur un plan P, le centre de projection étant en M_1. La cubique Γ se projette suivant une conique Γ', la droite Δ suivant une droite Δ' tangente à Γ' au point A$'$, projection de A ; les points M_2, M_3 et m se projettent respectivement en trois points M_2', M_3' et m', qui sont en ligne droite. Si le plan Π varie de façon que les points M_1 et m soient fixes, la droite qui passe par M_2', M_3' et m' varie en passant par un point fixe ; donc, comme nous l'avons vu (I, § 7),

$$\frac{1}{\lambda_2 - \alpha} + \frac{1}{\lambda_3 - \alpha}$$

est constant. Il en résulte que si le plan Π varie de façon que m soit fixe,

$$\frac{1}{\lambda_1 - \alpha} + \frac{1}{\lambda_2 - \alpha} + \frac{1}{\lambda_3 - \alpha}$$

est constant.

Soient alors deux plans sécants, le premier rencontrant Γ et Δ respectivement aux points M_1, M_2, M_3 et au point m, le second rencontrant Γ et Δ respectivement aux points N_1, N_2, N_3 et au point n ; désignons par λ_1, λ_2, λ_3 et λ les paramètres des points M_1, M_2, M_3 sur Γ et du point m sur Δ, par μ_1, μ_2, μ_3 et μ les paramètres des points N_1, N_2, N_3 sur Γ et du point n sur Δ. Soit aussi le plan qui passe par m, N_2, N_3 et qui rencontre Γ en un troisième point N', de paramètre μ'. On a

$$\frac{1}{\lambda_1 - \alpha} + \frac{1}{\lambda_2 - \alpha} + \frac{1}{\lambda_3 - \alpha} = \frac{1}{\mu_2 - \alpha} + \frac{1}{\mu_3 - \alpha} + \frac{1}{\mu' - \alpha};$$

mais, d'après ce qui précède, on a

$$\frac{1}{\mu' - \alpha} - \frac{1}{\lambda - \alpha} = \frac{1}{\mu_1 - \alpha} - \frac{1}{\mu - \alpha};$$

on en déduit

$$\frac{1}{\lambda_1 - \alpha} + \frac{1}{\lambda_2 - \alpha} + \frac{1}{\lambda_3 - \alpha} - \frac{1}{\lambda - \alpha}$$
$$= \frac{1}{\mu_1 - \alpha} + \frac{1}{\mu_2 - \alpha} + \frac{1}{\mu_3 - \alpha} - \frac{1}{\mu - \alpha}.$$

Ainsi, quand le plan Π varie d'une façon arbitraire, on a

$$\frac{1}{\lambda_1 - \alpha} + \frac{1}{\lambda_2 - \alpha} + \frac{1}{\lambda_3 - \alpha} - \frac{1}{\lambda - \alpha} = C = \text{const.}$$

Par application du résultat précédent, cherchons à mener par un point m de Δ un plan osculateur à Γ en un point autre que A. Si θ est le paramètre du point de contact K de ce plan osculateur, on a

$$\frac{3}{\theta - \alpha} - \frac{1}{\lambda - \alpha} = C,$$

équation du premier degré en θ. Ainsi, d'un point m situé sur la développable qui admet Γ comme arête de rebroussement, on ne peut mener à Γ qu'un seul plan osculateur, outre le plan, comptant pour deux, tangent à la développable le long de la tangente en A à Γ. Soit un plan Π rencontrant Γ aux points M_1, M_2, M_3 et Δ au point m. Si K est le point de contact du plan osculateur à Γ, autre que le plan osculateur en A, qui passe par m, on a

$$\frac{1}{\lambda_1 - \alpha} + \frac{1}{\lambda_2 - \alpha} + \frac{1}{\lambda_3 - \alpha} = \frac{3}{\theta - \alpha}.$$

Il est possible d'appliquer à Γ la notion de pôle harmonique d'un point d'une courbe unicursale par rapport à un système de points de cette courbe (I, § 7). On a ainsi le théorème suivant :

Étant données une cubique gauche Γ et une droite Δ tangentes en A, *pour que trois points* M_1, M_2, M_3 *de* Γ *et un point* m *de* Δ *soient situés dans un même plan, il faut et il suffit que le pôle harmonique de* A *par rapport au système des points* M_1, M_2, M_3 *coïncide avec le point de contact avec* Γ *du plan osculateur à* Γ, *autre que le plan osculateur en* A, *qui passe par le point* m.

15. Soit un plan Π rencontrant Γ aux points M_1, M_2, M_3 et la droite Δ au point m. Les plans osculateurs à Γ aux points M_1, M_2, M_3 rencontrent Δ aux points t_1, t_2, t_3, de paramètres θ_1, θ_2, θ_3. On a la relation

$$\frac{1}{\lambda_1 - \alpha} + \frac{1}{\lambda_2 - \alpha} + \frac{1}{\lambda_3 - \alpha} = \frac{1}{\lambda - \alpha} + C;$$

mais on a

$$\frac{3}{\lambda_1 - \alpha} = \frac{1}{\theta_1 - \alpha} + C, \quad \frac{3}{\lambda_2 - \alpha} = \frac{1}{\theta_2 - \alpha} + C, \quad \frac{3}{\lambda_3 - \alpha} = \frac{1}{\theta_3 - \alpha} + C;$$

on en déduit

$$\frac{1}{\theta_1 - \alpha} + \frac{1}{\theta_2 - \alpha} + \frac{1}{\theta_3 - \alpha} = \frac{3}{\lambda - \alpha}.$$

Cette dernière relation exprime que *le point* m *est le pôle harmonique du point* A *par rapport au système des points* t_1, t_2, t_3 *sur la droite* Δ.

En particulier, supposons que A soit à l'infini; on a le théorème suivant :

Le point de rencontre d'un plan Π *avec une asymptote d'une cubique est le centre des moyennes distances des points de rencontre avec l'asymptote des plans osculateurs à la cubique aux points où elle est rencontrée par le plan* Π.

16. Entre le paramètre λ d'un point M de Γ et le paramètre θ du point t d'intersection avec Δ du plan osculateur en **M**, il existe la relation

$$\frac{3}{\lambda - \alpha} - \frac{1}{\theta - \alpha} = C = \text{const.},$$

qui est homographique. Il en résulte que le rapport anharmonique des quatre points M de Γ est égal au rapport anharmonique des quatre points d'intersection avec Δ des plans osculateurs à Γ aux quatre points M. Or, ce dernier nombre est le rapport anharmonique des quatre plans osculateurs. Ainsi,

Le rapport anharmonique de quatre points d'une cubique gauche est égal au rapport anharmonique des plans osculateurs à la cubique en ces quatre points.

17. Cherchons la relation qui existe entre les six points d'intersection d'une quadrique avec la cubique Γ et les deux points d'intersection de cette quadrique avec la droite Δ, supposée tangente à Γ en A.

On a le théorème suivant, cas particulier d'un théorème antérieurement établi (§ 12):

Les quadriques Σ qui passent par six points donnés M_1, M_2, …, M_6 de la cubique Γ rencontrent la droite Δ tangente en A à Γ en des couples de points qui forment une involution dont un point double est le point A.

Cela posé, soient m_1 et m_2 les deux points d'intersection d'une quadrique Σ avec Δ. Considérons les deux plans $M_1 M_2 M_3$ et $M_4 M_5 M_6$ rencontrant Δ aux deux points m' et m''. Les deux couples de points (m_1, m_2) et (m', m'') déterminent une involution qui admet le point A comme point double; donc, si μ_1, μ_2, μ' et μ'' sont les paramètres des points m_1, m_2, m' et m'' sur la droite Δ, on a, comme on sait,

$$\frac{1}{\mu_1 - \alpha} + \frac{1}{\mu_2 - \alpha} = \frac{1}{\mu' - \alpha} + \frac{1}{\mu'' - \alpha}.$$

On a, d'après cela,

$$\frac{1}{\lambda_1 - \alpha} + \frac{1}{\lambda_2 - \alpha} + \cdots + \frac{1}{\lambda_6 - \alpha} - \frac{1}{\mu_1 - \alpha} - \frac{1}{\mu_2 - \alpha}$$
$$= \left[\frac{1}{\lambda_1 - \alpha} + \frac{1}{\lambda_2 - \alpha} + \frac{1}{\lambda_3 - \alpha} - \frac{1}{\mu' - \alpha}\right]$$
$$+ \left[\frac{1}{\lambda_4 - \alpha} + \frac{1}{\lambda_5 - \alpha} + \frac{1}{\lambda_6 - \alpha} - \frac{1}{\mu'' - \alpha}\right] = 2C.$$

Ainsi, on a

$$\frac{1}{\lambda_1 - \alpha} + \cdots + \frac{1}{\lambda_6 - \alpha} = \frac{1}{\mu_1 - \alpha} + \frac{1}{\mu_2 - \alpha} + 2C,$$

C étant la constante précédemment définie. Telle est la relation cherchée.

Soient ν_1 et ν_2 les paramètres des points de contact K_1 et K_2 des plans osculateurs à Γ menés par m_1 et m_2. On a

$$\frac{3}{\nu_1 - \alpha} = \frac{1}{\mu_1 - \alpha} + C, \qquad \frac{3}{\nu_2 - \alpha} = \frac{1}{\mu_2 - \alpha} + C.$$

La relation précédente peut alors s'écrire

$$\frac{1}{\lambda_1 - \alpha} + \cdots + \frac{1}{\lambda_6 - \alpha} = 3\left(\frac{1}{\nu_1 - \alpha} + \frac{1}{\nu_2 - \alpha}\right) = \frac{6}{\beta - \alpha},$$

β étant le paramètre du point B de Γ qui est conjugué harmonique de A par rapport aux points K_1 et K_2. On a ainsi le théorème suivant :

Le pôle harmonique sur Γ du point A par rapport au système des six points de rencontre de Γ avec une quadrique Σ coïncide avec le conjugué harmonique sur Γ du point A par rapport aux points de contact des deux plans osculateurs menés à Γ par les points de rencontre de la quadrique Σ avec la tangente en A à Γ.

18. Soient t_1, t_2, ..., t_6 les points de rencontre de Δ avec les plans osculateurs à Γ aux points M_1, M_2, ..., M_6. Si θ_1, θ_2, ..., θ_6 sont les paramètres de ces points sur Δ, on a

$$\frac{3}{\lambda_1 - \alpha} = \frac{1}{\theta_1 - \alpha} + C, \qquad \ldots, \qquad \frac{3}{\lambda_6 - \alpha} = \frac{1}{\theta_6 - \alpha} + C;$$

d'autre part, on a

$$\frac{1}{\lambda_1 - \alpha} + \cdots + \frac{1}{\lambda_6 - \alpha} = \frac{1}{\mu_1 - \alpha} + \frac{1}{\mu_2 - \alpha} + 2C;$$

il en résulte que l'on a

$$\frac{1}{\theta_1 - \alpha} + \frac{1}{\theta_2 - \alpha} + \cdots + \frac{1}{\theta_6 - \alpha} = \frac{3}{\mu_1 - \alpha} + \frac{3}{\mu_2 - \alpha} = \frac{6}{\mu - \alpha},$$

en désignant par μ le paramètre du point m conjugué harmonique de A par rapport aux deux points m_1 et m_2. On a ainsi le théorème suivant :

Le conjugué harmonique de A par rapport aux deux points de rencontre d'une quadrique Σ avec la tangente Δ en A à la cubique Γ coïncide avec le pôle harmonique de A par rapport au système des points de rencontre avec Δ des plans osculateurs à Γ aux points où Γ est rencontrée par la quadrique Σ.

En particulier, supposons que A soit à l'infini ; on a le théorème suivant :

Le milieu des points de rencontre d'une quadrique Σ avec une asymptote de la cubique Γ est le centre des moyennes distances des points de *rencontre de cette asymptote avec les plans osculateurs aux six points où la cubique Γ est rencontrée par la quadrique Σ.*

19. Théorème. — *S'il existe un tétraèdre ABCD inscrit à une cubique Γ et conjugué par rapport à une quadrique Σ, il existe une infinité de tels tétraèdres, de façon qu'il en existe un ayant un sommet en un point arbitraire de la cubique.*

En effet, soit A′ un point arbitraire de Γ. Le plan polaire Π de A′ rencontre la quadrique Σ suivant une conique σ et la cubique Γ aux points B′, C′, D′; il s'agit de montrer que le triangle B′C′D′ est conjugué par rapport à σ.

Soit un point I du plan Π et considérons les quadriques Q qui passent par la cubique Γ et le point I; les coniques q d'intersection de ces quadriques avec le plan Π passent par les quatre points B′, C′, D′ et I. De plus, les quadriques Q sont harmoniquement circonscrites à la quadrique Σ. D'après le théorème de Hesse, on peut inscrire à chaque quadrique Q un tétraèdre ayant un sommet en A′ et conjugué par rapport à Σ, et par suite à chaque conique q un triangle conjugué par rapport à σ. En particulier, on peut inscrire un tel triangle à la conique q réduite aux deux droites C′D′ et B′I. En d'autres termes, la droite B′I passe par le pôle de C′D′ par rapport à σ, et cela, quel que soit le point I du plan Π; donc, le point B′ est pôle de C′D′ par rapport à σ; de même, les points C′ et D′ sont respectivement pôles de B′D′ et de B′C′ par rapport à σ; le triangle B′C′D′ est donc conjugué par rapport à σ, et le théorème est établi.

Théorème corrélatif. — *S'il existe un tétraèdre conjugué par rapport à une quadrique Σ et dont les faces sont osculatrices à une cubique Γ, il existe une infinité de tels tétraèdres, de façon qu'il en existe un ayant pour face un plan osculateur arbitraire à la cubique.*

Théorème. — *Toute cubique qui passe par cinq points A, B, C, D, E rencontre un plan quelconque donné Π en trois points qui sont les sommets d'un triangle variable conjugué par rapport à une conique fixe.*

Nous avons en effet montré (XIII, § 4) qu'il existe une quadrique Σ admettant le tétraèdre ABCD comme tétraèdre conjugué et telle que le plan Π soit le plan polaire de E par rapport à cette quadrique. D'après le théorème précédent, le triangle qui a pour sommets les points d'intersection avec le plan Π d'une cubique passant par les cinq points A, B, C, D, E est conjugué par rapport à la conique d'intersection de la quadrique Σ avec le plan Π.

En particulier, supposons que les cinq points Λ, B, C, D, E soient tels que l'un quelconque d'entre eux soit le point de concours des hauteurs du tétraèdre orthocentrique qui a pour sommets les quatre autres points. Il existe une sphère qui a pour centre l'un de ces points et qui admet le tétraèdre ayant pour sommets les quatre autres points comme tétraèdre conjugué. Toute cubique qui passe par les cinq points donnés rencontre le plan à l'infini en trois points variables qui sont les sommets d'un triangle conjugué par rapport au cercle à l'infini. Donc,

Les cubiques gauches qui sont circonscrites à un tétraèdre orthocentrique et passent par l'orthocentre de ce tétraèdre ont leurs directions asymptotiques rectangulaires deux à deux.

Une cubique dont les directions asymptotiques sont rectangulaires deux à deux est dite *équilatère*.

Réciproquement, toute cubique équilatère circonscrite à un tétraèdre orthocentrique passe par l'orthocentre de ce tétraèdre.

20. Soit à déterminer les relations qui existent entre les paramètres des quatre sommets d'un tétraèdre variable inscrit à une cubique Γ et conjugué par rapport à une quadrique Σ.

Soit ABCD une position quelconque de ce tétraèdre. Désignons par σ la conique d'intersection de la quadrique Σ et du plan ABC, par P et Q les points d'intersection de la conique σ et de la droite AB. Soit, d'autre part, $M_1M_2M_3M_4$ une autre position du tétraèdre variable. Les quadriques U qui passent par les six points M_1, M_2, M_3, M_4, C et D rencontrent la droite AB en des couples de points qui forment une involution. Mais, ces quadriques étant harmoniquement circonscrites à Σ, les points d'intersection de chacune d'elles avec la droite AB sont conjugués harmoniques par rapport aux points P et Q, qui sont ainsi les points doubles de l'involution précédente. Par suite, il existe une infinité de quadriques U passant par les six points M_1, M_2, M_3, M_4, C et D et tangentes en P à la droite AB.

Cela posé, soient un point O de Γ et le point I d'intersection de la droite AB et du plan osculateur en O à Γ. D'une manière générale, M étant un point de Γ, désignons par R le rapport anharmonique (ABMO). Soient, d'autre part, γ et δ les rapports anharmoniques (ABCO) et (ABDO), ρ le rapport anharmonique (ABPI). D'après un résultat antérieur (§ 9), on a

$$R_1 R_2 R_3 R_4 \gamma \delta = \rho^2,$$

d'où, le tétraèdre $M_1M_2M_3M_4$ variant,

$$R_1 R_2 R_3 R_4 = \text{const}$$

On obtient deux autres relations analogues entre les quatre points M_1, M_2, M_3, M_4 en remplaçant l'arête AB du tétraèdre ABCD par les arêtes AC et AD. Il ne peut y avoir plus de trois relations indépendantes.

On peut donner aux relations précédentes une autre forme. Soient a, b, c, d les paramètres des points M_1, M_2, M_3, M_4, $\lambda_1, \lambda_2, \lambda_3, \lambda_4$ les paramètres des points A, B, C, D. Les relations considérées s'écrivent alors

$$\frac{(a-\lambda_1)(b-\lambda_1)(c-\lambda_1)(d-\lambda_1)}{m} = \frac{(a-\lambda_2)(b-\lambda_2)(c-\lambda_2)(d-\lambda_2)}{n}$$
$$= \frac{(a-\lambda_3)(b-\lambda_3)(c-\lambda_3)(d-\lambda_3)}{p} = \frac{(a-\lambda_4)(b-\lambda_4)(c-\lambda_4)(d-\lambda_4)}{q},$$

m, n, p, q étant quatre nombres fixes quand, le tétraèdre $M_1 M_2 M_3 M_4$ variant, le tétraèdre ABCD est fixe. Si donc a', b', c', d' sont les paramètres des sommets d'un autre tétraèdre $M_1' M_2' M_3' M_4'$ inscrit à Γ et conjugué par rapport à Σ, on a

$$\frac{(a-\lambda_1)(b-\lambda_1)(c-\lambda_1)(d-\lambda_1)}{(a'-\lambda_1)(b'-\lambda_1)(c'-\lambda_1)(d'-\lambda_1)} = \frac{(a-\lambda_2)(b-\lambda_2)(c-\lambda_2)(d-\lambda_2)}{(a'-\lambda_2)(b'-\lambda_2)(c'-\lambda_2)(d'-\lambda_2)}$$
$$= \cdots\cdots\cdots\cdots\cdots = \cdots\cdots\cdots\cdots\cdots$$

Posons
$$g(\lambda) = (\lambda-a)(\lambda-b)(\lambda-c)(\lambda-d),$$
$$h(\lambda) = (\lambda-a')(\lambda-b')(\lambda-c')(\lambda-d').$$

Les égalités précédentes deviennent

$$\frac{g(\lambda_1)}{h(\lambda_1)} = \frac{g(\lambda_2)}{h(\lambda_2)} = \frac{g(\lambda_3)}{h(\lambda_3)} = \frac{g(\lambda_4)}{h(\lambda_4)}.$$

Autrement dit, $\lambda_1, \lambda_2, \lambda_3, \lambda_4$ sont les racines d'une équation du quatrième degré de la forme

$$g(\lambda) - \mu\,h(\lambda) = 0,$$

$g(\lambda)$ et $h(\lambda)$ étant des polynomes dont les coefficients sont fixes quand les tétraèdres $M_1 M_2 M_3 M_4$ et $M_1' M_2' M_3' M_4'$ sont fixes, μ variant quand le tétraèdre ABCD varie. Or, le tétraèdre ABCD est une position quelconque du tétraèdre variable. Donc,

L'équation aux paramètres λ des sommets d'un tétraèdre inscrit à Γ qui varie en restant conjugué par rapport à une quadrique fixe Σ est de la forme

$$g(\lambda) - \mu\,h(\lambda) = 0,$$

μ étant un nombre variable.

21. Considérons la relation, établie au paragraphe précédent,

$$R_1 R_2 R_3 R_4 \gamma \delta = \rho^2.$$

Il existe une quadrique S qui passe par la conique σ et par les quatre points M_1, M_2, M_3, M_4; cette quadrique rencontre Γ en deux points M' et M'' autres que M_1, M_2, M_3, M_4. Comme on a

$$(ABPI) = -(ABQI),$$

on a
$$R_1 R_2 R_3 R_4 R'R'' = -\rho^2,$$

et par suite
$$R'R'' = -\gamma\delta.$$

Cette égalité montre que, C' étant le conjugué harmonique sur Γ du point C par rapport aux points A et B, les trois couples de points (P, Q), (A, B), (C', D) sont en involution.

Pour la même raison, D' étant le conjugué harmonique sur Γ du point D par rapport aux points B et C, les trois couples de points (P, Q), (B, C), (D', A) sont en involution. Par suite, le couple (P, Q) est commun à deux involutions qui restent fixes quand le tétraèdre $M_1 M_2 M_3 M_4$ varie; il est donc fixe. Ainsi,

La quadrique S qui est circonscrite au tétraèdre variable $M_1 M_2 M_3 M_4$ et qui passe par la conique σ rencontre la cubique en deux points fixes.

En particulier, supposons que la quadrique Σ soit une sphère et que le plan ABC soit le plan à l'infini. Le centre de Σ est alors le point D, et les tétraèdres $M_1 M_2 M_3 M_4$ sont orthocentriques; enfin, dans ce cas, la cubique est équilatère. On a ainsi le théorème suivant :

Étant donnée une sphère ayant son centre sur une cubique équilatère, il existe une infinité de tétraèdres inscrits à la cubique et conjugués par rapport à la sphère. Les sphères circonscrites à ces tétraèdres passent par deux points fixes de la cubique.

Ces deux points fixes ne dépendent pas du rayon de la sphère donnée. Les sphères circonscrites aux tétraèdres $M_1 M_2 M_3 M_4$ étant, d'après le théorème de Faure, orthogonales à la sphère orthoptique de la sphère donnée, *le lieu des centres de ces sphères est une droite.*

22. Dans ce qui précède, nous avons supposé que le tétraèdre ABCD était un tétraèdre proprement dit. Si l'un des sommets A de ce tétraèdre vient en un point commun à Γ et à Σ, un autre sommet B coïncide nécessairement avec A, et les deux autres sommets C et D sont les points d'intersection de la cubique avec le plan tangent en A à la quadrique. Le plan qui passe par la tangente en A à la cubique et par le point C rencontre la quadrique suivant une conique σ, qui rencontre la tangente en A à Γ en deux points P et Q, dont l'un P est en A. D'après un théorème précédemment démontré, il existe une infinité de quadriques passant par les six points M_1, M_2, M_3, M_4, C, D et tangentes en Q à la droite PQ. Soient λ_1, λ_2, λ_3, λ_4, c et d les paramètres des six points M_1, M_2, M_3, M_4, C et D sur Γ, a le paramètre de A, a' le paramètre de Q sur la droite PQ. On a la relation

$$\frac{1}{\lambda_1 - a} + \frac{1}{\lambda_2 - a} + \frac{1}{\lambda_3 - a} + \frac{1}{\lambda_4 - a} + \frac{1}{c - a} + \frac{1}{d - a} = \frac{2}{a' - a} + 2C,$$

C étant la constante précédemment définie, d'où

$$\frac{1}{\lambda_1 - a} + \frac{1}{\lambda_2 - a} + \frac{1}{\lambda_3 - a} + \frac{1}{\lambda_4 - a} = \text{const.}$$

On en déduit le théorème suivant :

Le pôle harmonique d'un point commun à Γ et à Σ par rapport au système des sommets d'un tétraèdre variable inscrit à Γ et conjugué par rapport à Σ est un point fixe.

$$\text{CHAPITRE XV}$$

SURFACES DE STEINER

---

1. Définition. — Soit dans un plan donné P, rapporté à deux axes de coordonnées rectilignes, un point variable m de coordonnées homogènes u, v, w. Considérons, d'autre part, quatre formes quadratiques en u, v, w, soient $f_1\,(u,\,v,\,w)$, $f_2\,(u,\,v,\,w)$, $f_3\,(u,\,v,\,w)$, $f_4\,(u,\,v,\,w)$. Relativement à ces formes quadratiques, nous supposerons qu'il n'existe pas quatre nombres non simultanément nuls α_1, α_2, α_3, α_4 tels que l'on ait l'identité

$$\alpha_1 f_1(u,\,v,\,w) + \alpha_2 f_2(u,\,v,\,w) + \alpha_3 f_3(u,\,v,\,w) + \alpha_4 f_4(u,\,v,\,w) \equiv 0 ;$$

géométriquement, cela revient à dire que les quatre coniques C_1, C_2, C_3, C_4 du plan P qui ont respectivement pour équations homogènes

$$f_1(u,\,v,\,w) = 0, \qquad f_2(u,\,v,\,w) = 0,$$
$$f_3(u,\,v,\,w) = 0, \qquad f_4(u,\,v,\,w) = 0$$

sont telles que trois quelconques d'entre elles n'appartiennent pas à un même faisceau linéaire ponctuel et que l'une quelconque d'entre elles n'appartient pas au réseau linéaire ponctuel qui contient les trois autres.

Cela posé, l'espace étant supposé rapporté à trois axes de coordonnées rectilignes, faisons correspondre à chaque point m du plan P un point M dont les coordonnées homogènes x, y, z, t sont définies par la proportion

$$\frac{x}{f_1(u,\,v,\,w)} = \frac{y}{f_2(u,\,v,\,w)} = \frac{z}{f_3(u,\,v,\,w)} = \frac{t}{f_4(u,\,v,\,w)}.$$

Le point M décrit une surface S dite *surface de Steiner*.

2. Représentation plane. — Avant d'aborder l'étude de la surface S, démontrons qu'il existe dans le plan P trois couples de points conjugués par rapport aux coniques C_1, C_2, C_3, C_4 et que ces trois couples de points appartiennent à un même faisceau linéaire tangentiel de coniques.

En effet, si deux points sont conjugués par rapport à chacune des coniques C_1, C_2, C_3, C_4, ils sont à la fois sur la hessienne Σ_1 du réseau linéaire ponctuel de coniques qui contient les coniques C_1, C_3, C_4 et sur la hessienne Σ_2 du réseau linéaire ponctuel de coniques qui contient les coniques C_2, C_3, C_4. Les deux cubiques Σ_1 et Σ_2 ont neuf points communs, parmi lesquels se trouvent les trois sommets du triangle conjugué commun aux coniques C_3 et C_4. Ces trois points ne convenant pas, il reste six points communs formant trois couples de points (a, a'), (b, b'), (c, c') conjugués par rapport à chacune des coniques C_1, C_2, C_3, C_4. D'autre part, considérons le faisceau linéaire tangentiel de coniques Γ qui contient les deux couples de points (a, a') et (b, b'). Chacune des coniques C_1, C_2, C_3, C_4 est harmoniquement circonscrite à l'une quelconque des coniques Γ ; par suite, le troisième couple de points qui fait partie des coniques Γ est formé de points conjugués par rapport à chacune des coniques C_1, C_2, C_3, C_4 ; c'est donc le couple de points (c, c').

Toute conique du réseau linéaire ponctuel qui contient C_1, C_2, C_3 est harmoniquement circonscrite à l'une quelconque des coniques Γ. Par suite, toute conique appartenant à un faisceau linéaire ponctuel qui contient une conique quelconque du réseau précédent et la conique C_4 est harmoniquement circonscrite à l'une quelconque des coniques Γ ; autrement dit, les coniques C, parmi lesquelles se trouvent les coniques C_1, C_2, C_3, C_4, qui ont pour équation générale

$$\lambda_1 f_1(u, v, w) + \lambda_2 f_2(u, v, w) + \lambda_3 f_3(u, v, w) + \lambda_4 f_4(u, v, w) = 0,$$

où λ_1, λ_2, λ_3, λ_4 sont quatre constantes arbitraires non simultanément nulles, sont toutes harmoniquement circonscrites à chacune des coniques Γ ; en particulier, les couples de points (a, a'), (b, b'), (c, c') sont formés de points conjugués par rapport à l'une quelconque des coniques C.

Réciproquement, toute conique U harmoniquement circonscrite à chacune des coniques Γ est une conique C. En effet, considérons les coniques U qui passent par deux points quelconques m et n du plan P. Deux de ces coniques se rencontrent aux deux points m et n et en deux autres points m' et n'. La conique formée par les droites mn et $m'n'$ est harmoniquement circonscrite à chacune des coniques Γ ; par suite, la droite $m'n'$ est la transformée de la droite mn dans la transformation quadratique tangentielle définie au moyen du faisceau des coniques Γ ; cette droite $m'n'$ est donc fixe, d'où il résulte que celles des coniques U qui passent par les points m et n forment un faisceau linéaire ponctuel. D'autre part, l'équation générale des coniques C dépendant d'une façon linéaire et homogène de λ_1, λ_2, λ_3, λ_4, si l'on assujettit une telle conique à passer par les points m et n, on établit par le fait même deux relations linéaires et homogènes entre λ_1, λ_2, λ_3, λ_4, d'où il résulte que celles des coniques C qui passent par m et n forment un faisceau linéaire ponctuel. Comme les coniques C sont des coniques U, on voit que ce second faisceau linéaire ponctuel coïncide avec le premier; mais, les points m et n sont arbitraires; on voit donc que toute conique U est une conique C.

3. Lignes doubles. — A chaque point m du plan P il correspond un point M et un seul de la surface S. Inversement, à un point M quelconque de la surface S il correspond, en général, un seul point m du plan P, dont on dit qu'il *représente* le point M sur le plan P. En effet, si, en général, il lui correspondait deux points m et m', il en résulterait que toute conique C passant par m passerait aussi par m'. Désignons par C' une conique C passant par m. Deux coniques C' auraient une sécante commune Δ coïncidant avec la droite mm'. Soit Δ' la sécante commune qui forme avec Δ une conique du faisceau linéaire ponctuel contenant les deux coniques C'; la conique formée par les deux droites Δ et Δ' est une conique C; elle est donc harmoniquement circonscrite aux coniques Γ; autrement dit, Δ' est transformée de Δ dans la transformation quadratique tangentielle définie à l'aide des coniques Γ. Or, en général, la droite Δ ne coïncide pas avec une des droites singulières aa', bb', cc' de la transformation; Δ' est donc unique, et ainsi les coniques C' forment un faisceau linéaire ponctuel. Mais, d'autre part, l'équation générale des coniques C dépend d'une manière linéaire et homogène des paramètres λ_1, λ_2, λ_3, λ_4; quand on les assujettit à passer par m, on établit par le fait même une relation linéaire et homogène entre ces paramètres, d'où il suit que les coniques C' forment un réseau linéaire ponctuel. Il y a ainsi contradiction; le point m est donc unique.

La conclusion précédente est en défaut quand la droite mm' coïncide avec une des droites aa', bb', cc'. Les coniques C qui passent par un point m de la droite aa', par exemple, passent aussi par le point m' conjugué harmonique de m par rapport aux points a et a'. A ces deux points m et m' il correspond un même point M de S par lequel il passe deux nappes de la surface. On voit ainsi qu'*il existe sur S trois lignes doubles, telles qu'un point variable de l'une quelconque d'entre elles soit représenté sur le plan P par deux points variables d'un côté du triangle T conjugué commun aux coniques* Γ, *les deux points étant conjugués harmoniques par rapport aux deux points de rencontre des tangentes communes aux coniques* Γ *qui sont situés sur ce côté du triangle T.*

4. Point triple.

— Ce résultat nous amène à chercher s'il existe un point de S représenté sur le plan P par trois points distincts. Or, ce qui précède montre que deux points m et m' du plan P ne peuvent représenter un même point M de la surface S que s'ils sont situés sur un côté, tel que la droite aa', du triangle T et conjugués harmoniques par rapport aux points tels que a et a' situés sur ce côté. On voit ainsi que les trois points cherchés ne peuvent être que les sommets α, β, γ du triangle T respectivement opposés aux côtés aa', bb', cc'. Effectivement, les points β et γ, γ et α, α et β sont respectivement conjugués harmoniques par rapport aux points a et a', b et b', c et c'; toute conique C qui passe par un des points α, β, γ passe nécessairement par les deux autres. Ainsi, *les points* α, β, γ *de P représentent un même point O de S, qui est un point triple de S et qui est un point commun aux trois lignes doubles de S.*

On voit aussi qu'il n'existe pas de point de S qui soit représenté par des points de P en nombre supérieur à trois.

5. Degré de la surface.

— Si un point M décrit une courbe L de la surface S, le point m qui le représente sur le plan P décrit une courbe l, et réciproquement.

La section de la surface S par le plan dont l'équation est

$$\lambda_1 x + \lambda_2 y + \lambda_3 z + \lambda_4 t = 0$$

est représentée sur le plan par la conique C qui a pour équation

$$\lambda_1 f_1(u, v, w) + \lambda_2 f_2(u, v, w) + \lambda_3 f_3(u, v, w) + \lambda_4 f_4(u, v, w) = 0.$$

Réciproquement, toute conique C représente sur le plan P une section plane de la surface S.

Une droite de l'espace pouvant être regardée comme la ligne d'intersection de deux plans, les points de rencontre d'une droite avec S sont représentés sur le plan P par les points d'intersection de deux coniques C. Or, deux coniques C quelconques se coupent en quatre points variables; si, en effet, l'un de ces quatre points était indépendant des coniques C considérées, les quatre coniques C_1, C_2, C_3, C_4 auraient un point commun, cas particulier que nous écartons pour l'instant. On voit ainsi que *la surface S est en général une surface du quatrième degré; ses sections planes sont des courbes du quatrième degré.*

6. Sections planes décomposées. — Si la conique C est une conique proprement dite, on peut exprimer les coordonnées homogènes u, v, w de l'un quelconque de ses points proportionnellement à des polynomes du second degré par rapport à un paramètre θ et par suite les coordonnées x, y, z, t d'un point quelconque de la section plane de S représentée par la conique C proportionnellement à des polynomes du quatrième degré par rapport à θ. La représentation d'un point quelconque de C par le paramètre θ étant propre, la représentation par ce paramètre θ d'un point quelconque de la section plane de S est elle-même propre, et par suite la section plane de S est une courbe du quatrième degré proprement dite, unicursale et ayant ainsi trois points doubles.

La conique C peut se décomposer en deux droites; elle est alors formée de deux droites qui sont transformées l'une de l'autre dans la transformation quadratique tangentielle définie au moyen du faisceau linéaire tangentiel des coniques Γ. On peut, dans ce cas, exprimer les coordonnées u, v, w d'un point de chacune de ces droites proportionnellement à des polynomes du premier degré par rapport à un paramètre θ et par suite les coordonnées x, y, z, t du point correspondant de S proportionnellement à des polynomes du second degré par rapport à θ. La représentation paramétrique du point de la droite étant propre, celle du point correspondant de la surface S l'est aussi, et, par conséquent, chacune des droites en lesquelles se décompose la conique C représente une conique de la surface S. La section plane de S représentée par la conique C est, dans ce cas, décomposée en deux coniques proprement dites.

Il n'y a d'exception à ce fait général que si l'une des droites auxquelles se réduit la conique C est un des côtés du triangle T, l'autre droite étant alors une droite arbitraire passant par le sommet opposé. La première droite, comme nous l'avons vu, représente une ligne double de la surface S; deux points distincts de la droite représentent un même point de cette ligne double, auquel correspondent ainsi deux valeurs du paramètre θ. La représentation paramétrique de la ligne double est donc impropre, et la ligne double est alors non pas une conique proprement dite, mais une droite.

Enfin, la conique C peut se réduire à une droite double; cette conique coïncide alors avec l'une des quatre tangentes communes aux coniques Γ, et la section plane correspondante de la surface S est formée de deux coniques proprement dites confondues en une seule. Comme les points de cette conique sont des points simples de S, il en résulte que le plan de la section plane est tangent à S tout le long de cette section plane. *Il existe donc quatre plans qui touchent chacun la surface de Steiner le long d'une conique.*

De cette discussion, il résulte que si une section plane se décompose, c'est nécessairement en deux coniques distinctes ou confondues, chacune de ces coniques pouvant d'ailleurs se réduire à une droite double.

7. Sections de la surface par ses plans tangents. — Comme nous venons de le voir, la surface S admet trois droites doubles ayant en commun un point triple de la surface. Les trois points doubles de la section plane la plus générale sont évidemment les points de rencontre du plan de la section avec les trois droites doubles de S. Si la section plane se décompose en deux coniques distinctes, trois des points d'intersection de ces deux coniques sont situés sur les droites doubles de S ; leur quatrième point d'intersection est un point simple de S, et le plan de section, contenant les tangentes aux deux coniques en ce point, n'est autre que le plan tangent en ce point à S.

Réciproquement, *tout plan tangent à S rencontre S suivant deux coniques*. En effet, la courbe d'intersection de S et du plan tangent a un point double au point de contact et trois autres points doubles aux points de rencontre du plan tangent avec les droites doubles de S. La section plane, qui est du quatrième degré et qui a quatre points doubles, se décompose, et, d'après une remarque précédemment faite, se décompose en deux coniques.

8. Classe de la surface. — Si on considère les plans sécants qui passent par une droite donnée, leur équation générale dépend linéairement d'un paramètre variable, et par suite l'équation générale des coniques C qui représentent sur le plan P les sections de S par ces plans dépend, elle aussi, linéairement du même paramètre ; autrement dit, ces coniques C forment un faisceau linéaire ponctuel. Réciproquement, si l'on considère parmi les coniques C une infinité de coniques formant un faisceau linéaire ponctuel, les plans des courbes correspondantes de la surface S passent par une même droite. De plus, le rapport anharmonique de quatre de ces plans est égal au rapport anharmonique des quatre coniques C correspondantes dans le faisceau linéaire ponctuel.

Parmi les coniques d'un faisceau linéaire ponctuel, il en existe, en général, trois qui se décomposent en deux droites. Par suite, par une droite quelconque, il passe trois plans tangents à S ; *la surface S est une surface de la troisième classe*.

9. Droites de la surface. — La considération des plans sécants qui passent par une même droite nous permet de déterminer.

toutes les droites qui sont situées sur la surface S. Si une droite est située sur S, tout plan passant par cette droite rencontre S suivant une courbe du quatrième degré, qui se décompose nécessairement en deux coniques, dont l'une au moins contient la droite. Or de la discussion faite au § 6, il résulte qu'une conique de S ne peut contenir une droite que si elle est formée de deux droites confondues avec une des droites doubles de S. *Il n'y a donc pas d'autres droites situées sur S que les trois droites doubles.*

Nous pouvons raisonner autrement. Si une droite est située sur S, les sections de S par les plans qui passent par cette droite sont représentées sur P par des coniques C formant un faisceau linéaire ponctuel et ayant une infinité de points communs, ce qui exige que ces coniques C soient toutes formées de couples de droites ayant une droite commune. Réciproquement, si des coniques C formant un faisceau linéaire ponctuel ont une droite commune, les courbes correspondantes de S ont une infinité de points communs nécessairement situés sur la droite commune aux plans de ces courbes, qui est ainsi une droite située sur S. Nous sommes donc ramenés à déterminer un faisceau linéaire ponctuel de coniques C ayant une droite commune. Or, comme nous l'avons dit, lorsqu'une conique C se décompose en deux droites, chacune d'elles est la transformée de l'autre dans la transformation quadratique tangentielle définie au moyen des coniques Γ. A la droite commune aux coniques C du faisceau linéaire ponctuel cherché, il doit donc correspondre une infinité de transformées dans la transformation quadratique précédente. Cette droite coïncide donc avec un côté du triangle T, et le point commun aux droites non communes des coniques C n'est autre que le sommet opposé du triangle T. On voit ainsi qu'il n'y a que trois droites situées sur S, qui sont représentées sur le plan P par les côtés du triangle T ; ces droites sont nécessairement des droites doubles de la surface S.

10. Une droite double de S est une droite telle que tout plan passant par cette droite rencontre la surface S suivant une courbe qui se décompose en deux coniques. Y a-t-il d'autres droites de l'espace ayant la même propriété?

Remarquons qu'un faisceau linéaire ponctuel de coniques peut, de deux manières et de deux seulement, être formé de coniques toutes décomposées en deux droites : ou bien les coniques ont une droite commune, les droites non communes qui appartiennent à ces coniques passant par un même point, ou bien les coniques sont formées de couples de droites en involution. La première manière nous a donné les droites doubles de S ; cherchons donc s'il existe un

faisceau linéaire ponctuel de coniques C formé de couples de droites
en involution. Pour qu'un faisceau linéaire ponctuel de coniques C
réponde à la question, il faut et il suffit qu'il contienne deux coniques réduites chacune à une droite double. Donc, l'un quelconque
des faisceaux linéaires ponctuels cherchés est formé de couples de
droites passant par un des six points a, a', b, b', c, c' et conjuguées
harmoniques par rapport aux tangentes communes aux coniques Γ
qui passent par ce point. Or, une tangente commune aux coniques
Γ représente sur S une des quatre coniques de S qui sont telles que
le plan de chacune d'elles soit tangent à S en tous ses points communs avec S. Les plans de ces quatre coniques forment un tétraèdre,
et les couples de droites en involution représentent sur le plan P les
sections faites sur la surface S par les plans qui passent par une
arête de ce tétraèdre. Toutes ces sections sont décomposées en deux
coniques. Les deux coniques d'une même section par un plan passant par une arête du tétraèdre précédent se touchent en un point
qui est représenté sur le plan P par le point double, tel que a, commun aux couples de droites en involution ; ce point est fixe sur
l'arête considérée du tétraèdre, et il est situé sur une droite double
de la surface S. Les deux coniques précédentes touchent en ce point
l'arête du tétraèdre et se rencontrent en deux autres points qui sont
situés sur les deux autres droites doubles de S. Ainsi, *chaque droite
double de S rencontre deux arêtes du tétraèdre dont les faces sont
situées dans les plans qui sont tangents à S le long d'une conique ; les
coniques de contact de ces plans avec S sont inscrites aux faces du
tétraèdre.*

11. Poursuivons l'étude des sections faites sur la surface S par
les plans qui passent par une droite double. Chacune de ces courbes
est représentée par une conique C formée d'un côté, par exemple
aa', du triangle T et d'une droite variable passant par le sommet α
de ce triangle opposé au côté aa'. Soit i le point d'intersection de
cette droite variable et de la droite aa'. La droite αi représente une
conique L située sur S, passant par le point triple O et rencontrant
une seconde fois la droite double représentée par la droite aa' au
point I de S qui est représenté par i ; le plan de la conique L est
tangent à S au point I. Considérons le point i' conjugué harmonique
de i par rapport aux points a et a' ; ce point représente aussi le
point I de S, et par suite le plan de la conique située sur S qui
est représentée par la droite $\alpha i'$ est tangent en I à S. Si le point i
vient en un sommet β du triangle T situé sur la droite aa', le plan
de la conique L correspondante est le plan qui contient les droites
doubles de S représentées par les droites $\beta\alpha$ et $\beta\gamma$; si le point i vient

en γ, le plan de la conique L correspondante est le plan qui contient les droites doubles de S représentées par les droites $\gamma\alpha$ et $\gamma\beta$; enfin, si le point i vient en a, le point i' vient aussi en a, et le plan de la conique L correspondante est le plan qui passe par la droite double de S représentée par la droite aa' et par une des arêtes du tétraèdre précédemment considéré qui rencontrent cette droite double ; si les points i et i' viennent en a', le plan de la conique L correspondante passe par la droite double de S considérée et par l'arête du tétradre opposée à la précédente.

Le rapport anharmonique de quatre plans sécants passant par la droite double de S est égal au rapport anharmonique des quatre droites αi qui représentent les coniques L d'intersection de S avec ces quatre plans. Or, les droites qui joignent α aux points i et i' qui représentent un même point I d'une droite double de S sont conjuguées harmoniques par rapport aux droites αa et $\alpha a'$; donc,

Les deux plans tangents à S en un point quelconque d'une droite double de S sont conjugués harmoniques par rapport aux deux plans qui passent par la droite double et par les deux arêtes du tétraèdre antérieurement défini qui rencontrent cette droite double.

12. Lignes asymptotiques de la surface. — Cherchons les courbes de S que représentent sur P les coniques Γ.

Par un point m de P, il passe deux coniques Γ. Les tangentes en m à ces deux coniques sont conjuguées par rapport à toute conique Γ ; elles forment donc une conique C et elles représentent par suite sur le plan P les coniques d'intersection de S avec le plan tangent à S au point M correspondant au point m. Chacune des deux coniques Γ qui passent par m rencontre la conique C formée par les tangentes à ces deux coniques en m en trois points confondus avec le point m ; par suite, la courbe de S qui est représentée par une de ces coniques Γ rencontre en trois points confondus avec le point M la courbe d'intersection de S avec son plan tangent en M ; autrement dit, la tangente à cette courbe en M est une tangente asymptotique à la surface S. On a donc le théorème suivant, dû à Clebsch [1] :

Les lignes asymptotiques de la surface S sont les courbes qui sont représentées sur le plan P par les coniques Γ.

Une conique C quelconque rencontre une conique Γ quelconque en quatre points ; il s'ensuit qu'un plan quelconque rencontre une ligne asymptotique de la surface S en quatre points. Donc,

---

[1] CLEBSCH, *Journal de Crelle*, 1864.

Les lignes asymptotiques de la surface S sont des courbes gauches algébriques unicursales du quatrième degré.

Les coniques Γ sont tangentes à quatre droites du plan P qui représentent les coniques de S dont les plans sont tangents à S respectivement en tous les points de ces coniques. Il en résulte que

Les lignes asymptotiques de la surface S admettent quatre plans osculateurs stationnaires, qui sont les plans tangents à S le long d'une conique.

Les quatre points de contact d'une conique Γ avec les quatre tangentes communes aux coniques Γ se partagent de trois manières différentes en trois couples de points situés sur deux droites passant par un sommet du triangle T et conjuguées harmoniques par rapport aux côtés du triangle T qui passent par ce point. Par suite,

Les points de contact des plans osculateurs stationnaires d'une ligne asymptotique se partagent de trois manières différentes en deux couples de points situés sur deux droites rencontrant une droite double de S. Les plans qui passent par la droite double et respectivement par ces deux droites sont conjugués harmoniques par rapport aux deux plans qui passent par la droite double considérée et respectivement par les deux autres droites doubles de S.

13. Classification des surfaces de Steiner. — La marche que nous avons suivie montre qu'à toute forme de S il correspond une forme du faisceau linéaire tangentiel des coniques Γ, et inversement. On peut donc classer les surfaces de Steiner d'après le nombre et l'ordre de multiplicité des tangentes communes aux coniques Γ.

I. Supposons que le faisceau des coniques Γ ne contienne pas de conique réduite à un point double. On peut distinguer trois cas :

1° Les quatre tangentes communes aux coniques Γ sont distinctes, c'est le cas général que nous venons d'étudier en détail ;

2° Les coniques Γ sont tangentes en un même point ;

3° Les coniques Γ sont osculatrices en un même point.

II. Supposons que le faisceau linéaire tangentiel des coniques Γ contienne une et une seule conique réduite à un point double O. On peut distinguer deux cas :

1° Les coniques Γ sont bitangentes en deux points μ et μ' ;

2° Les coniques Γ sont surosculatrices en O.

Dans chacun de ces deux cas, les coniques C passent par le point

O. Le degré de la surface S s'abaisse alors à 3. En effectuant sur les paramètres u, v, w une substitution linéaire, on peut supposer que le point O est un sommet du triangle de référence choisi dans le plan P, c'est-à-dire que les termes en w^2, par exemple, disparaissent simultanément dans les quatre formes quadratiques f_1, f_2, f_3, f_4. Les coordonnées x, y, z, t étant dès lors proportionnelles à des polynomes du premier degré en w, on voit que les surfaces S sont dans chacun des deux cas considérés des surfaces réglées du troisième ordre.

Nous retrouverons au chapitre XVI les surfaces S qui correspondent au cas où les coniques Γ sont bitangentes en deux points μ et μ'. Une telle surface a une droite double Δ représentée sur le plan P par la droite $\mu\mu'$, une droite simple Δ' (droite double tangentielle) représentée par le point O, deux points-pinces K et K' représentés par μ et μ', deux génératrices singulières représentées par les droites $O\mu$ et $O\mu'$. Deux génératrices de la surface qui rencontrent la droite Δ en un même point sont représentées par deux droites conjuguées harmoniques par rapport aux droites $O\mu$ et $O\mu'$. Les lignes asymptotiques de la surface sont représentées par les coniques Γ ; elles sont, comme dans le cas des surfaces de Steiner du quatrième degré, des courbes unicursales du quatrième degré.

Nous retrouverons au chapitre XVIII les surfaces S qui correspondent au cas où les coniques Γ sont surosculatrices ; ce sont les surfaces dites *de Cayley*. Une telle surface a une droite double Δ qui est représentée par la tangente en O aux coniques Γ. Les lignes asymptotiques sont des courbes du troisième degré.

III. Supposons enfin que le faisceau des coniques Γ contienne deux coniques réduites chacune à un point double. Les coniques C passent alors par deux points fixes, et le degré de la surface de Steiner est égal à 2. Les surfaces de Steiner sont dans ce cas les quadriques. Si par une substitution linéaire effectuée sur les paramètres u, v, w on amène deux des sommets du triangle de référence choisi dans le plan P aux deux points fixes par lesquels passent toutes les coniques C, on voit que les termes en u^2 et v^2, par exemple, disparaissent simultanément dans les quatre formes quadratiques f_1, f_2, f_3, f_4. On obtient ainsi la représentation paramétrique bilinéaire des quadriques que l'on déduit de la considération des deux systèmes de génératrices rectilignes.

CHAPITRE XVI

SURFACES RÉGLÉES GÉNÉRALES DU TROISIÈME ORDRE

---

1. Théorème. — *Soient une conique proprement dite* Γ, *une droite* Δ *non située dans le plan de la conique et rencontrant la conique en un point* O, *enfin une droite* Δ' *ne rencontrant ni la conique* Γ *ni la droite* Δ. *Le lieu d'une droite* G *qui rencontre constamment la conique* Γ *et les deux droites* Δ *et* Δ' *est une surface réglée du troisième degré admettant la droite* Δ *comme droite double et la droite* Δ' *comme droite simple.*

Nous allons montrer qu'une droite quelconque L rencontre le lieu S de la droite G en trois points. En effet, d'abord il est clair qu'en général par un point M quelconque de la surface il passe une droite G et une seule. Si M est un point d'intersection de la surface S et de la droite L, la droite G qui y passe est tout entière sur la quadrique Q qui contient les trois droites Δ, Δ' et L. Cette droite rencontre le plan Π de la conique Γ en un point m qui, autre que O, est un point commun à Γ et à la conique C d'intersection de la quadrique Q et du plan Π. Réciproquement, m étant un point autre que O commun aux coniques Γ et C, par ce point il passe une droite située sur Q, et une seule, rencontrant les droites Δ, Δ' et L; cette droite, qui rencontre Δ, Δ' et aussi la conique Γ, est située sur S, et le point M où elle rencontre L est un point d'intersection de S et de la droite L. Or, la conique C passe, comme la conique Γ, par le point O; ces deux coniques se coupent en trois points tels que m, autres que O; la droite L rencontre donc la surface S en trois points.

Pour montrer que la droite Δ est une droite double de S, cherchons les droites G qui passent par un point donné A de Δ. Ces droites sont nécessairement dans le plan qui passe par A et Δ'; or, ce plan rencontre Γ en deux points m_1 et m_2; il existe ainsi deux droites G qui passent par A, joignant le point A aux points m_1 et m_2. La surface S présente deux nappes qui se coupent suivant Δ; la droite Δ est une droite double de la surface. Il existe deux plans tangents au point A de Δ ; ce sont les plans qui passent par Δ et les droites Am_1 et Am_2. Toute section plane de la surface est une courbe du troisième degré qui admet comme point double le point d'intersection de son plan et de la droite Δ.

Pour montrer enfin que la droite Δ' est une droite simple de S, cherchons les droites G qui passent par un point A' de Δ'. Une telle droite est nécessairement dans le plan qui passe par A' et Δ ; ce plan rencontre Γ en un seul point m autre que O ; il existe donc une seule droite G qui passe par A', joignant le point A' au point m. Chaque point de Δ' est un point simple de la surface.

2. Théorème. — *Les couples de plans tangents à la surface S aux divers points de la droite double Δ appartiennent à une même involution.*

En effet, les droites G qui passent par un point A de Δ sont situées dans le plan qui contient A et Δ' et rencontrent Γ en deux points m_1 et m_2 qui sont en ligne droite avec le point I où la droite Δ' rencontre le plan Π de Γ. D'après le théorème de Frégier, les droites Om_1 et Om_2, qui sont les traces sur ce plan Π des plans tangents en A à la surface S, se correspondent involutivement, ce qui démontre le théorème.

Il existe deux points distincts K et K' de Δ en chacun desquels les deux plans tangents à S sont confondus. On les obtient en menant du point I les tangentes à Γ ; si μ et μ' sont les points de contact de ces tangentes, les points K et K' cherchés sont les points d'intersection de Δ et des plans qui passent par Δ' et respectivement par les points μ et μ'. Nous les désignerons sous le nom de *points-pinces*. Les plans tangents à la surface en un point quelconque A de Δ sont conjugués harmoniques par rapport aux plans tangents aux points-pinces.

Une section plane quelconque de S rencontre les deux génératrices rectilignes de S qui passent par un point A de Δ en deux points P_1 et P_2, qu'elle admet comme points simples ; la droite P_1P_2 est dans le plan qui contient A et Δ'. Si le point A coïncide avec le point K, les points P_1 et P_2 se confondent en un seul point P situé sur la droite $K\mu$; la droite P_1P_2 devient la tangente en P à la section plane, et cette tangente est située dans le plan qui passe par K et Δ'. Il suit de là que les points de la droite $K\mu$, autres que K, sont des points simples de la surface, et que le plan qui passe par K et Δ' est tangent à la surface le long de la droite $K\mu$. De même, il existe un seul et même plan tangent le long de la droite $K'\mu'$. Nous désignerons les droites $K\mu$ et $K'\mu'$ sous le nom de *génératrices singulières*.

Théorème. — *Un plan variable passant par Δ' est tangent à la surface en deux points variables M et M' de Δ' et les couples de points M, M' appartiennent à une même involution.*

Soit en effet A le point de rencontre d'un tel plan P avec la droite Δ. La section de la surface par le plan P est formée par la droite Δ' et par les deux génératrices rectilignes G et G' qui passent par A. Ces deux génératrices rencontrent Δ' respectivement en deux points M et M' en lesquels le plan P est tangent à la surface. Quand le plan P varie, le point A varie sur Δ ; le couple des plans qui passent par la droite Δ et respectivement par les droites G et G' varie dans une involution, et il en est de même du couple des points M et M' d'intersection de ces plans et de la droite fixe Δ'.

Les points doubles de l'involution formée par les couples de points M, M' sont les points de rencontre de Δ' et des génératrices singulières.

3. Soit M un point quelconque de la surface, non situé sur Δ et non situé sur Δ'. Le plan tangent en M coupe la surface suivant la génératrice G qui passe par M et suivant une conique proprement dite C qui rencontre la droite G en deux points ; l'un de ces points est le point M, l'autre est le point A où G rencontre Δ. Inversement, un plan P passant par une génératrice G et ne passant ni par Δ ni par Δ' rencontre la surface suivant la droite G et suivant une conique proprement dite C qui rencontre G en deux points dont l'un est le point A de rencontre de G et de Δ ; l'autre M n'est situé ni sur Δ ni sur Δ', et c'est un point en lequel le plan P est tangent à la surface ; le plan P ne touche d'ailleurs la surface en aucun autre point.

On voit ainsi qu'il existe une double infinité de coniques C proprement dites, tracées sur la surface. Il n'existe pas d'ailleurs de conique proprement dite sur la surface en dehors de l'ensemble des coniques précédentes. En effet, le plan P' d'une conique proprement dite C' située sur la surface rencontre la surface suivant une courbe du troisième degré qui se décompose en la conique C' et en une droite D. Cette courbe du troisième degré admet nécessairement comme point double le point A d'intersection du plan P' et de la droite Δ. Il s'ensuit que la conique C' rencontre nécessairement la droite Δ au point A et que la droite D rencontre aussi la droite Δ en ce point. La droite D est donc une génératrice G, et ainsi la conique C' fait partie de l'intersection de la surface et d'un plan passant par une génératrice.

Sur chaque conique C, il existe un point M et un seul en lequel le plan de la conique est tangent à la surface. La tangente en M à la conique C rencontre la surface en trois points confondus avec le point M, et c'est la seule droite qui possède cette propriété; elle est dite *tangente inflexionnelle* à la surface en M.

Une conique C rencontre Δ et ne rencontre pas Δ'; une telle conique peut remplacer la conique Γ dans la définition de la surface S. La conique Γ est une conique C particulière; la génératrice rectiligne qui est située dans son plan est la droite OI.

Théorème. — *Par deux points* M_1 *et* M_2 *de la surface pris en dehors des droites* Δ *et* Δ' *et non situés sur une même génératrice, il passe une conique* C *et une seule.*

1° Soit M_3 le troisième point d'intersection de la surface et de la droite $M_1 M_2$. Supposons-le d'abord, ce qui a lieu en général, distinct des points M_1 et M_2. Par ce point M_3 il passe une génératrice G. Le plan qui contient les droites $M_1 M_2$ et G rencontre la surface suivant la droite G et une conique C qui passe nécessairement par M_1 et M_2. Supposons ensuite que M_3 coïncide avec un des points M_1 et M_2, par exemple avec M_1; la droite $M_1 M_2$ est alors tangente en M_1 à la surface. Le plan tangent en M_1 à la surface contient le point M_2; il rencontre la surface suivant la génératrice qui passe par M_1 et suivant une conique C qui passe par M_2 et qui passe aussi par M_1, le point M_1 étant un point double de la courbe complète d'intersection de la surface et du plan tangent en M_1.

2° Montrons que la conique C qui passe par les points M_1 et M_2 est unique. Supposons d'abord M_3 distinct de M_1 et de M_2. Le plan d'une conique C' passant par M_1 et M_2 rencontre la surface suivant une génératrice qui passe nécessairement par M_3; il coïncide donc avec le plan de la conique C; la conique C' coïncide avec la conique C. Supposons ensuite que M_3 coïncide avec un des deux points M_1 et M_2, par exemple avec M_1. Le plan d'une conique C' passant par M_1 et M_2 contient la droite $M_1 M_2$, qui est tangente à la surface en M_1, et la tangente en M_1 à la conique C', qui est distincte de la droite précédente; il est donc tangent en M_1 à la surface; il contient la génératrice qui passe par M_1 et coïncide ainsi avec le plan de la conique C; la conique C' coïncide avec la conique C.

Remarquons que dans l'énoncé du théorème qui vient d'être établi, on peut remplacer les deux points distincts M_1 et M_2 par deux points confondus, de façon que la droite $M_1 M_2$ devienne tangente à la surface, sans être confondue avec une génératrice; le théorème subsiste; deux cas sont encore à distinguer, suivant que le point M_3 est distinct des points M_1 et M_2 ou confondus avec ceux-ci; dans ce dernier cas, la droite $M_1 M_2$ est devenue une tangente inflexionnelle à la surface.

Théorème. — *Deux coniques proprement dites tracées sur la surface, dont les plans ne contiennent pas une même génératrice, ont un point commun et un seul en dehors de la droite Δ.*

Soient C_1 et C_2 les deux coniques ; leurs plans rencontrent respectivement la surface suivant deux génératrices distinctes G_1 et G_2.

$1°$ Supposons d'abord que les points A_1 et A_2 où ces deux droites rencontrent la droite Δ soient distincts. La droite D d'intersection des plans des deux coniques rencontre G_1 et G_2 en deux points M_1 et M_2 ; elle rencontre la surface aux deux points M_1 et M_2 et en un troisième point M ; ces points ne sont situés ni sur Δ ni sur Δ'. Si M est distinct de M_1 et de M_2, il est commun aux deux coniques C_1 et C_2, et, d'après le théorème précédent, les deux coniques n'ont pas d'autre point commun. Si M coïncide avec un des deux points M_1 et M_2, avec M_1 par exemple, le plan de la conique C_1 est tangent en M_1 à la surface, et la conique C_1 passe par M_1 ; d'autre part, le plan de la conique C_2 passant par M_1, la conique C_2 passe aussi par M_1, qui est ainsi commun aux deux coniques ; ce point commun est unique.

$2°$ Supposons que les points A_1 et A_2 où les droites G_1 et G_2 rencontrent Δ soient confondus en un point A. La droite d'intersection des plans des deux coniques passe par A ; elle n'est située dans aucun des plans tangents en A à la surface ; elle rencontre par suite la surface en un point M qui n'est situé ni sur Δ, ni sur G_1, ni sur G_2, et qui est commun aux coniques C_1 et C_2 ; ce point commun est unique.

Théorème. — *Le centre de projection étant un point A de Δ et le plan de projection étant un plan Π passant par Δ', la projection d'une conique C dont le plan ne passe pas par A est une conique proprement dite qui passe par trois points fixes : le point d'intersection I de Δ et du plan Π, les points ω et ω' où les deux génératrices de la surface qui passent par A rencontrent Δ'. Réciproquement, toute conique proprement dite qui, tracée dans le plan Π, passe par les points I, ω, ω' est la projection d'une conique C et d'une seule.*

En effet, le plan d'une conique C rencontre les génératrices $A\omega$ et $A\omega'$ en deux points α et α' qui ne peuvent être situés sur la génératrice de la surface contenue dans ce plan ; les points α et α' appartiennent à la conique C. D'autre part, cette conique rencontre Δ. Il s'ensuit que sa projection c passe par les projections ω et ω' de α et de α' et par le point d'intersection I de Δ et du plan Π.

Inversement, soit dans le plan Π une conique c passant par I, ω, ω'. Considérons deux autres points m et m' de c ; les droites Am

et Am' rencontrent la surface respectivement en deux points M et M', autres que A, qui ne sont situés ni sur Δ ni sur Δ'. Par les deux points M et M' il passe une conique C et une seule. La projection de cette conique coïncide avec la conique c, comme ayant cinq points communs avec elle.

Remarquons que lorsque A coïncide avec un des points K et K', les points ω et ω' sont confondus ; la démonstration précédente est encore valable.

Théorème. — *Un cône du second degré qui passe par Δ et par deux génératrices G et G' de la surface menées par un même point de Δ rencontre la surface suivant ces droites et suivant une conique C.*

Pour démontrer ce théorème, il suffit d'appliquer le théorème précédent en prenant le sommet du cône comme centre de projection.

L'intersection du cône et de la surface est du sixième degré ; la droite Δ compte pour deux dans cette intersection.

Théorème. — *Soient deux coniques C et C' de la surface, dont les plans ne contiennent pas une même génératrice. Une génératrice variable G de la surface les rencontre en deux points P et P' qui se correspondent homographiquement. Les divisions décrites par P et P' admettent comme point double le point M commun aux deux coniques, situé en dehors de Δ.*

Projetons les deux coniques C et C' suivant les coniques Γ et Γ' sur un plan II passant par Δ', le centre de projection étant un point O de Δ, en dehors des plans des coniques C et C'. Les projections p et p' de P et de P' sont, respectivement sur Γ et Γ', en ligne droite avec le point I d'intersection de Δ et du plan II. Soient A et A' les points de rencontre de C et de C' avec Δ. Le rapport anharmonique de quatre positions de P sur C est égal au rapport anharmonique des quatre positions correspondantes de la droite AP, lequel est égal au rapport anharmonique des quatre droites telles que Ipp'. De même, le rapport anharmonique des quatre points correspondants P' sur C' est égal au rapport anharmonique des quatre droites Ipp'. Par suite, le rapport anharmonique de quatre points P quelconques de C est égal au rapport anharmonique des quatre points P' correspondants sur C' ; les points P et P' se correspondent homographiquement. Quand P vient en M, P' vient en même temps en M ; le point M est un point double des deux divisions décrites par P et P'.

Lorsque les plans des deux coniques contiennent une même génératrice qui rencontre Δ en A, les points où une génératrice variable de la surface rencontre ces deux coniques se correspondent encore homographiquement, les divisions qu'ils décrivent ont encore un point double, mais ce point double est le point A.

4. Théorème. — *La surface S est une surface de Steiner.*

Soient en effet un centre A de projection situé sur Δ, distinct des points K et K', et un plan de projection Π passant par Δ'. Désignons par I le point d'intersection de Δ et de Π, par ω et ω' les points où les génératrices de S qui passent par A rencontrent Δ'. M étant un point quelconque de S, soit m sa projection sur le plan Π. Considérons, dans le plan Π, un faisceau linéaire ponctuel de coniques admettant le triangle $I\omega\omega'$ comme triangle conjugué commun. Ce faisceau définit une transformation quadratique qui admet comme points doubles les points I, ω et ω'. Soit μ le transformé quadratique de m. Il est clair qu'à tout point M de la surface il correspond en général un point μ et un seul du plan Π, et réciproquement.

Cela posé, rapportons la surface S à un tétraèdre de référence et le plan Π à un triangle de référence; soient X, Y, Z, T les coordonnées tétraédriques d'un point M de S et u, v, w les coordonnées trilinéaires du point correspondant μ. Les coordonnées trilinéaires de m s'expriment proportionnellement à des polynomes homogènes de même degré en u, v, w; comme les coordonnées tétraédriques de M s'expriment proportionnellement à des polynomes homogènes de même degré par rapport aux coordonnées trilinéaires de m, il s'ensuit que l'on a une proportion de la forme

$$\frac{X}{f_1(u, v, w)} = \frac{Y}{f_2(u, v, w)} = \frac{Z}{f_3(u, v, w)} = \frac{T}{f_4(u, v, w)},$$

où f_1, f_2, f_3, f_4 sont des polynomes homogènes de même degré. La surface S est unicursale.

D'autre part, quand le point M décrit sur S une courbe plane, située dans le plan d'équation

$$\lambda_1 X + \lambda_2 Y + \lambda_3 Z + \lambda_4 T = 0,$$

le point μ décrit dans le plan Π la courbe γ d'équation

$$\lambda_1 f_1(u, v, w) + \lambda_2 f_2(u, v, w) + \lambda_3 f_3(u, v, w) + \lambda_4 f_4(u, v, w) = 0.$$

Or, le lieu de M est une cubique qui admet un point double sur Δ et qui rencontre les génératrices $A\omega$ et $A\omega'$; le point m décrit donc une cubique admettant le point I comme point double et passant par ω et ω'; le lieu de μ, transformé quadratique du lieu de m, est une

MICHEL, *Géom. mod.*   16 conique qui passe par le point I (IV, § 1). Il s'ensuit que les polynomes $f_1, {}_2f, f_3, f_4$ sont tous quatre du second degré et qu'ils sont les premiers membres des équations de quatre coniques ayant un point commun ; la surface S est donc une surface de Steiner du troisième degré (XV, § 13).

5. Classe de la surface S. — Soit une droite quelconque D. Un plan tangent à S passant par D rencontre la surface suivant une génératrice qui coupe D en un point d'intersection de S et de D. Réciproquement, un plan qui passe par D et une génératrice de S qui passe par un point d'intersection de S et de D est tangent à S en un point de cette génératrice. Il suit de là que *par une droite quelconque on peut mener trois plans tangents à la surface S ; la surface S est de la troisième classe.*

Considérons le cône Σ circonscrit à la surface S qui a pour sommet un point P quelconque. Par une droite D quelconque passant par P, on peut mener à ce cône trois plans tangents ; *le cône Σ est de la troisième classe.*

Le plan II qui passe par le point P et la droite Δ' rencontre la surface S suivant deux génératrices G et G', et il est tangent à la surface S aux deux points α et α', en général distincts, où ces deux génératrices rencontrent Δ'. Il s'ensuit qu'il est bitangent au cône Σ le long des deux droites qui joignent le point P aux points α et α'.

La section du cône Σ par un plan qui passe par Δ' est une courbe de la troisième classe bitangente à la droite Δ' aux points α et α'. Cette courbe est du quatrième degré ; il en résulte que *le cône Σ est du quatrième degré.*

Considérons la courbe Γ de contact du cône Σ et de la surface S, et coupons-la par un plan quelconque passant par le point P. Ce plan rencontre le cône Σ suivant quatre droites. Une telle droite est tangente à S en un point, et en un seul ; ce point est situé sur Γ. Comme le point P n'est pas situé sur Γ, on voit qu'un plan quelconque passant par P rencontre Γ en quatre points ; *la courbe Γ de contact du cône Σ et de la surface S est du quatrième degré.*

La projection conique de cette courbe sur un plan quelconque, quand on prend le point P comme centre de projection, étant une courbe de la troisième classe à tangente double, est unicursale ; il s'ensuit que *la courbe Γ est unicursale.*

Le plan qui passe par P et par une génératrice singulière g de S, étant la position limite du plan qui passe par P et par une génératrice variable de S tendant vers g, doit être comme ce plan regardé comme étant tangent à S. Le point P n'étant pas en général situé dans le plan tangent à S le long de g, le point de contact du plan considéré avec S ne peut être que le point où g rencontre Δ. On voit ainsi que *la courbe* Γ *passe par les deux points* K *et* K′. Les tangentes à Γ en ces points sont respectivement situées dans les plans qui passent par Δ et par les génératrices singulières.

D'autre part, le plan qui passe par Δ et P rencontre la surface S suivant une génératrice G, et il est tangent à S au point où G rencontre Δ ; ce point est situé sur Γ. On voit donc que *la droite* Δ *est une sécante triple de la courbe* Γ.

Si le point P est situé dans le plan tangent à S le long d'une génératrice singulière g, la courbe Γ se décompose évidemment en cette droite et en une cubique gauche γ qui rencontre Δ en deux points, dont l'un est le point où la droite Δ est rencontrée par la seconde génératrice singulière. Le cône de sommet P qui contient γ est tangent à Δ' au point α où la génératrice g rencontre Δ'. La projection conique de γ sur un plan qui passe par Δ' est une courbe de la troisième classe qui admet la droite Δ' comme tangente d'inflexion ; cette courbe est une cubique à point de rebroussement.

Dans ce qui précède, le point P est supposé non situé sur la surface S. Supposons maintenant que P soit un point de S, n'appartenant ni à Δ ni à Δ'. Soit α le point où la génératrice G qui passe par P rencontre Δ' ; le plan qui contient G et Δ' est tangent à S en α, et il est aussi tangent à S au point α' de Δ' où passe la seconde génératrice située dans ce plan. Par une droite D quelconque qui passe par P, on peut mener à S trois plans tangents dont un passe par G. Il s'ensuit que le cône Σ de sommet P circonscrit à S se décompose en la droite G considérée comme enveloppe des plans qui passent par elle et en un cône σ du second ordre qui est tangent à la droite Δ' au point α'.

La courbe Γ de contact du cône Σ avec la surface se décompose en la génératrice G et la courbe de contact γ du cône σ avec la surface. Cette courbe γ est le lieu du point de contact M avec S d'un plan passant par P et par une génératrice variable G′ de la surface. Ce plan rencontre S suivant une conique C′ qui passe par les points P et M et par le point A′ où G′ rencontre Δ. Quand G′ tend vers G, C′ tend vers une conique C qui passe par P et par le point A où G rencontre Δ, le point M tend vers le point P autre que A où G rencontre C. On voit ainsi que la courbe γ passe par le point P qu'elle admet comme point simple. La tangente à γ en ce point est la tangente inflexionnelle en ce point à S. D'autre part, un plan quelconque passant par P rencontre le cône σ suivant deux droites D_1 et D_2 ; les plans qui passent par G et respectivement par D_1 et D_2 sont tangents à S en deux points M_1 et M_2 qui appartiennent à γ. Les points P, M_1 et M_2 sont les points d'intersection de γ avec le plan considéré ; *la courbe* γ *est par suite une cubique gauche.* Cette cubique passe par les points K et K′ ; *la droite* Δ *est une sécante double de la cubique.*

Ce raisonnement suppose toutefois que le point P n'est pas situé sur une génératrice singulière. Si la génératrice G est singulière, le plan qui passe par P et par une génératrice G′ infiniment voisine a pour position limite le plan tangent le long de cette génératrice singulière ; on voit ainsi que la courbe γ précédente se décompose en la génératrice singulière et une courbe γ′ qui ne passe pas par P. Cette courbe γ′ est rencontrée par un plan passant par P en deux points ; elle est donc du second degré, et comme elle ne peut évidemment être formée de droites, c'est une conique proprement dite. Cette conique passe par le point où Δ rencontre l'autre génératrice singulière ; il s'ensuit que son plan passe par cette autre génératrice singulière.

6. Considérons la courbe Γ de contact avec S du cône circonscrit ayant pour sommet un point quelconque P. Le plan d'une conique C tracée sur S rencontre cette courbe en quatre points dont un est situé sur la génératrice de S contenue dans le plan. Il s'ensuit qu'*une conique* C *quelconque rencontre* Γ *en trois points.* Projetons la figure sur un plan Π passant par Δ′, le centre de projection étant P ; la projection C_1 d'une conique C est tangente en trois points à la projection $Γ_1$ de la courbe Γ. Nous allons montrer que réciproquement *toute conique* C_1 *tritangente à* $Γ_1$ *est la projection conique d'une conique* C *tracée sur* S. En effet, la courbe $Γ_1$ est, en général, une courbe de la troisième classe admettant Δ′ comme tangente double. Si l'on représente une tangente à cette courbe par le paramètre R que nous avons défini antérieurement (VIII, § 8), la condition nécessaire et suffisante pour que trois tangentes à $Γ_1$ soient concourantes est

$$R_1 R_2 R_3 = k,$$

k étant une certaine constante, et la condition nécessaire et suffisante pour que six tangentes à $Γ_1$ soient tangentes à une même conique est

$$R_1 R_2 \ldots R_5 R_6 = k^2.$$

D'après cela, si R, R′, R″ sont les paramètres des tangentes à $Γ_1$ aux points où $Γ_1$ est touchée par une conique C_1 qui lui est tritangente, on a

$$R^2 R'^2 R''^2 = k^2,$$

c'est-à-dire, puisque $RR'R''$ est différent de k, sans quoi les tangentes seraient concourantes,

$$RR'R'' = -k.$$

Cette condition est à la fois nécessaire et suffisante. Il en résulte qu'il existe une conique C_1 et une seule tritangente à Γ_1 qui touche Γ_1 en deux points donnés à l'avance. Soient M_1 et M'_1 ces deux points ; ils sont les projections de deux points M et M' de Γ par lesquels il passe une et une seule conique C de la surface S ; la projection de cette conique coïncide avec C_1.

Ce qui précède suppose que P n'est pas situé dans le plan tangent à S le long d'une génératrice singulière. Si P est dans le plan tangent à S le long de la génératrice singulière g, la courbe γ qui remplace Γ est du troisième degré et se projette sur un plan Π passant par Δ', le centre de projection étant P, suivant une cubique γ_1 à point de rebroussement, qui admet Δ' comme tangente d'inflexion. Une conique C de S, rencontrant la génératrice singulière, se projette suivant une conique C_1 bitangente à γ_1 et tangente à la droite Δ'. Montrons que, réciproquement, *toute conique C_1 bitangente à γ_1 et tangente à Δ' est la projection d'une conique C tracée sur* S. Soient en effet deux points quelconques M_1 et M'_1 de γ_1 ; il existe une infinité de coniques bitangentes en M_1 et M'_1 à γ_1 ; ces coniques forment un faisceau linéaire tangentiel, et, dès lors, parmi ces coniques, il en existe une et une seule C_1 qui touche Δ'. Les points M_1 et M'_1 sont les projections de deux points M et M' de γ, par lesquels il passe une et une seule conique C de S dont la projection coïncide avec C_1.

Nous laisserons de côté le cas où le point P est situé sur la surface.

7. Définition corrélative. — Si l'on considère le cône σ circonscrit à S qui a pour sommet un point P de S, on voit que la surface S peut être définie comme le lieu d'une droite G qui rencontre les deux droites Δ et Δ' et qui est tangente au cône du second degré σ, lequel est tangent à la droite Δ'.

Soient, d'une manière générale, deux droites fixes Δ et Δ' non situées dans un même plan, et un cône du second degré σ tangent à Δ'. Montrons que le lieu d'une droite G qui rencontre Δ et Δ' et qui est tangente au cône σ est une surface réglée du troisième ordre, admettant Δ comme droite double et Δ' comme droite simple. Pour le voir, il suffit d'appliquer le principe de dualité à la démonstration du théorème fondamental concernant la surface S. Il existe d'après cela trois droites G rencontrant une droite quelconque de l'espace ; il en existe deux qui passent par un point de Δ, et deux qui sont situées dans un plan passant par Δ'. Par application du principe de dualité, on voit encore qu'un plan tangent au lieu considéré le rencontre suivant une droite et une conique, cette conique ayant un point commun avec Δ, et qu'ainsi le lieu peut être engendré par une droite rencontrant deux droites fixes non situées dans un même plan et une conique fixe ayant un point commun avec une des deux droites fixes ; le lieu cherché est une surface S.

Étant donnée une surface S, il y a correspondance dualistique entre sa droite double Δ envisagée comme lieu de points et sa droite simple Δ' envisagée comme enveloppe de plans, entre l'involution formée par les couples de plans tangents aux divers points de Δ et l'involution formée par les couples de points de contact des divers plans tangents passant par Δ', entre les points-pinces K et K' et les plans passant par Δ' et ces points K et K'. Le système des génératrices singulières se correspond à lui-même par dualité. Les coniques de la surface correspondent par dualité aux cônes du second ordre circonscrits à la surface qui ont pour sommets les points de la surface, les sections planes, cubiques à point double, aux cônes circonscrits, cônes de la troisième classe à plan tangent double.

La développable enveloppée par les plans tangents à S aux divers points de la section par un plan est unicursale et de la quatrième classe. Si le plan sécant passe par un point-pince, cette développable se décompose en la génératrice singulière qui passe par ce point et en une développable de la troisième classe. Si le plan sécant passe par une génératrice singulière, la développable se décompose en cette droite comptant pour deux et en un point situé sur l'autre génératrice singulière.

Pour marquer la correspondance dualistique qui existe entre les droites Δ et Δ', nous dirons que Δ est une *droite double ponctuelle* et Δ' une *droite double tangentielle*.

CHAPITRE XVII

CYLINDROÏDE

1. Définition du cylindroïde. — Soient une droite Δ, un plan P_0 ne passant pas par Δ et non perpendiculaire à Δ, et dans ce plan un point fixe I_0.

Considérons une droite variable L du plan, passant par I_0, et la

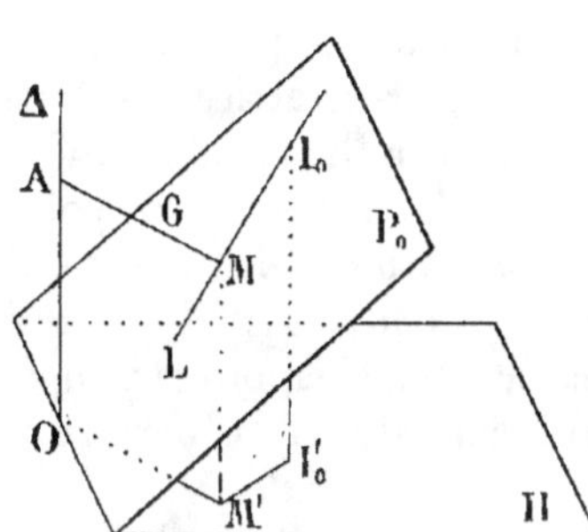

perpendiculaire commune G à Δ et à L, rencontrant Δ en A et L en M. Nous allons montrer que le lieu de M est une ellipse C_0 qui rencontre Δ. Projetons en effet la figure orthogonalement sur un plan Π perpendiculaire à Δ en un point O; soient I_0' et M′ les projections de I_0 et de M sur ce plan. L'angle droit formé par G et L se projette suivant un angle droit; par suite, le lieu de M′ est le cercle de diamètre OI_0'.

Le lieu de M est la section par le plan P_0 du cylindre de révolution qui admet ce cercle comme section droite; cette courbe est une ellipse. Comme Δ est une génératrice du cylindre, on voit que l'ellipse rencontre Δ.

La droite G est constamment parallèle au plan Π; elle rencontre constamment la droite à l'infini Δ' des plans perpendiculaires à Δ. Il en résulte que le lieu de G est une surface réglée du troisième ordre S admettant Δ comme droite double et la droite à l'infini Δ' comme droite simple. Cette surface S a reçu de Cayley le nom de *cylindroïde*; elle est aussi souvent désignée sous le nom de *conoïde de Plücker*.

2. Un plan variable parallèle au plan Π rencontre Δ en un point A et l'ellipse C_0 en deux points M_1 et M_2. Soient M_1' et M_2' les projections de M_1 et de M_2 sur le plan Π; ce sont deux points du cercle

C_0' de diamètre OI_0. La droite M_1M_2 est parallèle à la trace du plan P_0 sur le plan Π ; il en est de même de la droite $M_1'M_2'$. Les droites OM_1' et OM_2' se correspondent en involution ; elles ont deux bissectrices fixes, qui sont les rayons doubles de l'involution. Ces deux rayons doubles sont les projections des génératrices singulières de S. On voit ainsi que *les génératrices singulières du cylindroïde sont rectangulaires*. Les plans qui passent par Δ et les génératrices AM_1 et AM_2 sont symétriques par rapport aux deux plans qui passent par Δ et les génératrices singulières ; ces deux derniers plans sont deux plans de symétrie du cylindroïde. Les génératrices singulières rencontrent l'ellipse C_0 aux deux points où la tangente est parallèle au plan Π ; ces deux points sont les extrémités du grand axe de l'ellipse C_0.

Le plan parallèle au plan Π qui passe par le centre ω de l'ellipse C rencontre l'ellipse en deux points diamétralement opposés m_1 et m_2 ; leurs projections sur le plan Π sont deux points m_1' et m_2' diamétralement opposés sur le cercle C_0' ; les droites Om_1' et Om_2' sont rectangulaires. Il s'ensuit que le plan parallèle au plan Π mené par ω rencontre le cylindroïde suivant deux génératrices rectangulaires ; ces deux droites rencontrent Δ au milieu du segment limité par les points-pinces K et K'. Nous désignerons ce point sous le nom de *point principal du cylindroïde* et les génératrices qui y passent sous le nom de *génératrices principales*. Les plans qui passent par la droite Δ et les génératrices principales font un angle de 45° avec chacun des plans qui passent par Δ et les génératrices singulières.

Dans la suite, nous prendrons comme point O sur Δ le point principal et comme plan Π le plan qui contient les génératrices principales.

Ce plan passe par le petit axe de l'ellipse C_0. Si l'on désigne par p et q les longueurs du grand axe et du petit axe de l'ellipse, par θ l'angle aigu que fait le plan P_0 avec le plan Π, on a

$$q = p \cos \theta.$$

D'autre part, le grand axe de l'ellipse se projette orthogonalement sur Δ suivant le segment KK' ; on a ainsi

$$KK' = p \sin \theta.$$

On en déduit

$$\overline{KK'}^2 = p^2 - q^2,$$

ce qui montre que *la distance des points* K *et* K' *est égale à la distance focale de l'ellipse* C_0.

3. Coniques tracées sur le cylindroïde. — La courbe à l'infini du cylindroïde est formée de la droite Δ' et des deux droites qui joignent le point à l'infini Z de Δ aux points à l'infini de l'ellipse C_0. Comme la conique C_0 se projette orthogonalement sur le plan Π suivant un cercle, ces deux dernières droites passent par les points cycliques i et j des plans perpendiculaires à Δ ; les droites Zi et Zj sont les tangentes menées de Z au cercle à l'infini.

Toute conique C tracée sur le cylindroïde rencontre les deux génératrices imaginaires Zi et Zj ; il s'ensuit que *toute conique C tracée sur le cylindroïde est une ellipse qui se projette orthogonalement sur le plan Π suivant un cercle passant par O. Réciproquement, tout cercle tracé dans le plan Π des génératrices principales et passant par O est la projection orthogonale d'une conique C tracée sur le cylindroïde.* Un cylindre de révolution quelconque passant par Δ rencontre le cylindroïde suivant les deux droites Zi et Zj, la droite Δ qui compte pour deux et la conique C qui se projette sur le plan Π suivant la section du cylindre par ce plan.

Le lieu des pieds des perpendiculaires abaissées d'un point fixe I sur les génératrices du cylindroïde est une conique C. En effet, l'angle droit formé par une génératrice G et la perpendiculaire abaissée de I sur cette droite se projette orthogonalement sur le plan Π suivant un angle droit dont les côtés passent l'un par O, l'autre par la projection I' de I sur le plan Π ; le lieu du sommet de ce dernier angle est le cercle de diamètre OI', et le lieu du sommet du premier est une ellipse C tracée sur le cylindroïde. Cette conique ne change pas si l'on remplace le point I par un autre point situé sur la parallèle à Δ menée par I. Réciproquement, à toute conique C du cylindroïde il correspond une droite parallèle à Δ telle que la conique C soit le lieu des pieds des perpendiculaires abaissées sur les génératrices du cylindroïde d'un point quelconque de cette droite.

On voit ainsi que dans la définition du cylindroïde on peut remplacer le point I_0 par un point I quelconque, pourvu qu'en même temps on remplace le plan P_0 par le plan P de la conique C, lieu des pieds des perpendiculaires abaissées de I sur les génératrices du cylindroïde. De là résultent immédiatement les conséquences suivantes :

1° *Le lieu des centres des ellipses C est le plan Π qui contient les génératrices principales.*

2° *Les petits axes des ellipses C sont situés dans le plan Π, les extrémités des petits axes sont situées sur les génératrices principales.*

3° *Les extrémités des grands axes des ellipses C sont situées sur les génératrices singulières.*

$4°$ *La distance focale d'une ellipse* C *est constante et égale à la distance des points-pinces* K *et* K'.

On voit encore que la donnée de la droite double Δ et des génératrices singulières du cylindroïde entraîne la détermination du cylindroïde. *Tous les cylindroïdes sont semblables.*

Sur le cylindroïde, il existe une simple infinité d'ellipses C qui sont égales à une ellipse donnée E ayant pour distance focale la longueur KK'. Le lieu de leurs centres est, dans le plan Π, le cercle qui a pour centre le point O et pour rayon la demi-longueur du petit axe de l'ellipse E. L'enveloppe de leurs petits axes, dans le plan Π, est une hypocycloïde à quatre rebroussements admettant les génératrices principales du cylindroïde comme tangentes doubles de rebroussement. Le lieu de leurs grands axes est la surface lieu des droites de longueur constante dont les extrémités glissent sur deux droites rectangulaires, qui sont les génératrices singulières du cylindroïde. Cette surface est du quatrième ordre ; elle est coupée par un plan quelconque parallèle au plan Π suivant une ellipse qui varie de façon que la somme ou la différence des longueurs de ses axes soit constante ; elle admet l'hypocycloïde à quatre rebroussements précédente comme contour apparent sur le plan Π.

L'existence des ellipses C du cylindroïde qui sont égales à l'ellipse E conduit à la génération suivante du cylindroïde. Soient C_0 une de ces ellipses, C_0' le cercle passant par O suivant lequel elle se projette sur le plan Π. Considérons le cercle γ de centre O qui est tangent au cercle C_0' ; lions invariablement l'ellipse C_0 au cylindre de révolution qui a pour base C_0' et faisons rouler sans glissement le cercle C_0' sur le cercle γ. Un point marqué M de C_0 se projette sur Π en un point marqué M' de C_0'. D'après le théorème de La Hire, le point M' décrit un diamètre du cercle γ, et le point M, qui se déplace dans un plan fixe parallèle au plan Π, décrit dans ce plan une droite qui rencontre Δ. Il s'ensuit que le lieu des positions de l'ellipse C_0 est le cylindroïde lieu des droites qui rencontrent Δ et C_0 et sont perpendiculaires à Δ.

Le plan d'une conique C du cylindroïde rencontre la surface suivant une droite G qui passe par le point A où la conique C rencontre Δ et qui rencontre la conique C en un autre point M en lequel le plan de la conique est tangent à la surface. Soient m_1 et m_2 les points de rencontre de l'ellipse C avec les génératrices principales ; ces points sont diamétralement opposés sur le cercle C' projection de C sur le plan Π qui contient les génératrices principales. La projection M' de M sur ce plan est un point situé sur la parallèle à $m_1 m_2$ menée par O ; il s'ensuit que la droite OM' est, par rapport à chacune des génératrices principales, symétrique de la droite qui joint le point O au centre commun ω de C et de C'.

4. Cônes ou cylindres circonscrits au cylindroïde. — Certains cônes ou cylindres circonscrits au cylindroïde ont des propriétés remarquables que nous allons établir.

1° Soit un point P du cylindroïde S, à distance finie. Nous savons que le cône σ de sommet P circonscrit à S est du second degré. Ce cône est tangent à Δ'; la section de ce cône par le plan Π est donc une parabole, laquelle est tangente aux génératrices principales, de sorte que sa directrice passe par le point principal O. En outre, le cône σ est tangent aux plans qui passent par P et les génératrices à l'infini Zi et Zj du cylindroïde. Les traces de ces plans sur le plan Π, qui sont tangentes à la parabole précédente, sont les droites isotropes du plan Π qui passent par la projection P' du point P sur le plan Π. Nous voyons ainsi que *la parabole a pour foyer le point P'. La tangente au sommet de cette parabole est la droite qui joint les projections du point P', ou du point P, sur les génératrices principales de S*. La droite PP' est une droite focale du cône σ; comme cette droite est perpendiculaire à un plan tangent au cône σ, on voit que *le cône supplémentaire du cône σ est un cône de Hachette*.

2° Soit un point P à l'infini, dans une direction λ autre que celle de Δ et non parallèle au plan Π. Nous savons que le cône (ou cylindre) Σ de sommet P circonscrit au cylindroïde est de la troisième classe, et qu'il admet comme plan tangent double le plan passant par P et la droite Δ', c'est-à-dire le plan à l'infini, les génératrices de contact étant les droites qui joignent le point P aux points i et j où les génératrices à l'infini rencontrent Δ'. La trace Γ_1 de ce cylindre sur le plan Π est une courbe de la troisième classe bitangente à Δ' aux points i et j; ces points étant les points cycliques du plan Π, on a le théorème suivant:

La trace sur le plan Π (et sur tout plan parallèle à Π) d'un cylindre circonscrit au cylindroïde est, en général, une hypocycloïde à trois rebroussements.

M. E. Guitton, à qui j'ai communiqué ce résultat, m'en a donné la démonstration suivante:

Soit D la génératrice du cylindroïde qui est perpendiculaire à la direction λ. Menons par D le plan parallèle à λ, qui rencontre le cylindroïde suivant une ellipse C. La projection de cette ellipse sur le plan Π qui est parallèle au plan Π et qui contient D est un cercle C' qui passe par le point A où D rencontre la droite double Δ. Une génératrice G variable du cylindroïde rencontre C en un point M, et sa projection sur le plan Π est la droite qui joint le point A à la

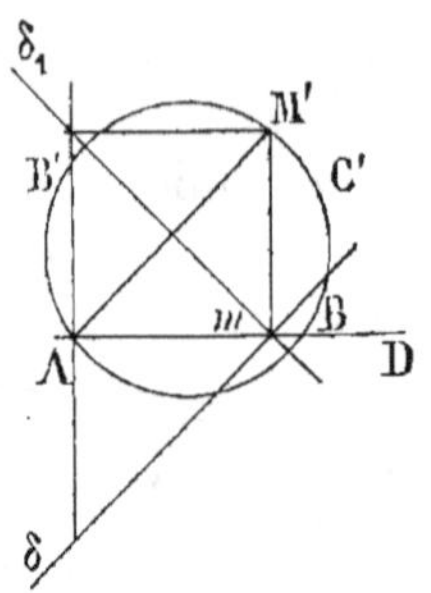

projection M′ du point M. Le plan mené par G parallèlement à λ rencontre D au pied m de la perpendiculaire abaissée de M′ sur D, et la trace de ce plan sur le plan Π est la parallèle menée par m à la droite AM′. Il s'agit de montrer que l'enveloppe de cette droite δ est une hypocycloïde à trois rebroussements. Or, considérons le point B, autre que A, où la droite D rencontre C′ et le point B′ diamétralement opposé au point B sur ce cercle. Il est immédiat que la droite $δ_1$ symétrique de δ par rapport à D est la droite de Simson du triangle ABB′ relative au point M′ du cercle C′ circonscrit à ce triangle. L'enveloppe de $δ_1$ étant, comme nous l'avons vu (VII, § 10), une hypocycloïde à trois rebroussements, il en est de même de l'enveloppe de δ.

5. De ce théorème découlent diverses conséquences.

1° Le lieu du point de rencontre de deux tangentes rectangulaires variables à une hypocycloïde à trois rebroussements étant un cercle, tangent en trois points à l'hypocycloïde, on voit que *le lieu d'une droite parallèle à une direction donnée qui rencontre deux génératrices rectangulaires variables du cylindroïde S est un cylindre dont la base dans le plan Π est un cercle.*

La projection sur le plan Π, parallèlement à λ, d'une conique C du cylindroïde, est une ellipse C_1 tritangente à l'hypocycloïde $Γ_1$, et, réciproquement, toute ellipse C_1 tritangente à l'hypocycloïde est la projection sur Π parallèlement à λ d'une conique C du cylindroïde. Parmi les coniques C_1, il en existe une qui est le cercle tritangent à l'hypocycloïde. On voit ainsi qu'*étant donnée une direction* λ *arbitraire, il existe une conique C et une seule sur le cylindroïde qui se projette sur le plan Π parallèlement à λ suivant un cercle.* Nous allons montrer que, suivant que le centre d'une ellipse C_1 est intérieur ou extérieur au cercle tritangent, *la somme ou la différence des longueurs des axes de cette ellipse est constante* (¹).

Rappelons d'abord que, si l'on représente paramétriquement une tangente à l'hypocycloïde par l'angle φ qu'elle fait avec une direction fixe L du plan de la courbe, la condition nécessaire et suffisante

___

(¹) Ce résultat fait partie de la question posée en 1899 au Concours général de Mathématiques spéciales.

pour que trois tangentes de paramètres φ_1, φ_2, φ_3 soient concourantes est, à un multiple de π près,

$$\varphi_1 + \varphi_2 + \varphi_3 = \omega,$$

ω étant une certaine constante qui dépend de la direction L choisie, et que la condition nécessaire et suffisante pour que six tangentes de paramètres φ_1, φ_2, ..., φ_6 soient tangentes à une même conique est, à un multiple de π près,

$$\varphi_1 + \varphi_2 + \ldots + \varphi_6 = 2\omega.$$

D'après cela, on voit que la condition nécessaire et suffisante pour que trois tangentes à l'hypocycloïde, de paramètres φ_1, φ_2, φ_3, soient les tangentes aux points de contact avec une ellipse tritangente est, à un multiple de π près,

$$\varphi_1 + \varphi_2 + \varphi_3 = \omega + \frac{\pi}{2}.$$

Cela posé, soient A_1, A_2, A_3 les sommets du triangle formé par les tangentes, de paramètres φ_1, φ_2, φ_3, à l'hypocycloïde aux points A_1', A_2', A_3' de contact avec une ellipse C_1 ; A_1', A_2', A_3' sont respectivement situés sur les côtés A_2A_3, A_3A_1, A_1A_2 du triangle. Montrons que les hauteurs de ce triangle sont tangentes à l'hypocycloïde. En effet, soit φ_1' le paramètre de la troisième tangente menée de A_1 la courbe. On a

$$\varphi_1' + \varphi_2 + \varphi_3 = \omega$$

et, d'autre part,

$$\varphi_1 + \varphi_2 + \varphi_3 = \omega + \frac{\pi}{2} \; ;$$

on a donc

$$\varphi_1' = \varphi_1 - \frac{\pi}{2},$$

égalité qui prouve que la tangente de paramètre φ_1' est perpendiculaire à la tangente en A_1' et est ainsi une hauteur du triangle $A_1A_2A_3$.

Désignons par H_1, H_2, H_3 les pieds des hauteurs du triangle $A_1A_2A_3$, par H l'orthocentre, par M_1, M_2, M_3 les milieux des côtés. Les points H_1, H_2, H_3 appartiennent au cercle tritangent à l'hypocycloïde, qui est donc le cercle des neuf points du triangle. Ce cercle passe par les points M_1, M_2, M_3, et l'on voit ainsi que les points A_1', A_2', A_3' sont respectivement symétriques de H_1, H_2, H_3 par rapport à M_1, M_2, M_3 respectivement.

En vertu du théorème d'après lequel le lieu des centres des coniques tangentes à quatre droites est la droite qui joint les milieux des diagonales du quadrilatère complet formé par les quatre droites,

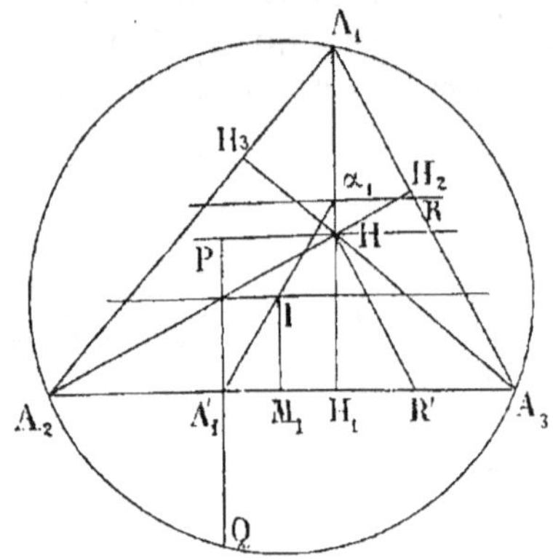

le centre de la conique C_1 est commun aux trois droites qui joignent M_1, M_2, M_3 respectivement aux milieux des segments A_1A_1', A_2A_2', A_3A_3'; ces droites étant parallèles respectivement aux hauteurs du triangle, on voit que le centre de la conique coïncide avec le centre I du cercle circonscrit au triangle $A_1A_2A_3$.

Les hauteurs du triangle, qui sont symétriques par rapport à I des normales à l'ellipse aux points A_1', A_2', A_3', sont elles-mêmes normales à cette ellipse aux points α_1, α_2, α_3 diamétralement opposés sur l'ellipse aux points A_1', A_2', A_3'. Soit R le point de rencontre de la tangente en α_1 à l'ellipse et du côté A_1A_3. Si d désigne la demi-longueur du diamètre de l'ellipse qui est parallèle aux tangentes en A_1' et en α_1, on voit facilement, en regardant l'ellipse comme la projection orthogonale d'un cercle, que l'on a

$$d^2 = \overline{A_1'A_3} \cdot \overline{\alpha_1 R}.$$

Menons par H la parallèle à A_1A_3 jusqu'à la rencontre en R' avec A_2A_3. On a

$$\overrightarrow{\alpha_1 H_1} = 2\overrightarrow{IM_1} = \overrightarrow{A_1H}$$

et par suite $\overrightarrow{A_1\alpha_1} = \overrightarrow{HH_1}$; les deux triangles $A_1\alpha_1 R$ et HH_1R' sont donc égaux, et l'on a $\overrightarrow{\alpha_1 R} = \overrightarrow{H_1 R'}$. D'autre part, on a $\overrightarrow{A_1'A_3} = \overrightarrow{A_2H_1}$; il s'ensuit que l'on a

$$d^2 = -\overline{H_1A_2} \cdot \overline{H_1R'},$$

c'est-à-dire, le triangle A_2HR' étant rectangle, $d = HH_1$. Nous connaissons ainsi en grandeur et en position deux diamètres conjugués de l'ellipse, le diamètre IA_1' et le diamètre parallèle à A_2A_3. Pour construire les axes de l'ellipse, appliquons la construction de Chasles. Menons en A_1' la normale sur laquelle nous porterons de part et d'autre de A_1' une longueur égale à HH_1; nous aurons ainsi deux points, dont l'un P est situé sur la parallèle à A_2A_3 menée par H et dont l'autre Q, qui est symétrique de H par rapport à M_1, est situé sur le cercle circonscrit au triangle $A_1A_2A_3$. Si a et b sont les demi-longueurs du grand axe et du petit axe de l'ellipse, les distances des points P et Q au point I sont égales à $a + b$ et à $a - b$.

Désignons par ρ le rayon du cercle tritangent à l'hypocycloïde et par δ la distance du point I au centre du cercle tritangent. On a $IQ = 2\rho$ et $IP = IH = 2\delta$. Deux cas principaux se présentent :

$1°$ Le centre I de la conique C_1 est intérieur au cercle tritangent. Alors, on a $\delta < \rho$, $IQ > IP$ et par suite $IQ = a + b$. Ainsi, on a $a + b = 2\rho$. *La somme des demi-longueurs des axes de l'ellipse C_1 est constante et égale au diamètre du cercle tritangent à l'hypocycloïde.*

$2°$ Le centre I de la conique C_1 est extérieur au cercle tritangent. Alors, on a $\delta > \rho$, $IQ < IP$ et par suite $IQ = a - b$. Ainsi, on a $a - b = 2\rho$. *La différence des demi-longueurs des axes de l'ellipse C_1 est constante et égale au diamètre du cercle tritangent à l'hypocycloïde.*

Si le plan de la conique C est parallèle à la direction λ, la conique C_1 se réduit à la portion de la tangente en un point A_1 de l'hypocycloïde qui est limitée aux points de rencontre A_2 et A_3 avec cette courbe. Cette portion de droite est, comme on sait, de longueur constante et égale au diamètre du cercle tritangent. On a ainsi le théorème suivant :

Le lieu des centres des coniques C du cylindroïde dont le plan est parallèle à une direction λ est un cercle du plan II ; la projection sur le plan II parallèlement à λ du diamètre conjugué de la direction λ par rapport à une de ces coniques C est de longueur constante ; le lieu des traces sur le plan II des tangentes parallèles à λ aux coniques C considérées est une hypocycloïde à trois rebroussements.

6. Paraboloïdes de révolution liés au cylindroïde. —

$1°$ Soient un paraboloïde de révolution de sommet I et d'axe D, et une droite Δ parallèle à D. Nous allons montrer que le lieu d'une droite G qui rencontre Δ orthogonalement et qui est tangente au paraboloïde est un cylindroïde.

En effet, le plan perpendiculaire à Δ qui passe par G rencontre le paraboloïde suivant un cercle auquel la droite G est tangente en un point M. Projetons orthogonalement la figure sur le plan tangent en I au paraboloïde, qui rencontre Δ en K. La projection M' de M sur ce plan décrit dans ce plan le cercle de diamètre KI ; le lieu de M est la courbe d'intersection du paraboloïde et d'un cylindre de révolution dont l'axe est parallèle à celui du paraboloïde. Les deux quadriques, ayant même conique à l'infini, se rencontrent à distance finie suivant une ellipse C qui se projette sur le plan tangent en I au paraboloïde suivant un cercle C′ qui passe par K. Il s'ensuit que la droite G décrit un cylindroïde S qui admet comme droite double la droite Δ. Le plan méridien du paraboloïde qui passe par Δ est un plan de symétrie de S, la droite KI est une génératrice singulière. L'un des points-pinces est le point K, l'autre K′ est le point à distance finie d'intersection du paraboloïde et de la droite Δ.

Le paraboloïde est tangent au cylindroïde le long de la conique C. Les plans tangents au cylindroïde aux divers points de C passent par un même point ω, qui est le pôle du plan de C par rapport au paraboloïde et aussi le pôle de la droite IK′ par rapport à la méridienne du paraboloïde dont le plan passe par Δ ; le point ω est le milieu de IK.

Réciproquement, soient un cylindroïde S, sa droite double Δ, ses points-pinces K et K′ et ses génératrices singulières Kx et $K'x'$. Menons par $K'x'$ un plan quelconque P rencontrant Kx en I et considérons le paraboloïde de révolution qui a pour méridienne, dans le plan qui passe par Kx et Δ, la parabole tangente en I à Kx et passant par K′. Le plan P rencontre le cylindroïde et le paraboloïde suivant une même ellipse C qui se projette sur le plan mené par Kx perpendiculairement à Δ suivant le cercle de diamètre KI. Les génératrices du cylindroïde sont tangentes au paraboloïde, qui est ainsi tangent au cylindroïde le long de l'ellipse C. On a le théorème suivant :

Il existe un cône circonscrit au cylindroïde le long de toute conique C dont le plan passe par une génératrice singulière $K'x'$. Le sommet du cône est situé sur l'autre génératrice singulière Kx, au milieu du segment limité par K et par le point de la conique situé sur Kx.

Il existe deux familles de paraboloïdes de révolution inscrits au cylindroïde, les axes des paraboloïdes de chaque famille étant situés dans un plan de symétrie du cylindroïde. Le lieu des foyers des paraboloïdes dont les axes sont situés dans le plan qui passe par Kx et Δ est la parabole qui a pour sommet K et pour foyer K′. Les paraboles lieux des foyers des paraboloïdes de révolution de l'une et de l'autre famille inscrits au cylindroïde sont focales l'une de l'autre.

Plus généralement, considérons un paraboloïde de révolution quelconque d'axe parallèle à Δ. Le paraboloïde et le cylindroïde ont en commun les génératrices Zi et Zj ; la courbe d'intersection à distance finie des deux surfaces est une courbe du quatrième degré L qui admet comme point double le point A d'intersection à distance finie de Δ et du paraboloïde. Cette courbe L est une biquadratique unicursale. Si le paraboloïde est tangent au cylindroïde en un point M, ce point M est un second point double de la biquadratique, qui se décompose alors en deux ellipses C ; si le paraboloïde est tangent au cylindroïde en deux points M et M', le paraboloïde est inscrit au cylindroïde le long d'une conique C, passant par M et M', dont le plan passe par une génératrice singulière du cylindroïde.

7. Pour qu'une surface réglée du troisième ordre S soit un cylindroïde, il faut et il suffit que sa droite double tangentielle Δ' soit à l'infini et qu'elle admette comme génératrices les tangentes au cercle à l'infini aux points où il est rencontré par Δ'. La condition, évidemment nécessaire, est suffisante, car, si elle est remplie, toute conique C tracée sur S se projette orthogonalement suivant un cercle sur un plan passant par Δ' auquel Δ est perpendiculaire.

D'après cela, toute surface réglée du troisième ordre S est transformée homographique du cylindroïde. Pour le voir, considérons deux génératrices G et G' de S situées dans un plan passant par Δ' et dans ce plan une conique proprement dite Γ tangente aux droites G et G' aux points où ces droites rencontrent Δ'. Toute transformation homographique qui transforme la conique Γ en le cercle à l'infini transforme la surface S en un cylindroïde.

Il est dès lors possible d'établir des propriétés d'une surface S quelconque en transformant homographiquement des propriétés du cylindroïde. Nous avons ainsi, par exemple, le théorème suivant :

Soit P un point d'une génératrice singulière d'une surface S ; le lieu des points de contact des plans tangents menés à S par P est une conique dont le plan rencontre la génératrice singulière au point conjugué harmonique du point de rencontre de la génératrice singulière et de la droite Δ par rapport au point P et au point de rencontre de la génératrice singulière et de la droite Δ'.

8. Voici une autre application de cette remarque, relative aux lignes asymptotiques d'une surface S. Une telle surface étant une surface de Steiner, nous savons que les lignes asymptotiques (autres que les génératrices rectilignes) sont des courbes unicursales du quatrième degré. Il est possible de compléter ce résultat en étudiant directement les lignes asymptotiques du cylindroïde. Nous allons démontrer le théorème suivant :

Les lignes asymptotiques du cylindroïde se projettent orthogonalement sur le plan Π des génératrices principales suivant des lemniscates de Bernoulli admettant le point principal comme point double et les projections des génératrices singulières comme tangentes en ce point.

Soient en effet une ligne asymptotique Γ et sa projection Γ' sur
le plan Π. Le plan tangent au cylindroïde en un point M de Γ
rencontre le cylindroïde suivant une conique C tangente en M à Γ.

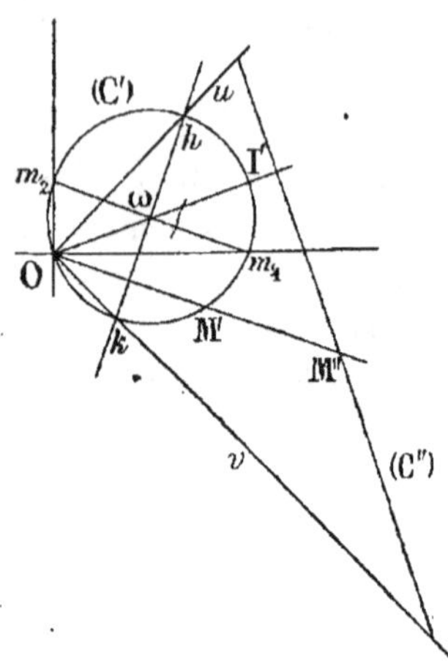

La conique C se projette sur le plan
Π suivant un cercle C' tangent à Γ'
au point M' projection de M. Soient
Ou et Ov les projections des génératrices singulières ; les génératrices
principales sont les bissectrices des
angles formés par les droites Ou et
Ov et aussi des angles formés par la
droite OM' et la droite qui joint O
au centre ω de C'. Transformons la
figure par inversion, le pôle d'inversion étant O ; le cercle C' se transforme en une droite C'' perpendiculaire à Oω, qui est tangente à l'inverse
Γ''' de Γ' au point M'' inverse de M'.
Dans le triangle rectangle formé par
les droites Ou et Ov et par la droite C'', la droite Oω est hauteur ;
il s'ensuit que la droite OM'' est médiane. La courbe Γ''' est donc
telle que la portion d'une de ses tangentes limitée aux droites Ou
et Ov est partagée en deux parties égales par le point de contact ;
c'est donc une hyperbole admettant Ou et Ov comme asymptotes.
La courbe Γ' est une lemniscate admettant le point O comme point
double, les tangentes en ce point étant Ou et Ov.

Les droites Ou et Ov étant les projections des génératrices singulières, on voit que les lignes asymptotiques Γ passent toutes par
les points-pinces K et K'. Montrons que les tangentes en ces points
sont les génératrices singulières et que ces tangentes sont stationnaires. Il nous suffit de montrer qu'un plan P variable passant par
une génératrice singulière, par exemple la génératrice qui rencontre
Δ en K et Δ' en α, rencontre la courbe Γ en un seul point variable. En
effet, un tel plan rencontre le cylindroïde suivant une conique C tan-
gente en K à la droite Kα. Les points de rencontre autres que K de
la courbe Γ et du plan P sont les points de rencontre autres que K
des courbes C et Γ. Ces points sont les points du cylindroïde qui se
projettent sur le plan Π aux points de rencontre autres que O du
cercle C' projection de C et de la lemniscate Γ'. Or, le cercle C' étant
tangent en O à la tangente Oα en ce point à la lemniscate rencontre
la lemniscate en un seul point variable. En outre, la tangente Oα
à la lemniscate étant d'inflexion, le plan osculateur en K à Γ est
le plan qui contient la droite Δ et la génératrice singulière Kα.

La lemniscate admettant trois points doubles à tangentes d'inflexion, on a le théorème suivant, relatif aux lignes asymptotiques d'une surface réglée du troisième ordre S :

Les lignes asymptotiques de la surface S sont des courbes unicursales du quatrième ordre passant par les points-pinces K et K', les tangentes en ces points étant les génératrices singulières, qui sont des tangentes stationnaires. La projection d'une ligne asymptotique sur un plan passant par Δ', le centre de projection étant un point quelconque de Δ, est une courbe du quatrième degré qui admet trois points doubles à tangentes d'inflexion, l'un de ces points étant situé sur Δ, les deux autres étant situés sur Δ'.

D'une discussion antérieure, il résulte qu'une droite qui rencontre la surface S en trois points confondus en un seul est aussi une droite telle que les trois plans tangents à S qui passent par elle soient confondus en un seul. Le système des tangentes inflexionnelles à S se correspond ainsi à lui-même par dualité, et il en est de même de l'ensemble des tangentes à une ligne asymptotique de S. De là résultent les théorèmes suivants :

1° *La développable qui a pour arête de rebroussement une ligne asymptotique de S est de la quatrième classe ; par un point quelconque de l'espace, on peut mener quatre plans osculateurs à une ligne asymptotique de S.*

2° *La trace sur un plan passant par Δ' de la développable qui a pour arête de rebroussement une ligne asymptotique de S est une courbe de la quatrième classe admettant trois tangentes doubles à points de contact de rebroussement, l'une de ces tangentes doubles étant la droite Δ', les deux autres étant les génératrices de S situées dans le plan considéré. Les points de contact de Δ' sont les points où Δ' est rencontrée par les génératrices singulières de S.*

En particulier, supposons que S soit un cylindroïde. La trace, sur le plan II qui contient les génératrices principales de S, de la développable qui a pour arête de rebroussement une ligne asymptotique de S est la développée d'une hyperbole équilatère qui a pour axes les génératrices principales. Autrement dit, *la trace sur le plan II du plan osculateur en un point variable d'une ligne asymptotique du cylindroïde est normale à une hyperbole équilatère fixe qui a pour axes les génératrices principales.*

On peut obtenir ce résultat d'une autre manière.

Cherchons le lieu du centre ω d'une conique C du cylindroïde quand le point M de contact de son plan avec la surface décrit une

ligne asymptotique Γ. Le point I' diamétralement opposé au point
O sur le cercle C' décrit l'antipodaire par rapport à O de la lemniscate Γ^v, c'est-à-dire une hyperbole équilatère ayant pour asymptotes
les projections Ou et Ov, sur le plan Π, des génératrices singulières.
Le point ω décrit l'homothétique de cette hyperbole par rapport à
O, le rapport d'homothétie étant $1/2$. Soient (*fig.* précédente) h et
k les points de rencontre, autres que O, des droites Ou et Ov avec
le cercle C', m_1 et m_2 les points de rencontre, autres que O, des
génératrices principales avec le cercle C'. Le point ω étant le milieu
du segment hk, la droite hk est la tangente en ω à l'hyperbole lieu
de ω. D'autre part, la droite $m_1 m_2$ est perpendiculaire à la droite
hk ; c'est donc la normale à l'hyperbole. Mais c'est aussi la trace
sur le plan Π du plan osculateur en M à Γ. Ainsi, *la trace sur le
plan Π du plan osculateur en un point d'une ligne asymptotique est
normale à l'hyperbole équilatère lieu du centre ω de la conique C
du cylindroïde dont le plan est tangent au cylindroïde en un point
variable de cette ligne asymptotique.*

9. Génératrices associées.

9. Génératrices associées. — Soit une génératrice G du
cylindroïde se projetant orthogonalement en G' sur le plan Π qui
contient les génératrices principales. Considérons un point I de G
et sa projection I' sur G'. Le cercle C' qui, dans le plan Π, a pour
diamètre OI' est la projection d'une ellipse C du cylindroïde passant
par I. Le plan de cette ellipse rencontre le cylindroïde suivant une
génératrice G_1, dont la projection G_1' sur le plan Π est, comme nous
l'avons vu, symétrique de G' par rapport à chacune des génératrices principales. Une droite L quelconque passant par I et
rencontrant G' coupe l'ellipse C en un point M autre que I, et ce
point M est le pied sur L de la perpendiculaire commune à Δ et à
L ; cette perpendiculaire commune est une génératrice du cylindroïde.
Quand le point I décrit la droite G, la droite G' ne change pas, il
en est de même de G_1' et par suite de G_1. On voit ainsi qu'*étant
donnée une génératrice G du cylindroïde, il est possible de lui faire
correspondre une autre génératrice G_1 du cylindroïde de façon que, quelle
que soit une droite L rencontrant G et G_1, la perpendiculaire commune
à Δ et à cette droite L soit une génératrice du cylindroïde.* Il y a évidemment réciprocité entre G et G_1 ; nous dirons que ces deux
génératrices sont *associées.*

Les plans qui passent par Δ et par deux génératrices associées se
correspondent en involution ; les plans doubles de l'involution sont
les plans qui passent par Δ et les génératrices principales. *Une génératrice principale coïncide avec son associée. Les génératrices singulières
sont associées ; ce sont les seules génératrices associées orthogonales.*

De la définition même du cylindroïde, il résulte que *deux génératrices associées rencontrent Δ en deux points symétriques par rapport au point principal.*

En outre, la tangente en O au cercle C′ considéré plus haut est la projection sur le plan II de la génératrice qui rencontre Δ au même point que G_1. Comme cette tangente est perpendiculaire à G′, on voit que *l'associée G d'une génératrice G_1 est orthogonale à la génératrice qui rencontre Δ au même point que G_1.*

10. Hyperboloïdes à une nappe et paraboloïdes hyperboliques liés au cylindroïde.

— 1° *Étant donné un hyperboloïde à une nappe, le lieu de la perpendiculaire commune à une génératrice rectiligne fixe et à une génératrice rectiligne variable de cet hyperboloïde appartenant au même système est un cylindroïde.*

Soient en effet Δ la génératrice fixe, L la génératrice variable et G leur perpendiculaire commune. Considérons la génératrice D de l'hyperboloïde qui est parallèle à Δ ; la droite variable L rencontre constamment cette droite fixe. Projetons orthogonalement la figure sur un plan II perpendiculaire à Δ et à D, rencontrant respectivement ces deux droites aux points α et a. Soit *m* la projection du point M de rencontre de G et de L. L'angle droit formé par G et L se projette suivant un angle droit formé par les droites *m*α et *ma* ; le lieu de *m* est donc le cercle de diamètre *a*α. Il s'ensuit que le lieu de M est une courbe qui fait partie de l'intersection de l'hyperboloïde et du cylindre de révolution qui a pour base ce cercle. Les deux quadriques, qui ont une conique commune formée par les droites Δ et D, ont une seconde conique commune C, qui est le lieu de M. Ce lieu est une ellipse qui a pour centre le centre de l'hyperboloïde. Comme l'ellipse rencontre Δ, on voit que le lieu de G est un cylindroïde ayant pour droite double Δ.

Il existe deux génératrices G_1 et G_2 de l'hyperboloïde qui sont parallèles au plan II et qui appartiennent au système autre que le système des génératrices L. Ces deux droites rencontrent Δ et la conique C ; ce sont donc des génératrices du cylindroïde. L'intersection du cylindroïde et de l'hyperboloïde est une courbe du sixième degré qui se décompose en la droite Δ comptant pour deux, les deux droites G_1 et G_2 et la conique C.

Toute droite L rencontre G_1 et G_2 ; il s'ensuit que les droites G_1 et G_2 sont des génératrices associées du cylindroïde. Le plan qui contient les génératrices principales du cylindroïde passe par le centre de l'hyperboloïde ; le centre de l'hyperboloïde se projette orthogonalement sur Δ au point principal du cylindroïde.

2° *Soient un cylindroïde, sa droite double Δ et deux de ses génératrices G_1 et G_2. Un hyperboloïde qui contient les droites Δ, G_1 et G_2 rencontre le cylindroïde suivant une ellipse C.*

Prenons en effet une troisième génératrice G du cylindroïde, rencontrant l'hyperboloïde en un point M non situé sur Δ. Considérons la droite D de l'hyperboloïde qui est parallèle à Δ, et le cylindre de révolution qui passe par les droites D et Δ et par le point M. Soient M_1 et M_2 les points d'intersection, non situés sur Δ, de ce cylindre et des droites G_1 et G_2. Le cylindre rencontre le cylindroïde suivant une ellipse C qui passe par les points M, M_1 et M_2. D'autre part, ayant en commun avec l'hyperboloïde la courbe plane formée par les droites Δ et D, il rencontre l'hyperboloïde suivant une ellipse C' qui passe aussi par les points M, M_1 et M_2. Les ellipses C et C' coïncident avec la section du cylindre par le plan MM_1M_2 ; cette courbe fait partie de l'intersection du cylindroïde et de l'hyperboloïde.

Lorsque les génératrices G_1 et G_2 sont associées, les perpendiculaires communes à Δ et aux génératrices de l'hyperboloïde du même système que Δ sont situées sur le cylindroïde.

On a aussi le théorème suivant :

Pour que le centre d'un hyperboloïde qui passe par Δ et par deux génératrices G_1 et G_2 du cylindroïde soit situé dans le plan Π qui contient les génératrices principales du cylindroïde, il faut et il suffit que les génératrices G_1 et G_2 soient associées.

3° *Soient un cylindroïde de droite double Δ et deux de ses génératrices G_1 et G_2. Un paraboloïde équilatère passant par G_1 et G_2 rencontre le cylindroïde suivant une troisième droite G.*

Un tel paraboloïde admet comme plans directeurs le plan Π, qui est parallèle à G_1 et à G_2, et un plan V d'ailleurs arbitraire perpendiculaire au plan Π. La droite Δ, qui est parallèle au plan V et qui rencontre G_1 et G_2, est une génératrice du paraboloïde. Soit L une génératrice du paraboloïde parallèle à V ; elle rencontre les génératrices G_1 et G_2 en deux points M_1 et M_2, et le cylindroïde d'abord aux points M_1 et M_2, ensuite en un troisième point M. Soit G la génératrice du cylindroïde qui passe par M ; elle rencontre les deux génératrices Δ et L et elle est parallèle au plan Π ; c'est donc une génératrice du paraboloïde. L'intersection complète du cylindroïde et du paraboloïde est du sixième degré et se décompose en la droite Δ comptant pour deux, la droite Δ' et les droites G_1, G_2 et G.

Si les droites G_1 et G_2 sont associées, la droite G rencontre Δ au sommet A du paraboloïde équilatère. En effet, la perpendiculaire commune à Δ et à une génératrice L du paraboloïde parallèle au plan V est une génératrice du cylindroïde, puisque G_1 et G_2 sont associées ; d'autre part, c'est une génératrice du paraboloïde, puisqu'elle est parallèle au plan Π ; c'est donc la droite G. On voit ainsi qu'il existe une seule et même droite G qui est perpendiculaire commune à Δ et aux génératrices du paraboloïde non parallèles au plan Π. Soit A le point de rencontre de G et de Δ. Le plan tangent en A au paraboloïde, contenant Δ, est perpendiculaire au plan directeur Π ; contenant G qui est perpendiculaire aux droites L, il est perpendiculaire au plan directeur V ; le point A est donc le sommet du paraboloïde.

On peut disposer du plan V de façon que le sommet du paraboloïde soit un point A donné à l'avance sur Δ. Le plan V doit être perpendiculaire à une des deux génératrices du cylindroïde qui passent par A. D'après cela, on voit que *le lieu des droites qui rencontrent deux génératrices associées G_1 et G_2 du cylindroïde et une troisième génératrice G de cette surface est un paraboloïde équilatère ayant pour sommet le point de rencontre A de G et de la droite double Δ du cylindroïde.*

4° *Le lieu des axes des paraboloïdes équilatères qui passent par deux droites G_1 et G_2 non situées dans un même plan est un cylindroïde admettant comme droite double la perpendiculaire commune Δ à G_1 et à G_2.*

Il existe un cylindroïde S admettant Δ comme droite double et les droites G_1 et G_2 comme génératrices associées. C'est le lieu des perpendiculaires communes à Δ et aux droites L qui passent par un point fixe de G_1, arbitrairement choisi, et qui rencontrent G_2. Nous allons montrer que le lieu cherché est le cylindroïde S' qui se déduit de S par rotation de 90° autour de Δ.

En effet, un paraboloïde équilatère passant par G_1 et G_2 contient la droite Δ, et son sommet est un point A de Δ. La génératrice G du paraboloïde qui passe par A et qui est du même système que G_1 et G_2 est située sur le cylindroïde S. Or, l'axe du paraboloïde est perpendiculaire en A à G et à Δ ; cette droite se déduit de G par rotation de 90° autour de Δ ; elle est donc située sur le cylindroïde S', qui est bien le lieu cherché.

5° Soient sur deux droites G_1 et G_2, non situées dans un même plan, respectivement deux vecteurs fixes $\vec{V_1}$ et $\vec{V_2}$. λ_1 et λ_2 étant deux constantes arbitraires non simultanément nulles, considérons sur la droite G_1 un vecteur $\lambda_1\vec{V_1}$ défini à une translation près, et de même sur la droite G_2 un vecteur $\lambda_2\vec{V_2}$ défini à une translation près. Nous allons montrer que, λ_1 et λ_2 variant, *l'axe central G du système* Σ

des vecteurs $\lambda_1\vec{V_1}$ et $\lambda_2\vec{V_2}$ est un cylindroïde admettant comme droite double la perpendiculaire commune Δ aux droites G_1 et G_2.

En effet, d'abord la droite G, ayant la direction de la résultante de translation du système Σ, est parallèle à un plan fixe Π parallèle aux droites G_1 et G_2. Considérons ensuite une droite L rencontrant G orthogonalement en un point I et la droite G_1 en un point I_1. Cette droite, étant perpendiculaire en I au moment résultant du système Σ par rapport à I, est de moment nul par rapport à Σ; comme elle est de moment nul par rapport au vecteur $\lambda_1\vec{V_1}$, elle est aussi de moment nul par rapport à $\lambda_2\vec{V_2}$; autrement dit, elle rencontre G_2 en un point I_2. En particulier, supposons que la droite L soit la perpendiculaire commune à G et à G_1; elle est alors perpendiculaire au plan Π et par suite orthogonale à G_2; c'est donc la perpendiculaire commune Δ à G_1 et à G_2. On voit ainsi que la droite G est la perpendiculaire commune à Δ et à une infinité de droites L qui rencontrent G_1 et G_2. Cette droite est donc située sur le cylindroïde S qui admet Δ comme droite double et les droites G_1 et G_2 comme génératrices associées.

On voit aussi *qu'étant données deux génératrices associées quelconques G_1 et G_2 d'un cylindroïde et une troisième génératrice G quelconque de ce cylindroïde, il est possible de trouver sur G_1 et G_2 respectivement deux vecteurs $\vec{V_1}$ et $\vec{V_2}$ (définis à un facteur de proportionnalité près), de façon que le système de ces deux vecteurs ait pour axe central la droite G.*

CHAPITRE XVIII

SURFACES DE CAYLEY

1. Théorème. — *Soient une conique proprement dite Γ et une droite Δ non située dans le plan de la conique et rencontrant la conique en un point O. Le lieu d'une droite G rencontrant Δ et Γ respectivement en deux points A et B qui se correspondent homographiquement, de façon que le point O ne soit pas point double des divisions décrites par A et B, est une surface réglée du troisième ordre qui admet la droite Δ comme droite double.*

Nous allons montrer qu'une droite quelconque L rencontre le lieu S de la droite G en trois points. En effet, d'abord il est immédiat que par un point M de la surface il passe une droite G et une seule. Il s'agit dès lors de montrer qu'il existe trois droites G qui rencontrent L. Soit P le point d'intersection de L et du plan qui passe par Δ et une droite G quelconque. Pour que la droite G rencontre L, il faut et il suffit que la droite AP coïncide avec la droite G, ou encore que le point Γ d'intersection de AP et du plan de Γ coïncide avec B. Or, le point A et la droite OB se correspondent homographiquement ; il en est de même du point A et du plan passant par Δ et G, et il en est aussi de même des points A et P. Il s'ensuit que lorsque G varie, la droite AP décrit une quadrique Q et que sa trace I sur le plan de Γ décrit une conique qui passe par O. Cette conique n'est pas tangente en O à la conique Γ ; si en effet les deux coniques étaient tangentes en O, la position que prend P quand A est en O serait située dans le plan passant par Δ et par la tangente OT en O à Γ ; la position correspondante de G serait cette droite OT, et ainsi le point O serait point double des divisions décrites respectivement sur Δ et Γ par les points A et B. On voit donc que les deux coniques se rencontrent en trois points variables, d'où il résulte qu'il existe bien trois droites G rencontrant L. Remarquons que si le point O était point double des divisions décrites par les points A et B, le lieu de G serait une quadrique..

Une telle surface est désignée sous le nom de *surface de Cayley*.

Un plan variable passant par Δ rencontre la surface S suivant une droite G et une seule, que l'on obtient en considérant le point B d'intersection, autre que O, du plan et de la conique Γ et en menant la droite qui joint ce point B au point A correspondant sur Δ. Il s'ensuit que la droite Δ est une droite double de la surface.

La section de la surface par un plan Π quelconque est une cubique qui admet pour point double le point de rencontre a du plan Π et de Δ. Cherchons les tangentes en ce point à la cubique. Soit b le point de Γ qui correspond au point a. Une génératrice AB variable de S rencontre le plan Π en un point M variable de la cubique. Quand la génératrice AB tend vers ab, la droite aM tend vers la droite d'intersection du plan Π et du plan qui passe par Δ et la génératrice ab, qui est une première tangente en a à la cubique. Quand le point B tend vers O, le point A tend vers un point K de Δ autre que O, la droite aM tend vers la droite d'intersection du plan Π et du plan qui passe par Δ et la tangente OT en O à la conique Γ, qui est la seconde tangente en a à la cubique.

De là résulte qu'en un point A de Δ il existe deux plans tangents, l'un, variant avec A, qui contient Δ et la génératrice de S qui rencontre Δ en A, l'autre V qui contient Δ et la tangente en O à la conique Γ. Ces deux plans sont en général distincts ; ils ne sont confondus que lorsque le point A vient au point K, correspondant sur Δ au point O considéré comme situé sur Γ. Ce point K est un point-pince. Toute section de S par un plan qui passe par K admet le point K comme point de rebroussement. Par un point A quelconque de Δ il passe deux génératrices G de S dont l'une est confondue avec Δ ; ces deux génératrices sont confondues avec Δ quand A est en K.

Un plan Π quelconque qui passe par une génératrice G rencontre la surface suivant une conique C proprement dite qui rencontre la droite Δ au point A ; la tangente en A à C est la droite d'intersection des plans Π et V. Toute conique proprement dite tracée sur S est nécessairement située dans un plan qui passe par une génératrice G autre que Δ ; elle rencontre la droite Δ en un point A autre que K.

Une conique C rencontre la droite G située dans son plan en un point M non situé sur Δ ; en ce point, le plan de la conique C est tangent à la surface. Réciproquement, le plan tangent à la surface en un point M rencontre la surface suivant la génératrice G qui passe par M et une conique C qui passe par M. La tangente en M à cette conique rencontre la surface en trois points confondus avec M, et c'est la seule droite qui possède cette propriété ; elle est dite *tangente inflexionnelle* à la surface en M

Comme pour une surface réglée générale du troisième ordre, on voit que par deux points de S non situés sur une même génératrice et non situés sur Δ, il passe une conique C et une seule, et que deux coniques C dont les plans ne contiennent pas une même génératrice ont un point commun et un seul situé en dehors de Δ.

Le centre de projection étant un point A quelconque de Δ, la projection d'une conique C sur un plan Π est une conique proprement dite c, qui passe par le point I d'intersection de Δ et du plan Π, la tangente en ce point étant la droite d'intersection des plans Π et V, et qui passe aussi par le point ω où le plan Π rencontre la génératrice de la surface qui passe par A.

Réciproquement, toute conique c tracée dans le plan Π, tangente en I à la droite It d'intersection des plans Π et V et passant par ω, est la projection d'une conique C et d'une seule. Considérons en effet deux points m et m' de c, autres que I et ω ; les droites Am et Am' rencontrent la surface en deux points M et M' autres que A. Par ces deux points M et M', il passe une conique C et une seule ; la projection de cette conique coïncide avec la conique c, comme ayant avec elle cinq points communs distincts ou confondus.

Lorsque A coïncide avec K, le point ω coïncide avec I ; la conique c est osculatrice à une conique fixe au point I. La réciproque précédente est encore valable.

On voit, d'après ce qui précède, qu'un cône qui passe par une génératrice G de la surface et qui est tangent au plan V le long de Δ rencontre la surface suivant une conique C.

Comme pour une surface réglée générale du troisième ordre, on voit que si l'on considère deux coniques proprement dites C et C' tracées sur S, dont les plans ne contiennent pas une même génératrice, une génératrice G variable de S les rencontre en deux points P et P' qui se correspondent homographiquement, les divisions décrites par P et P' admettant comme point double le point commun aux deux coniques.

2. Théorème. — *La surface S est une surface de Steiner.*

Soient en effet un centre A de projection situé sur Δ et distinct du point K, et un plan de projection Π. Désignons par I le point d'intersection de Δ et de Π, par It la droite d'intersection des plans Π et V, par ω le point d'intersection de Π et de la génératrice de S qui passe par A. Considérons dans le plan Π deux coniques tangentes en I à la droite Iω et telles que la polaire de ω par rapport à chacune d'elles soit la droite It. Le faisceau linéaire ponctuel qui contient ces deux coniques définit une transformation quadra-

tique qui admet comme points doubles les points I et ω. M étant
un point quelconque de S, soient m sa projection sur Π et μ le transformé quadratique de m. Il est clair qu'à tout point M de la surface il correspond en général un point μ et un seul du plan Π, et
réciproquement.

Comme pour les surfaces réglées générales du troisième ordre, si
l'on rapporte la surface S à un tétraèdre de référence et le plan Π
à un triangle de référence, les coordonnées tétraédriques X, Y, Z,
T du point M sont liées aux coordonnées trilinéaires du point μ
par des relations de la forme

$$\frac{X}{f_1(u, v, w)} = \frac{Y}{f_2(u, v, w)} = \frac{Z}{f_3(u, v, w)} = \frac{T}{f_4(u, v, w)},$$

où f_1, f_2, f_3, f_4 sont des polynomes homogènes du même degré.

Quand le point M décrit une section plane de S, le point m
décrit une cubique qui admet I comme point double, l'une des
tangentes en ce point étant II, et qui passe par ω. Le point μ
décrit alors une conique qui passe par I (IV, § 1). Il s'ensuit que
f_1, f_2, f_3, f_4 sont des polynomes du second degré et qu'ils sont les
premiers membres des équations de quatre coniques ayant un point
commun ; la surface S est donc une surface de Steiner du troisième
degré (XV, § 13).

3. Classe de la surface. — Comme pour une surface réglée
générale du troisième ordre, on voit que *la classe de la surface est
trois*.

Le cône Σ circonscrit à la surface S qui a pour sommet un point
quelconque P est de la troisième classe. Soient B_0 le point autre
que O où la conique Γ est rencontrée par le plan qui contient Δ
et P et A_0 le point qui lui correspond sur Δ. Quand la génératrice
variable AB tend vers la droite A_0B_0, le point de contact M avec
S du plan qui passe par P et AB tend vers le point A_0 ; la droite
PA_0 est une génératrice du cône Σ le long de laquelle le plan tangent est le plan qui contient Δ et P. D'autre part, quand la génératrice AB tend vers Δ, le point M tend vers un point de Δ qui,
n'étant pas A_0, est nécessairement le point K. Ainsi, la droite PK
est une génératrice du cône Σ le long de laquelle le plan tangent
est encore le plan qui contient Δ et P. Le plan qui contient Δ et
P est un plan tangent double au cône Σ, qui est par suite du quatrième degré.

Comme pour une surface réglée générale du troisième ordre, on
en déduit que la courbe de contact du cône Σ avec la surface S est,
en général, une courbe unicursale du quatrième degré.

Si le point P est situé dans le plan V antérieurement défini, cette courbe se décompose en la droite Δ et une cubique gauche.

Si le point P est situé sur la surface S, le cône Σ se décompose en la génératrice G de S qui passe par P, considérée comme enveloppe des plans qui passent par elle, et en un cône σ du second ordre qui passe par la tangente inflexionnelle à S en P et qui est tangent le long de la droite PK au plan qui contient Δ et P. La courbe de contact se décompose en la droite G et une cubique gauche qui passe par P, la tangente en ce point étant la tangente inflexionnelle à S.

4. Définition corrélative. — Considérons un point P de la surface et le cône σ du second ordre enveloppe des plans qui passent par P et les génératrices G de S, qui est tangent au plan qui contient Δ et P le long de la droite PK. A tout plan passant par Δ il correspond une génératrice G de S qui est à l'intersection de S et du plan, et à cette génératrice il correspond un plan tangent à σ qui est le plan passant par G et P. Réciproquement, à tout plan tangent au cône σ il correspond une génératrice G de S située dans ce plan et à cette génératrice il correspond le plan qui passe par cette génératrice et par Δ. On voit ainsi que le plan qui passe par une génératrice variable G de S et la droite Δ et le plan qui passe par cette génératrice et le point P se correspondent homographiquement; en outre, le plan qui contient Δ et P ne se correspond pas à lui-même dans la correspondance homographique. La surface S peut ainsi être définie comme le lieu de la droite d'intersection d'un plan passant par Δ et d'un plan tangent au cône σ se correspondant homographiquement.

Réciproquement, soient un cône du second ordre σ et une droite Δ qui lui est tangente. Considérons deux plans variables l'un passant par Δ, l'autre tangent au cône σ, se correspondant homographiquement, de façon que le plan qui contient Δ et le sommet du cône, considéré comme plan passant par Δ, n'ait pas pour correspondant ce plan lui-même, considéré comme tangent au cône σ. Le lieu de la droite G d'intersection de ces deux plans est une surface de Cayley. Pour le voir, il suffit d'appliquer le principe de dualité à l'ensemble des résultats précédents. Le lieu de G est une surface de la troisième classe et par suite du troisième degré. Un plan tangent quelconque la coupe suivant une droite et une conique qui rencontre Δ. Une droite G quelconque rencontre cette conique et cette droite en deux points qui se correspondent homographiquement, de façon que le point de rencontre de la conique et de la droite Δ ne soit pas point double des divisions décrites par les deux points variables.

Étant donnée une surface de Cayley, il y a correspondance dualistique entre le plan V et le point K, entre les coniques tracées sur la surface et les cônes du second ordre circonscrits à la surface ayant leurs sommets sur la surface. La droite Δ se correspond à elle-même ; elle est à la fois droite double ponctuelle et droite double tangentielle ([1]).

----

[1] Il n'existe pas d'autres surfaces réglées du troisième ordre que celles que nous venons d'étudier dans les derniers chapitres ; mais les diverses démonstrations qu'on a données jusqu'à présent de ce théorème laissent à désirer.

NOTE I

SUR LE QUADRILATÈRE HARMONIQUE

---

1. Soient deux points A et B; C étant un point de la droite AB, il existe un point D, autre que C, sur la droite AB, tel que l'on ait

$$\frac{DA}{DB} = \frac{CA}{CB}.$$

Le point D est dit *conjugué harmonique de C par rapport aux points* A *et* B. C est conjugué harmonique de D par rapport aux points A et B. On dit que les points C et D sont *conjugués harmoniques l'un de l'autre par rapport aux points* A *et* B. Les points A et B sont conjugués harmoniques l'un de l'autre par rapport aux points C et D, car on a

$$\frac{AC}{AD} = \frac{BC}{BD}.$$

Cela rappelé, soient dans un plan deux points A et B et un point C non situé sur la droite AB. Il existe sur le cercle Γ qui passe par les points A, B et C un point D, autre que C, tel que l'on ait

$$\frac{DA}{DB} = \frac{CA}{CB}.$$

En effet, le lieu des points M du plan tels que l'on ait

$$\frac{MA}{MB} = \frac{CA}{CB}$$

est un cercle qui a son centre sur la droite AB et qui rencontre cette droite en deux points P et Q conjugués harmoniques l'un de l'autre par rapport aux points A et B, dont l'un P est intérieur au segment AB. Il s'ensuit que ce cercle rencontre le cercle Γ en deux points distincts, dont l'un est évidemment le point C et dont l'autre est le point D cherché.

Par extension des définitions rappelées tout d'abord, nous dirons que D est, dans le plan, conjugué harmonique de C par rapport aux points A et B ; il est clair que C est conjugué harmonique de

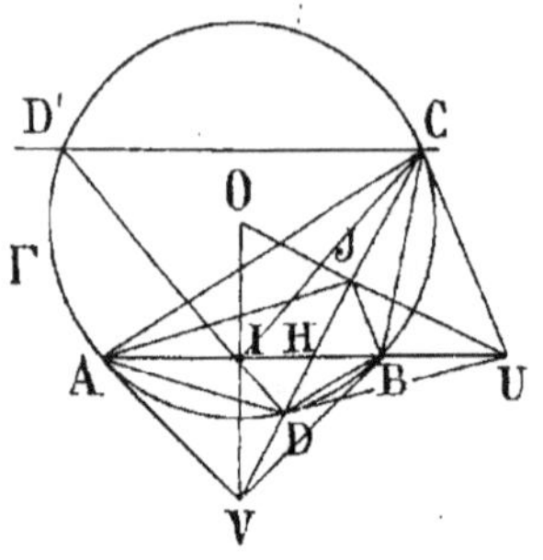

D par rapport à A et B ; nous dirons que C et D sont conjugués harmoniques l'un de l'autre par rapport aux points A et B. Il est immédiat que les points A et B sont conjugués harmoniques l'un de l'autre par rapport aux points C et D.

Le quadrilatère qui a pour sommets A, B, C, D, pour côtés AC, CB, BD, DA et pour diagonales AB et CD est dit *harmonique*. Cette dénomination est applicable au cas où les quatre points A, B, C, D sont en ligne droite.

2. Nous avons dit que le cercle S lieu des points M tels que l'on ait

$$\frac{MA}{MB} = \frac{CA}{CB} = \frac{DA}{DB}$$

a son centre U sur la droite AB et qu'il rencontre cette droite en deux points P et Q conjugués harmoniques par rapport aux points A et B. On a

$$\overline{UC}^2 = \overline{UD}^2 = \overline{UP}^2 = \overline{UA} \cdot \overline{UB}.$$

Il en résulte que le cercle S est orthogonal au cercle Γ ; le point U est donc le point de rencontre des tangentes en C et D à Γ. La droite AB passe ainsi par le pôle de la droite CD par rapport au cercle Γ ; de même, la droite CD passe par le pôle V de la droite AB par rapport à Γ, les droites AB et CD sont donc conjuguées par rapport à Γ.

Ce qui précède donne la construction suivante du conjugué harmonique D d'un point C par rapport à deux points A et B, dans le cas où C n'est pas situé sur la droite AB : *on trace le cercle Γ qui passe par les points A, B, C et les tangentes en A et B à ce cercle. V étant le point de rencontre de ces tangentes, on mène la droite CV qui rencontre le cercle Γ en un point autre que C ; ce point est le point D cherché.*

Cette construction montre que les points C et D sont de part et d'autre de la droite AB. De même, les points A et B sont de part et d'autre de la droite CD. Il en résulte que le quadrilatère ABCD est convexe. Le point de rencontre H de ses diagonales est situé à la fois à l'intérieur de segment AB et à l'intérieur du segment CD ; il est intérieur au cercle Γ circonscrit au quadrilatère ACBD.

3. La figure formée par les quatre droites qui joignent un point variable d'un cercle à quatre points fixes de ce cercle, considérés dans un ordre déterminé, est égale à une figure fixe ; il en résulte que le rapport anharmonique des quatre droites variables est constant. M étant un point du cercle Γ, le rapport anharmonique des quatre droites MA, MB, MC, MD est égal au rapport anharmonique des quatre droites AV, AB, AC, AD, lequel est égal au rapport anharmonique des quatre points V, H, C, D. Or, AB étant la polaire de V par rapport au cercle Γ, V et H sont conjugués harmoniques par rapport aux points C et D. Il en résulte que, M *étant un point du cercle* Γ, *les droites* MC *et* MD *sont conjuguées harmoniques par rapport aux droites* MA *et* MB.

Réciproquement, étant donnés quatre points A, B, C, D *d'un cercle* Γ, *si pour un point et par suite pour tout point* M *du cercle, les droites* MC *et* MD *sont conjuguées harmoniques par rapport aux droites* MA *et* MB, *le quadrilatère* ACBD *est harmonique.*

En effet, soit D_1 le conjugué harmonique de C par rapport aux points A et B. La droite MD_1, d'après la proposition directe, et la droite MD, d'après l'hypothèse, sont conjuguées harmoniques de MC par rapport aux droites MA et MB ; elles sont donc confondues, et par suite le point D coïncide avec le point D_1.

4. Le cercle qui a pour centre U et qui passe par les points C et D est, nous l'avons vu, orthogonal au cercle Γ ; mais, U est situé sur l'axe radical du cercle Γ et du cercle de centre V qui passe par les points A et B ; il s'ensuit que *les cercles de centres* U *et* V *sont orthogonaux. Leur axe radical est la droite* OH, *et le point* H *est intérieur à chacun d'eux.*

Réciproquement, soient deux cercles orthogonaux de centres U *et* V. *D'un point* H *situé sur leur corde commune menons les droites* HU *et* HV. *Les points* A *et* B *de rencontre de* HU *avec le cercle de centre* V, *les points* C *et* D *de rencontre de* HV *avec le cercle de centre* U *sont les sommets d'un quadrilatère harmonique* ACBD *qui a pour diagonales* AB *et* CD ; *le cercle* Γ *circonscrit à ce quadrilatère est orthogonal à chacun des deux cercles donnés.*

En effet, puisque l'on a

$$\overline{HA} \cdot \overline{HB} = \overline{HC} \cdot \overline{HD},$$

MICHEL, *Géom. mod.*   18 les quatre points A, B, C, D sont situés sur un même cercle Γ. D'autre part, U étant situé sur l'axe radical de ce cercle Γ et du cercle de centre V, le cercle de centre U, qui est orthogonal au cercle de centre V, est aussi orthogonal au cercle Γ, d'où il résulte que U est le point de rencontre des tangentes en C et D à Γ. On voit ainsi que les deux cordes AB et CD sont conjuguées par rapport à Γ; les quatre points A, B, C, D sont par suite les sommets d'un quadrilatère harmonique de diagonales AB et CD.

5. Soient AB et CD deux cordes conjuguées d'un cercle Γ, U le pôle de CD situé sur AB, V le pôle de AB situé sur CD. On a

$$\overline{UC}^2 = \overline{UD}^2 = \overline{UA} \cdot \overline{UB},$$

ce qui prouve que *tout cercle passant par A et B est orthogonal au cercle de centre U orthogonal à Γ. De même, tout cercle passant par les points C et D est orthogonal au cercle de centre V orthogonal au cercle Γ.*

On a, inversement, le théorème suivant:

Soient deux cercles orthogonaux Γ_1 et Γ_2 et un cercle Γ les rencontrant respectivement aux points A et B, C et D. Si Γ est orthogonal à l'un au moins des cercles Γ_1 et Γ_2, les couples de points A, B et C, D sont les couples de sommets opposés d'un quadrilatère harmonique.

En effet, si Γ est orthogonal à Γ_1, par exemple, les tangentes en A et B à Γ se coupent au centre O_1 du cercle Γ_1. Mais, d'autre part, les cercles Γ et Γ_2 étant tous deux orthogonaux au cercle Γ_1, le point O_1 a même puissance par rapport aux cercles Γ et Γ_2; il est situé par suite sur l'axe radical CD de ces deux cercles. Il s'ensuit que les cordes AB et CD sont conjuguées par rapport au cercle Γ; le quadrilatère ACBD, de diagonales AB et CD, est donc harmonique.

Le théorème précédent est encore vrai si l'on remplace dans son énoncé le cercle Γ orthogonal à l'un au moins des deux cercles Γ_1 et Γ_2 par une droite Δ orthogonale à l'un au moins de ces deux cercles, c'est-à-dire passant par l'un au moins de leurs centres. Les couples de points d'intersection de deux cercles orthogonaux par une droite passant par l'un au moins de leurs centres forment en effet une division harmonique; ce sont donc les couples de sommets opposés d'un quadrilatère harmonique aplati sur une droite.

Le même théorème est encore vrai, comme on le reconnaît immédiatement, si l'on remplace le cercle Γ_1, auquel Γ est supposé orthogonal, par une droite Δ_1 passant par le centre du cercle Γ_2, le cercle Γ ayant son centre sur Δ_1, ou bien si l'on remplace le cercle Γ_2 par une droite Δ_2 passant par le centre du cercle Γ_1, ou bien encore si l'on remplace les cercles Γ_1 et Γ_2 par deux droites rectangulaires Δ_1 et Δ_2.

6. L'inversion transformant deux cercles ou droites qui se coupent à angle droit en deux cercles ou droites qui se coupent à angle droit, de ce qui précède on déduit que si A et B, C et D sont les couples de sommets opposés d'un quadrilatère harmonique proprement dit ou aplati, il en est de même des couples de points A' et B', C' et D' transformés des couples de points A et B, C et D dans une inversion quelconque ayant pour pôle un point autre que les points A, B, C, D. Ce théorème résulte d'ailleurs de ce que, les quatre points A, B, C, D étant situés sur un même cercle ou sur une même droite, il en est de même des quatre points A', B', C', D' et de ce que la relation

$$\frac{CA}{CB} = \frac{DA}{DB}$$

entraîne la relation

$$\frac{C'A'}{C'B'} = \frac{D'A'}{D'B'}.$$

Soit un quadrilatère harmonique ACBD, de diagonales AB et CD, et considérons une inversion ayant pour pôle le point A. Les inverses B', C', D' des points B, C, D sont situés sur une droite inverse du cercle circonscrit au quadrilatère, qui est parallèle à la tangente en A au cercle. Or, cette tangente est conjuguée harmonique de la droite AB par rapport aux droites AC et AD ; on voit donc que la droite AB' est conjuguée harmonique par rapport aux droites AC' et AD' de la parallèle menée par A à la droite B'C'D' ; autrement dit, B' est le milieu de C'D'. Il convient de regarder le point A comme ayant pour inverse un point arbitraire A' à l'infini.

Réciproquement, soient un point A' à l'infini, un point B' à distance finie et deux points C' et D' symétriques par rapport à B'. Les inverses A, B, C, D de ces points dans une inversion ayant pour pôle un point quelconque autre que B', C', D' sont les sommets d'un quadrilatère harmonique de diagonales AB et CD.

Pour ces raisons, on est amené à dire que les points A', B', C', D' sont les sommets d'un *quadrilatère harmonique*, de diagonales A'B' et C'D'. Grâce à cette extension de la définition du quadrilatère harmonique, on voit que les inverses, dans une inversion quelconque, des sommets d'un quadrilatère harmonique sont aussi les sommets d'un quadrilatère harmonique.

7. Désignons par I le milieu de AB et par J le milieu de CD (*fig.* précédente).

Menons par C la parallèle CX à AB. On a, en valeur absolue et en signe, les relations

$$(CB, CU) = (AB, AC) = (CX, CA),$$

ce qui montre que les droites CU et CX sont symétriques l'une de l'autre par rapport à l'une quelconque des bissectrices de l'angle (CA, CB). Or, CD est conjuguée harmonique de CU par rapport aux droites CA et CB, CI est conjuguée harmonique de CX par rapport à ces deux mêmes droites. Il s'ensuit que CD et CI sont symétriques l'une de l'autre par rapport à chacune des bissectrices de l'angle (CA, CB); en d'autres termes, *la droite CD est la symédiane issue de C dans le triangle ABC ; de même, la droite CD est la symédiane issue de D dans le triangle ADB. La droite AB est aussi simultanément la symédiane issue de A dans le triangle CAD et la symédiane issue de B dans le triangle CBD.*

8. Considérons les deux triangles CAI et CDB. Nous venons de voir que l'on a la relation angulaire

$$(CA, CI) = (CD, CB).$$

D'autre part, on a

$$(AC, AI) = (DC, DB).$$

Il s'ensuit que les deux triangles CAI et CDB sont directement semblables. Il en est de même des triangles ADI et CDB. Ainsi, *les trois triangles CAI, ADI et CDB sont directement semblables. Il en est de même des trois triangles CBI, BDI, CDA, des trois triangles ACJ, CBJ, ABD et des trois triangles ADJ, DBJ, ABC.*

9. De ces résultats, on peut déduire diverses conséquences.

1° Les triangles CAI et CDB étant semblables, on a

$$\frac{AC}{AI} = \frac{DC}{DB},$$

d'où

$$AC \cdot DB = AI \cdot DC = \frac{AB \cdot DC}{2}.$$

De même, on a

$$AD \cdot CB = \frac{AB \cdot DC}{2}.$$

Ainsi, *dans un quadrilatère harmonique, le produit de deux côtés opposés est égal au produit des deux autres, les deux produits étant égaux à la moitié du produit des diagonales.*

2° Les deux triangles CAI et ADI étant directement semblables, on a, en grandeur et en signe,

$$(IC, IA) = (IA, ID),$$

ce qui montre que *la droite AB est la bissectrice intérieure de l'angle CID.* D'autre part, soit D′ le point d'intersection autre que D de la droite DI avec le cercle Γ. On a, en valeur absolue et en signe,

$$(IA, ID') = -(IB, IC),$$

ce qui montre que C et D′ sont symétriques l'un de l'autre par rapport au diamètre du cercle Γ qui passe par I ; autrement dit, la droite CD′ coïncide avec la droite CX menée parallèlement à AB. D'après cela, on a, en valeur absolue seulement,

$$IC \cdot ID = ID' \cdot ID = IA \cdot IB = \overline{IA}^2 = \overline{IB}^2.$$

Ainsi, *la moitié de la longueur AB est moyenne proportionnelle entre IC et ID.*

De même, *la droite CD est la bissectrice intérieure de l'angle AJB, et la moitié de la longueur CD est moyenne proportionnelle entre JA et JB.*

Les résultats s'appliquent, en particulier, au cas où le quadrilatère harmonique est aplati sur une droite.

On a le théorème réciproque suivant :

Soit un quadrilatère ACBD ayant pour diagonales AB et CD. Si, I étant le milieu de AB, la droite AB est la bissectrice intérieure de l'angle CID et si, en outre, on a $IC \cdot ID = \dfrac{\overline{AB}^2}{4}$, *le quadrilatère ACBD est harmonique.*

En effet, soit D′ le point d'intersection de la droite ID et de la parallèle menée par C à la droite AB. Les points C et D′ sont symétriques l'un de l'autre par rapport à la perpendiculaire élevée en I à la droite AB ; par suite, ID′ = IC. Les points C et D étant de part et d'autre de la droite AB, il en est de même de D et de D′. Comme on a, par hypothèse, $IC \cdot ID = \overline{IA}^2 = \overline{IB}^2$, on voit qu'on a, en valeur absolue et en signe,

$$\overline{ID} \cdot \overline{ID'} = \overline{IA} \cdot \overline{IB}.$$

Les quatre points A, B, D, D′ sont par suite sur un même cercle Γ dont le centre est situé sur la perpendiculaire élevée en I à la droite AB. Ce cercle passe par le point C, symétrique de D′ par rapport à cette droite. Ainsi, les quatre points A, C, B, D sont situés sur un même cercle. D'autre part, d'après ce qui a été vu, le conjugué harmonique de D par rapport aux points A et B est symétrique de D′ par rapport à la perpendiculaire élevée en I à AB ; il coïncide donc avec C. Le quadrilatère ACBD est bien harmonique. On a, d'après cela, le théorème suivant :

Soient quatre points A, B, C, D, *le milieu* I *de* AB *et le milieu* J *de* CD. *Si la droite* AB *est la bissectrice intérieure de l'angle* CID *et si, en outre, la moitié de la longueur* AB *est moyenne proportionnelle entre les longueurs* IC *et* ID, *la droite* CD *est la bissectrice intérieure de l'angle* AJB *et, en outre, la moitié de la longueur* CD *est moyenne proportionnelle entre les longueurs* JA *et* JB.

Le quadrilatère qui a pour sommets opposés A *et* B, C *et* D *est harmonique.*

10. 1° *Si* I *et* J *sont les milieux des diagonales* AB *et* CD *d'un quadrilatère harmonique* ACBD, *on a l'égalité*

$$JA + JB = IC + ID.$$

En effet, dans le triangle AJB, JI est médiane ; par suite, d'après une relation connue, on a

$$\overline{JA}^2 + \overline{JB}^2 = \overline{2IJ}^2 + \frac{\overline{AB}^2}{2}.$$

D'autre part, on a

$$JA \cdot JB = \frac{\overline{CD}^2}{4} ;$$

il s'ensuit que l'on a

$$(JA + JB)^2 = \overline{JA}^2 + \overline{JB}^2 + 2JA \cdot JB = \overline{2IJ}^2 + \frac{\overline{AB}^2 + \overline{CD}^2}{2}.$$

De la même manière, on voit que l'on a

$$(IC + ID)^2 = \overline{2IJ}^2 + \frac{\overline{CD}^2 + \overline{AB}^2}{2}.$$

Le théorème énoncé est donc établi.

2° *Si* I *et* J *sont les milieux des diagonales* AB *et* CD *d'un quadrilatère harmonique* ACBD, *on a les égalités*

$$|JA - JB| = AB \cos \frac{\widehat{CID}}{2}, \qquad |IC - ID| = CD \cos \frac{\widehat{AJB}}{2}.$$

En effet, on a

$$(JA - JB)^2 = (JA + JB)^2 - 4JA \cdot JB = (IC + ID)^2 - \overline{CD}^2;$$

d'autre part, dans le triangle CID, on a

$$\overline{CD}^2 = \overline{IC}^2 + \overline{ID}^2 - 2IC \cdot ID \cos \widehat{CID}$$
$$= (IC + ID)^2 - 2IC \cdot ID \left(1 + \cos \widehat{CID}\right);$$

donc, on a

$$(JA - JB)^2 = 2IC \cdot ID\left(1 + \cos \widehat{CID}\right) = 4IC \cdot ID \cos^2 \frac{\widehat{CID}}{2}$$
$$= \overline{AB}^2 \cos^2 \frac{\widehat{CID}}{2},$$

ce qui démontre le théorème.

11. *Étant donné le quadrilatère harmonique ACBD, par un sommet D on mène la parallèle à un côté BC partant du sommet opposé C. Si P est le point de rencontre de cette droite avec la droite qui joint C au milieu I de AB, on a BP = BD.*

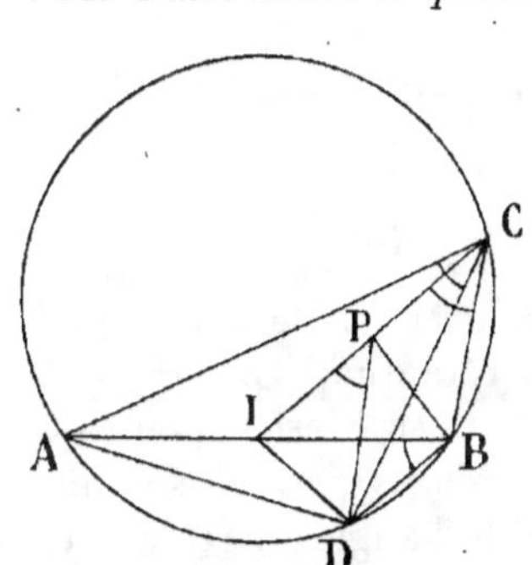

En effet, on a, en valeur absolue et en signe,

$$(BI, BD) = (CA, CD)$$
$$= (CI, CB) = (PI, PD).$$

Il s'ensuit que les quatre points B, D, P, I sont situés sur un même cercle. Par suite, on a, en valeur absolue et en signe,

$$(PD, PB) = (ID, IB).$$

D'autre part, le triangle IDB étant directement semblable au triangle ADC, on a

$$(ID, IB) = (AD, AC).$$

Mais, les quatre points A, B, C, D étant situés sur un même cercle, on a

$$(AD, AC) = (BD, BC) = (BD, PD);$$

on a donc

$$(PD, PB) = (BD, PD) = -(PD, DB).$$

Le triangle PBD est isocèle ; ses côtés BD et BP sont égaux.

12. Applications. — *1° Soit une ellipse de foyers* F *et* F′. *Sur la normale en un point variable* M *de l'ellipse, on porte à partir de* M, *dans un sens et dans l'autre, deux longueurs* MP *et* MP′ *égales à la moyenne proportionnelle des rayons vecteurs* MF *et* MF′. *Trouver le lieu des points* P *et* P′.

La normale en M est la bissectrice intérieure de l'angle FMF′. Par

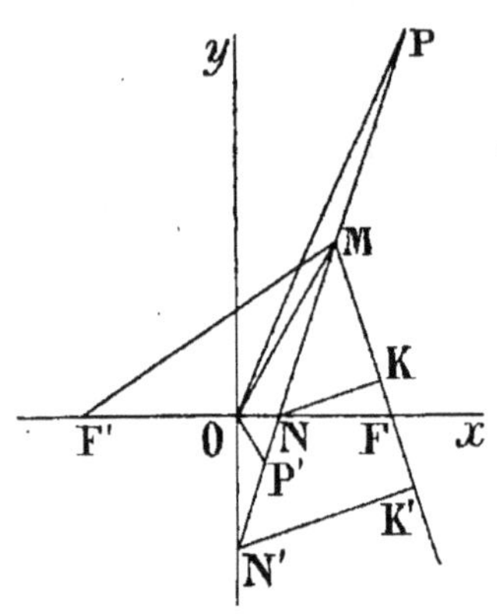

suite, d'après un théorème précédent (§ 9), le quadrilatère FPF′P′, de diagonales FF′ et PP′, est harmonique. Soit O le centre de l'ellipse, milieu de FF′. Si $2a$ et $2b$ sont les longueurs du grand axe et du petit axe de l'ellipse et si $2c$ est la distance focale, on a (§ 10)

$$OP + OP' = MF + MF' = 2a$$

et (§ 9)

$$OP \cdot OP' = c^2.$$

On en déduit

$$(OP - OP')^2 = (OP + OP')^2 - 4OP \cdot OP' = 4(a^2 - c^2) = 4b^2.$$

Les points P et P′ sont de part et d'autre de FF′. Désignons par P celui de ces deux points qui est du même côté que M par rapport à FF′. OP est plus grand que OP′; en effet, si N est le point de rencontre de PP′ avec le grand axe de l'ellipse, NP est plus grand que NP′; or, ON est bissectrice intérieure de l'angle en O dans le triangle POP′; donc, NP et NP′ sont proportionnels à OP et à OP′, et ainsi OP est plus grand que OP′. On a donc

$$OP - OP' = 2b$$

et on a par suite les égalités

$$OP = a + b, \qquad OP' = a - b.$$

Les lieux des points P *et* P′ *sont les cercles concentriques à l'ellipse qui ont pour rayons* $a + b$ *et* $a - b$.

On a

$$2MF \cdot MF' = (MF + MF')^2 - (\overline{MF}^2 + \overline{MF'}^2).$$

Mais, en vertu d'un théorème connu, dans le triangle F′MF où OM est médiane, on a

$$\overline{MF}^2 + \overline{MF'}^2 = 2\overline{OM}^2 + 2c^2;$$

donc, on a
$$2MF \cdot MF' = 4a^2 - 2c^2 - \overline{2OM}^2$$

et par suite

$$MF \cdot MF' = 2a^2 - c^2 - \overline{OM}^2 = a^2 + b^2 - \overline{OM}^2.$$

Soit M' une extrémité du diamètre de l'ellipse qui est conjugué du diamètre OM et qui est par suite perpendiculaire à PP'. En vertu du premier théorème d'Apollonius (VI, § 2), on a

$$\overline{OM'}^2 = a^2 + b^2 - \overline{OM}^2 \,;$$

par suite, on a

$$\overline{OM'}^2 = MF \cdot MF' = \overline{MP}^2 = \overline{MP'}^2,$$

d'où
$$MP = MP' = OM'.$$

Les points P et P' sont ainsi les points introduits par Chasles dans la construction qu'il a donnée des axes d'une ellipse, en grandeur et en position, quand on connaît deux diamètres conjugués de cette ellipse en grandeur et en position.

Incidemment, on a les résultats suivants :

α. Désignons par N' le point de rencontre de la normale en M à l'ellipse avec le petit axe. Les points N et N' sont les pieds des bissectrices issues de O dans le triangle POP'. Or, on a

$$OP = a + b, \qquad OP' = a - b \,;$$

donc, on a
$$\frac{\overline{NP}}{a+b} = \frac{\overline{NP'}}{b-a} = \frac{2\overline{NM}}{2b} = \frac{\overline{P'P}}{2a}$$

et
$$\frac{\overline{N'P}}{a+b} = \frac{\overline{N'P'}}{a-b} = \frac{2\overline{N'M}}{2a} = \frac{\overline{P'P}}{2b}.$$

On a par suite
$$\frac{\overline{NP}}{\overline{N'P}} = -\frac{\overline{NP'}}{\overline{N'P'}} = \frac{b}{a}.$$

Ainsi, *les points P et P' partagent la portion de normale comprise entre le grand axe et le petit axe dans le rapport constant* $\dfrac{b}{a}$.

β. D'autre part, on a

$$\overline{NM} = \frac{b}{a}\,\frac{\overline{P'P}}{2}, \qquad \overline{N'M} = \frac{a}{b}\,\frac{\overline{P'P}}{2},$$

d'où, en divisant membre à membre,

$$\frac{\overline{MN}}{\overline{MN'}} = \frac{b^2}{a^2}.$$

Ainsi, *le rapport dans lequel un point variable d'une ellipse d'axes 2a et 2b partage la portion de la normale en ce point qui est comprise entre le grand axe et le petit axe est constant et égal à* $\dfrac{b^2}{a^2}$.

γ. Projetons le point N orthogonalement en K sur le rayon vecteur MF. Dans le triangle rectangle MKN, on a

$$MK = MN \cos \frac{\widehat{F'MF}}{2}.$$

Mais, on a

$$MN = \frac{b}{a}\,\frac{P'P}{2}, \qquad \cos \frac{\widehat{F'MF}}{2} = \frac{OP - OP'}{PP'} = \frac{2b}{PP'}.$$

Donc, on a l'égalité $\qquad MK = \dfrac{b^2}{a}.$

Ainsi, *la projection orthogonale, sur la droite qui joint un point* M *d'une ellipse d'axes 2a et 2b à un foyer, de la portion de normale comprise entre le point* M *considéré et l'axe focal est constante et égale à* $\dfrac{b^2}{a}$.

Cette longueur constante est précisément égale au *paramètre* de l'ellipse, défini comme étant la demi-longueur de la corde de l'ellipse qui passe par un foyer et qui est perpendiculaire à l'axe focal.

δ. Enfin, projetons N′ en K′ orthogonalement sur le rayon vecteur MF. On a

$$\frac{\overline{MK'}}{\overline{MK}} = \frac{\overline{MN'}}{\overline{MN}} = \frac{a^2}{b^2};$$

on en déduit

$$MK' = MK \cdot \frac{a^2}{b^2} = \frac{b^2}{a} \cdot \frac{a^2}{b^2} = a.$$

Ainsi, *la projection orthogonale, sur la droite qui joint un point* M *d'une ellipse à un foyer, de la portion de normale comprise entre le point* M *considéré et l'axe non focal est constante et égale au demi-grand axe.*

2° *Soient deux cercles C et C′ ayant même centre O. Deux points varient l'un M sur C, l'autre M′ sur C′, de façon que les deux rayons OM et OM′ forment un angle de bissectrice intérieure fixe. Démontrer que la droite MM′ est normale à une ellipse fixe.*

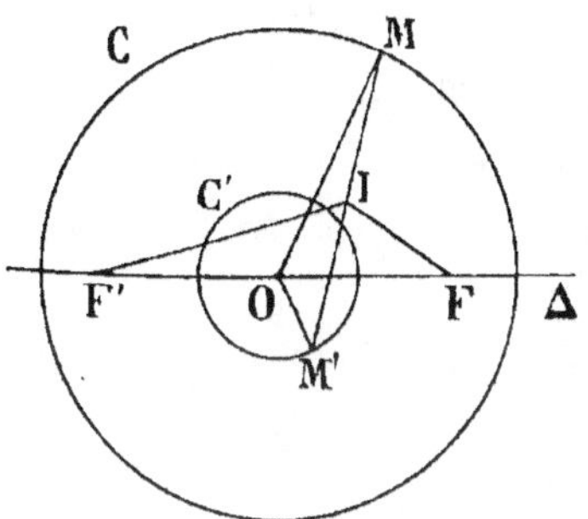

R et R′ désignant les rayons des cercles C et C′, construisons sur la bissectrice intérieure fixe Δ, passant par O, de l'angle MOM′, les deux points F et F′ tels que l'on ait

$$OF = OF' = \sqrt{RR'}.$$

Le quadrilatère FMF′M′, de diagonales FF′ et MM′, est harmonique (§ 9). Si donc I est le milieu de MM′, on a (§ 10)

$$IF + IF' = OM + OM' = R + R' = \text{const.},$$

ce qui montre que le lieu du point I est une ellipse E qui a pour foyers F et F′. D'autre part, la droite MM′ est bissectrice intérieure de l'angle FIF′; on voit bien que la droite MM′ est normale à l'ellipse fixe E.

3° *On donne une hyperbole de foyers F et F′. Sur la tangente en un point M variable de l'hyperbole, on porte à partir de M, dans un sens et dans l'autre, deux longueurs MP et MP′ égales à la moyenne proportionnelle des rayons vecteurs MF et MF′. Trouver le lieu des points P et P′.*

La tangente en un point d'une hyperbole étant la bissectrice intérieure des rayons vecteurs de ce point, la figure relative à la première application peut être utilisée. Désignons par $2a$ l'axe transverse, par $2b$ l'axe non transverse, par $2c$ la distance focale. On a

$$|MF - MF'| = 2a;$$

d'autre part, on a (§ 10)

$$|MF - MF'| = FF' \cos \frac{\widehat{POP'}}{2} = 2c \cos \frac{\widehat{POP'}}{2};$$

par suite, on a

$$\cos \frac{\widehat{POP'}}{2} = \frac{a}{c} = \text{const.}$$

La droite FF′ est la bissectrice intérieure des demi-droites OP et OP′; on voit que l'angle de FF′ avec chacune des deux droites OP et OP′ est constant en valeur absolue. Le lieu des points P et P′ est donc formé de deux droites issues de O et symétriques l'une de l'autre par rapport à chacun des axes de l'hyperbole.

D'ailleurs, on a $c = \sqrt{a^2 + b^2}$; on a donc

$$\cos \frac{\widehat{POP'}}{2} = \frac{a}{\sqrt{a^2 + b^2}} \, ;$$

on en déduit, en valeur absolue,

$$\operatorname{tg} \frac{\widehat{POP'}}{2} = \frac{b}{a} \, ;$$

on reconnaît alors que *les deux droites lieux des points* P *et* P′ *sont les deux asymptotes de l'hyperbole.*

Le théorème précédent peut s'énoncer sous la forme suivante :

La portion d'une tangente à une hyperbole comprise entre les asymptotes est partagée par le point de contact en deux parties égales. En outre, les points de rencontre d'une tangente à une hyperbole avec les deux asymptotes sont conjugués harmoniques, dans le plan, par rapport aux deux foyers de l'hyperbole.

D'autre part, on a

$$OP . OP' = \overline{OF}^2 = \overline{OF'}^2 = \text{const.} \, ;$$

il en résulte que *l'aire du triangle limité par une tangente quelconque à une hyperbole et les deux asymptotes de cette hyperbole est constante.*

4° *On considère deux axes fixes* Δ *et* Δ′ *se coupant en un point* O, *sur lesquels se déplacent respectivement deux points* P *et* P′ *de telle manière que le produit* $\overline{OP} . \overline{OP'}$ *ait une valeur constante* c^2. *Montrer que la droite* PP′ *reste tangente à une hyperbole fixe admettant pour asymptotes les droites qui portent les axes donnés.*

En effet, sur la bissectrice intérieure L des deux axes donnés, portons à partir de O, dans un sens et dans l'autre, deux longueurs OF et OF′ égales à c, moyenne proportionnelle constante de $|OP|$ et de $|OP'|$; les points F et F′ sont fixes. Le quadrilatère FPF′P′, de sommets opposés F et F′, P et P′, est harmonique (§ 9); M étant le milieu de PP', la droite PP' est donc la bissectrice intérieure de l'angle FMF'. D'autre part, on a (§ 10)

$$|MF - MF'| = FF' \cos \frac{\widehat{POP'}}{2} = \text{const.}$$

Le lieu du point M est donc une hyperbole H admettant pour foyers les points F et F'. Puisque l'on a

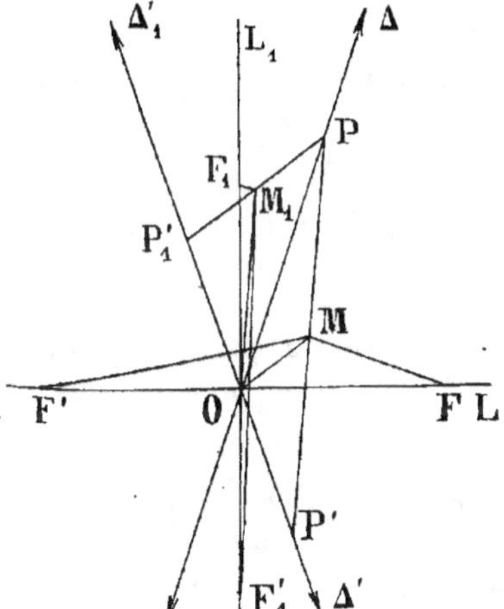

$$MP = MP' = \sqrt{\overline{MF} \cdot \overline{MF'}},$$

cette hyperbole a pour asymptotes les droites qui portent les axes Δ et Δ'. Comme PP' est la bissectrice intérieure de l'angle FMF', c'est la tangente en M à cette hyperbole fixe, qui est ainsi l'enveloppe de la droite PP'.

5° Les raisonnements précédents relatifs à l'hyperbole permettent d'introduire, par une voie élémentaire, la notion d'*hyperboles conjuguées*.

Reprenons la figure précédente. Soient Δ'_1 l'axe opposé à Δ', P'_1 le symétrique de P' par rapport à O, L_1 la bissectrice intérieure des axes Δ et Δ'_1, qui est perpendiculaire à L, F_1 et F'_1 les points de L_1 tels que l'on ait

$$OF_1 = OF'_1 = OF = OF'.$$

Quand P varie sur Δ, on a

$$\overline{OP} \cdot \overline{OP'_1} = \overline{OF_1}^2 = \overline{OF'_1}^2 = \text{const.} ;$$

par suite, le point M_1, milieu de PP'_1, décrit une hyperbole H_1 ayant pour foyers F_1 et F'_1 et pour asymptotes les deux droites qui portent les axes Δ, Δ' et Δ'_1. La droite variable PP'_1 est constamment tangente à cette hyperbole, le point de contact étant M_1.

On dit que l'hyperbole H_1 est *conjuguée de l'hyperbole* H. Il y a évidemment réciprocité entre H et H_1, ce qu'on exprime en disant que ces deux hyperboles sont *conjuguées*.

D'après cela, on peut établir, d'une manière élémentaire, les théorèmes d'Apollonius relatifs aux couples de diamètres conjugués d'une hyperbole.

OM$_1$ est parallèle à la tangente en M à l'hyperbole H, OM est parallèle à la tangente en M$_1$ à l'hyperbole conjuguée H$_1$. On a

$$\mathrm{OM}_1 = \mathrm{MP} = \sqrt{\overline{\mathrm{MF} \cdot \mathrm{MF'}}}.$$

Or, on a $\qquad 2\mathrm{MF} \cdot \mathrm{MF'} = \overline{\mathrm{MF}}^2 + \overline{\mathrm{MF'}}^2 - (\mathrm{MF} - \mathrm{MF'})^2,$

$$\overline{\mathrm{MF}}^2 + \overline{\mathrm{MF'}}^2 = \overline{2\mathrm{OM}}^2 + 2c^2, \qquad (\mathrm{MF} - \mathrm{MF'})^2 = 4a^2 ;$$

par suite, on a $\quad 2\mathrm{MF} \cdot \mathrm{MF'} = \overline{2\mathrm{OM}}^2 + 2c^2 - 4a^2,$

d'où $\qquad \mathrm{MF} \cdot \mathrm{MF'} = \overline{\mathrm{OM}}^2 + c^2 - 2a^2 = \mathrm{OM}^2 + b^2 - a^2 ;$

il en résulte que l'on a

$$\overline{\mathrm{OM}}_1^2 - \overline{\mathrm{OM}}^2 = b^2 - a^2 = \text{const.} ;$$

c'est le premier théorème d'Apollonius.

D'autre part, il est immédiat que l'aire du parallélogramme OMPM$_1$ est égale à celle du triangle OPP'; elle est donc constante; *c'est le second théorème d'Apollonius.*

6° *La méridienne de la surface* S *de révolution engendrée par une droite* G *tournant autour d'une droite fixe* Δ *non située dans un même plan avec* G *est une hyperbole admettant* Δ *comme axe non focal.*

Soit G$_1$ la droite symétrique de la droite G par rapport à un plan

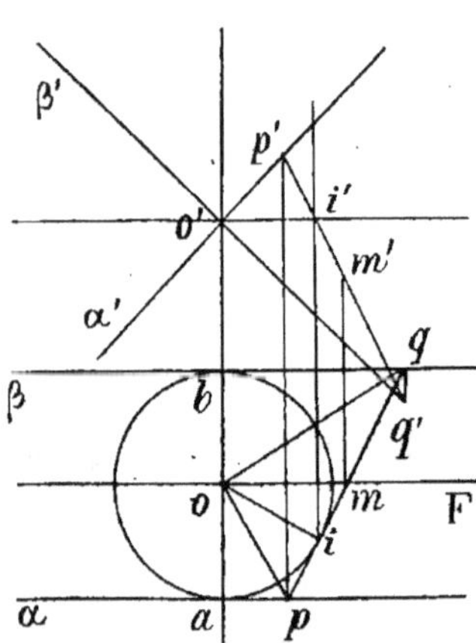

passant par Δ. Il est immédiat que la surface engendrée par G$_1$ tournant autour de Δ coïncide avec la surface S, et qu'une position quelconque de G$_1$ est toujours dans un même plan avec une position quelconque de G.

Cela posé, supposons que l'axe Δ soit vertical; les projections horizontales des droites G et des droites G$_1$ sont tangentes à un cercle ayant pour centre la trace horizontale o de l'axe Δ. Soient (α, α') et (β, β') les deux positions de front de la droite G$_1$; les points de contact a et b de α et de β avec le cercle o sont les extrémités du diamètre de ce cercle qui est perpendiculaire à la ligne de terre; les projections verticales α' et β' de ces droites sont symétriques par rapport à la projection verticale de l'axe Δ et se rencontrent en un point o'. Une droite G rencontre (α, α') au point (p, p'), (β, β') au point (q, q') et le plan de front F passant par Δ au point (m, m'), milieu du segment limité aux points (p, p') et (q, q').

Les droites op et oq sont rectangulaires ; i étant le point de contact de pq avec le cercle o, on a

$$ip \cdot iq = \overline{oi}^2,$$

et par suite

$$\overline{ap} \cdot \overline{bq} = \overline{oi}^2 = \mathrm{R}^2,$$

R étant le rayon du cercle o. Soit θ l'angle aigu que fait avec la ligne de terre chacune des deux droites α' et β' ; on a

$$\overline{o'p'} = \frac{\overline{ap}}{\cos\theta}, \qquad \overline{o'q'} = \frac{\overline{bq}}{\cos\theta},$$

les droites α' et β' étant orientées de façon que les demi-droites positives partant de o' soient d'un même côté de la projection verticale de Δ. Il en résulte que l'on a

$$\overline{o'p'} \cdot \overline{o'q'} = \frac{\mathrm{R}^2}{\cos^2\theta} = \text{const.}$$

et que le milieu m' de $p'q'$ décrit une hyperbole ayant pour axe non transverse la projection verticale de Δ et pour asymptotes α' et β', la tangente en m' étant la droite $p'q'$. Le théorème est établi.

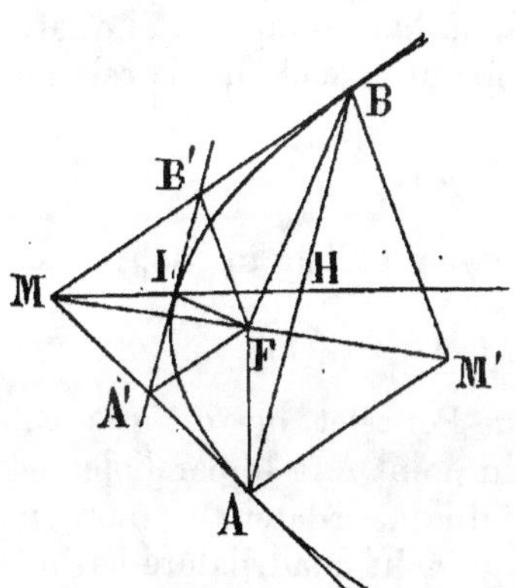

7° Soit une parabole de foyer F. D'un point M extérieur à cette parabole, menons les deux tangentes MA et MB touchant la parabole respectivement aux points A et B. Désignons par Δ une droite quelconque parallèle à l'axe.

On a la relation angulaire

$$(\mathrm{FA}, \mathrm{MA}) = (\mathrm{MA}, \Delta);$$

mais, en vertu d'un théorème connu dû à Poncelet, on a

$$(\mathrm{MA}, \Delta) = (\mathrm{MF}, \mathrm{MB});$$

par suite, on a

$$(\mathrm{FA}, \mathrm{MA}) = (\mathrm{MF}, \mathrm{MB}).$$

Pour la même raison, on a

$$(FB, MB) = (MF, MA);$$

il s'ensuit que les deux triangles FAM et FMB sont directement semblables. On en déduit que les angles MFA et BFM sont égaux et de même sens, autrement dit, que la droite FM est la bissectrice intérieure de l'angle AFB. On a en outre

$$\frac{FM}{FA} = \frac{FB}{FM},$$

c'est-à-dire

$$FM = \sqrt{FA \cdot FB}.$$

Soit M′ le symétrique de M par rapport à F. Le quadrilatère M′AMB, de diagonales MM′ et AB, est harmonique. On a ainsi le théorème suivant :

Le conjugué harmonique, dans le plan, d'un point extérieur à une parabole par rapport aux deux points de contact des tangentes menées de ce point à la parabole est le symétrique du point considéré par rapport au foyer de la parabole.

Soient A′ et B′ les milieux de MA et de MB ; le quadrilatère FA′MB′ est homothétique du quadrilatère M′AMB par rapport au point M, dans le rapport 1/2 ; il est donc harmonique. Les quatre points F, A′, M, B′ étant situés sur un même cercle, on a la relation angulaire

$$(FA', A'B') = (MF, MB'),$$

et par suite, en vertu du théorème de Poncelet déjà utilisé,

$$(FA', A'B') = (MA, \Delta) = (A'A, \Delta);$$

par application de ce même théorème de Poncelet, on voit que A′B′ est la tangente autre que A′A menée du point A′ à la parabole.

Soit I le milieu de la diagonale A′B′ du quadrilatère harmonique FA′MB′. En vertu d'une propriété établie du quadrilatère harmonique (§ 7), on a

$$(MA, MI) = (MF, MB) = (MA, \Delta),$$

ce qui prouve que la droite MI est parallèle à l'axe de la parabole. D'autre part, la droite A′B′ est la bissectrice intérieure de l'angle FIM. Il s'ensuit que le point symétrique de F par rapport à la tangente A′B′ à la parabole, qui est sur la directrice de cette parabole, est aussi sur la parallèle à l'axe de la parabole menée par I. On voit ainsi, finalement, que le point I est le point de contact de la tangente A'B'.

Soit H le milieu de AB ; ce point est évidemment situé sur la droite MI et le point I est le milieu de MH ; on a MI = IH. Or, le quadrilatère FA'MB' étant harmonique, on a

$$\overline{IB'}^2 = IM \cdot IF,$$

d'où
$$\overline{HB}^2 = 4IF \cdot IH.$$

Prenons le point I comme origine des coordonnées rectilignes, l'axe situé sur la parallèle à l'axe de la parabole menée par I et dirigé positivement de I vers l'intérieur de la parabole comme axe des x, un axe situé sur la tangente en I à la parabole comme axe des y. Si x et y sont l'abscisse et l'ordonnée d'un point B quelconque de la parabole, on a

$$y^2 = 4IF \cdot x = 2p'x,$$

en posant $p' = 2IF$. La longueur p' est dite *le paramètre de la parabole relatif au point* I ; *le paramètre relatif à* I *est égal au double de la distance du point* I *au foyer*.

Remarquons qu'incidemment se trouve établi, à partir de la définition focale de la parabole, le théorème suivant :

Le lieu des milieux des cordes AB *d'une parabole qui sont parallèles à une droite donnée est une droite parallèle à l'axe de la parabole, qui passe par le point de contact* I *de la tangente à la parabole parallèle à la droite donnée.*

8° Soit un quadrilatère harmonique ACBD, de diagonales AB et CD. Nous avons vu (§ 11) que si l'on mène par D la parallèle à BC, rencontrant en P la droite CI qui passe par le point C et le milieu I de AB, on a BP = BD. Il s'ensuit que le symétrique du point D par rapport à la perpendiculaire en B à BC est situé sur CI ; autrement dit, la parabole qui a pour foyer le point D et qui a pour directrice la droite CI est tangente à la perpendiculaire en B à BC ; elle est, de même, tangente à la perpendiculaire en A à AC. D'autre part, la droite AB étant bissectrice de l'angle CID, le symétrique de D par rapport à AB est situé sur IC ; donc, la parabole précédente est également tangente à la droite AB et par suite à la perpendiculaire en I à la droite AB. On a ainsi le théorème suivant :

Étant donné un quadrilatère harmonique ACBD, *si* I *est le milieu de la diagonale* AB, *la parabole qui est tangente à la droite* AB, *à la*

perpendiculaire en I *à la droite* AB, *à la perpendiculaire en* A *à* AC
et à la perpendiculaire en B *à* BC *a pour foyer le point* D *et pour directrice la droite* CI.

On peut énoncer ce théorème sous la forme suivante, en chan-
geant de notations :

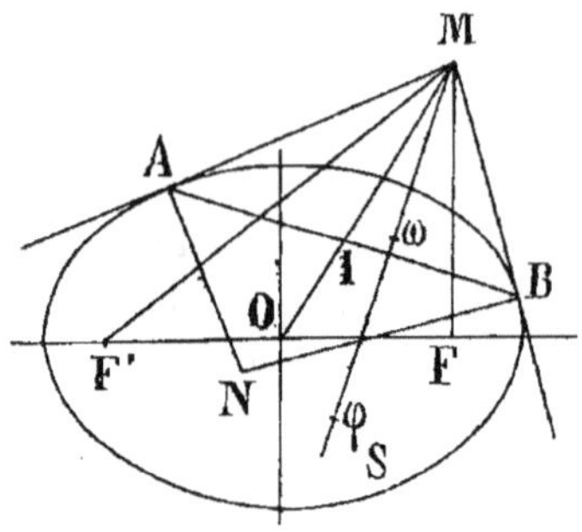

*La parabole qui est inscrite à un
triangle* ABC *et qui est tangente à
la perpendiculaire à* AB *au milieu* I
de AB *a pour directrice la droite qui
joint le point* I *au point* C′ *diamétralement opposé à* C *sur le cercle
circonscrit à ce triangle* ABC, *et
elle a pour foyer le conjugué harmonique de* C′ *par rapport aux points*
A *et* B.

Considérons les coniques S qui ont pour foyers deux points donnés
F et F′. L'enveloppe des polaires d'un point fixe M par rapport aux
coniques S est, comme l'on sait, une parabole II, qui est tangente
aux axes des coniques S ; cette parabole est aussi l'enveloppe des
normales aux coniques S aux points de contact des tangentes menées
de M à ces coniques. En considérant les deux coniques S qui passent
par M, on voit que les deux tangentes menées de M à la parabole
II sont les bissectrices intérieure et extérieure de l'angle FMF′. On
en déduit que la directrice de II est la droite qui joint le point M au
centre O des coniques S. D'après cela, I étant le point de rencontre
de OM avec la polaire de M par rapport à une conique S, la perpendiculaire élevée en I à cette polaire est tangente à la parabole II.
D'autre part, parmi les coniques S se trouve la conique décomposée
en les deux points F et F′ ; il en résulte que les perpendiculaires en
F et F′ respectivement aux droites MF et MF′ sont aussi des
tangentes à la parabole II.

Cela posé, soit une conique S à centre, ayant pour foyers F et F′.
D'un point M extérieur à cette conique, menons les tangentes à la
conique ; désignons par A et B les points de contact. Soient I le
milieu de AB, situé sur la droite qui joint le point M au centre O
de la conique, N le point de rencontre des normales à cette conique
en A et B. La parabole II enveloppe des polaires de M par rapport
aux coniques homofocales à S est inscrite au triangle ABN, et,
d'autre part, elle est tangente à la perpendiculaire menée par I à
AB. Nous voyons bien que, conformément au théorème qui vient
d'être établi, la directrice de cette parabole est la droite IM, M

étant le point diamétralement opposé à N sur le cercle circonscrit au triangle ANB. En outre, nous voyons que le foyer φ de la parabole Π est le conjugué harmonique, dans le plan, du point M par rapport aux points A et B. La parabole Π est également inscrite au triangle qui a pour côtés la droite FF′ et les perpendiculaires élevées en F et F′ respectivement aux droites MF et MF′; en outre, elle est tangente à la perpendiculaire élevée à FF′ au milieu O de FF′; par conséquent, d'après le même théorème précédemment énoncé, on voit que φ est le conjugué harmonique de M par rapport aux points F et F′.

On a ainsi le théorème suivant :

Étant donnée une conique S à centre ayant pour foyers F et F′, le conjugué harmonique d'un point M extérieur à cette conique par rapport aux deux points de contact des tangentes menées de M à la conique coïncide avec le conjugué harmonique de M par rapport aux foyers F et F′. Ce point est le foyer φ de la parabole Π enveloppe des polaires de M par rapport aux coniques qui ont pour foyers F et F′.

En vertu d'un théorème établi (§ 12, 7°), la parabole Π′ qui est tangente en A et B à la conique S a pour foyer le point ω milieu de Mφ. Les paraboles Π′ qui correspondent aux coniques S qui ont pour foyers F et F′ ont même foyer ω et même axe, cet axe étant la parallèle menée par ω à la droite qui joint M au centre O des coniques S; ce sont des paraboles homofocales. La parabole Π apparaît ainsi comme l'enveloppe des polaires de M par rapport aux paraboles homofocales Π′.

On a donc le théorème suivant :

L'enveloppe des polaires d'un point M par rapport aux paraboles homofocales à une parabole fixe est une parabole qui a pour foyer le symétrique de M par rapport au foyer commun des paraboles homofocales et pour directrice la parallèle menée par M à l'axe commun de ces paraboles homofocales.

9° Soit une conique S de centre O et de foyers réels F et F′. Menons d'un point M extérieur à S les tangentes à cette conique qui la touchent aux points A et B. Le cercle Γ circonscrit au triangle MAB rencontre la conique S en deux points A′ et B′ autres que A et B; comme l'on sait, les tangentes en A′ et B′ à la conique S se rencontrent en un point M′ situé sur le cercle Γ. En outre, les tangentes en M et M′ au cercle Γ se rencontrent en un point P qui est aussi le point de rencontre des droites AB et A′B′ (V, §§ 2 et 3). Il s'ensuit que M′ est, dans le plan, conjugué harmonique de M par rapport aux points A et B (par rapport aux points A′ et B′ aussi) et coïncide ainsi avec le point φ. On a donc le théorème suivant, établi d'une autre manière dans un chapitre antérieur (V, § 6):

M et M′ étant deux points conjugués harmoniques, dans le plan, par rapport aux deux foyers réels F et F′ d'une conique à centre, ces deux points et les quatre points de contact des tangentes menées de ces deux points à la conique sont situés sur un même cercle, et réciproquement.

De même, soit une parabole S de foyer F. Le cercle circonscrit au triangle qui a pour sommets un point M extérieur à la parabole et les points de contact A et B des tangentes menées de M à cette parabole rencontre la parabole en deux points A′ et B′ autres que A et B ; les tangentes en A′ et B′ à la parabole se rencontrent en un point M′ du cercle ; les tangentes en M et M′ au cercle se rencontrent en un point qui coïncide avec le point de rencontre des droites AB et A′B′, d'où il suit que M′ est, dans le plan, conjugué harmonique de M par rapport aux points A et B et coïncide ainsi avec le symétrique de M par rapport à F (§ 12, 6°). On a donc le théorème suivant :

M et M′ étant deux points symétriques par rapport au foyer F d'une parabole, ces deux points et les quatre points de contact des tangentes menées de ces deux points à la parabole sont situés sur un même cercle, et réciproquement.

10° Considérons les coniques S de centre O et de foyers réels F et F′. On sait que le lieu des points de contact A et B des tangentes menées d'un point donné M à ces coniques est une strophoïde qui a pour point double le point M, les tangentes en ce point étant les bissectrices de l'angle FMF′. Les droites MA et MB sont symétriques par rapport aux tangentes au point double ; les points A et B sont conjugués sur la strophoïde (VIII, § 7). Le cercle circonscrit au triangle MAB passe constamment par le foyer φ de la parabole II précédemment définie, qui est l'antipodaire de la strophoïde par rapport à M. On a ainsi le théorème suivant :

Étant donnée une strophoïde, le cercle qui passe par le point double et par deux points conjugués variables sur la strophoïde passe par un point fixe, qui est conjugué harmonique, dans le plan, du point double par rapport aux divers couples de points conjugués sur la strophoïde. Ce point fixe est le foyer de la parabole antipodaire de la strophoïde par rapport au point double.

Ce résultat peut être, en partie, établi d'une autre manière, à l'aide du théorème suivant : *l'inverse d'une hyperbole équilatère par rapport à un point de cette hyperbole est une strophoïde* (IV, § 3).

11° Soit une hyperbole équilatère H, de sommets réels A et A'. Considérons le cercle C de diamètre AA'. On voit facilement que les polaires d'un point M par rapport à H et par rapport à C sont symétriques l'une de l'autre par rapport à AA'. Soient P et Q les pieds des perpendiculaires abaissées du centre O commun de H et de C respectivement sur les polaires de M par rapport à H et par rapport à C ; les points P et Q sont symétriques l'un de l'autre par rapport à la droite AA'. Mais, on a

$$\overline{OM} \cdot \overline{OQ} = \overline{OA}^2 ;$$

par suite, on a

$$OM \cdot OP = \overline{OA}^2.$$

On en déduit le théorème suivant :

Le conjugué harmonique, dans le plan, d'un point M par rapport aux sommets réels d'une hyperbole équilatère est la projection orthogonale du centre de l'hyperbole sur la polaire du point M par rapport à cette hyperbole.

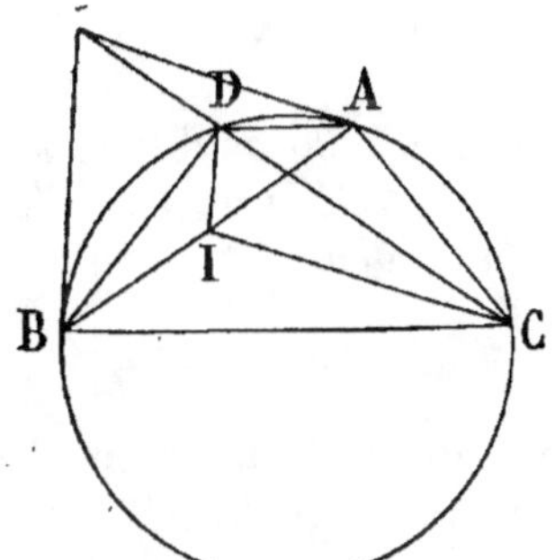

13. Résolvons, pour terminer, le problème suivant :

A quelles conditions un trapèze est-il un quadrilatère harmonique ?

Tout d'abord, le trapèze doit être convexe et inscriptible à un cercle ; par suite, il doit être convexe et isocèle. Ensuite, AD et BC étant les côtés parallèles, AC et BD étant les côtés égaux non parallèles, on doit avoir la relation (§ 9, 1°)

$$AC \cdot DB = \frac{AB \cdot DC}{2},$$

c'est-à-dire, puisque l'on a AC = DB et AB = DC,

$$\overline{AC}^2 = \frac{\overline{AB}^2}{2}, \qquad AB = AC\sqrt{2}.$$

Réciproquement, supposons que l'on ait la relation

$$AB = AC\sqrt{2} ;$$

je vais montrer que le trapèze convexe isocèle ACBD, de côtés non parallèles AC et BD et de diagonales AB et DC, est harmonique. En effet, on a

$$\overline{AB}^2 = 2\,\overline{AC}^2 ;$$

mais, le trapèze étant inscriptible à un cercle, on a, d'après le théorème de Ptolémée,

$$\overline{AB}^2 = \overline{AC}^2 + AD\,.\,BC ;$$

il s'ensuit que l'on a

$$AD\,.\,BC = \overline{AC}^2 = AC\,.\,BD,$$

c'est-à-dire

$$\frac{DA}{DB} = \frac{CA}{CB},$$

ce qui prouve que le trapèze est harmonique.

On a donc le théorème suivant :

Pour qu'un trapèze soit harmonique, il faut et il suffit qu'il soit convexe et isocèle et qu'entre la longueur a des deux côtés non parallèles et la longueur d des deux diagonales on ait la relation

$$d = a\sqrt{2}.$$

Ce qui précède conduit immédiatement au tracé mécanique de la lemniscate qui a été découvert par Carbonnelle (*Nouvelle Correspondance mathématique*, année 1879):

Soit un contre-parallélogramme articulé ACDBA dans lequel on a

$$AC = DB = a, \qquad CD = BA = a\sqrt{2}.$$

Si, les sommets C et D restant fixes, ce contre-parallélogramme se déforme dans son plan, le milieu I décrit une lemniscate de foyers C et D. En effet, le trapèze ACBD est harmonique et l'on a (9, 2°)

$$IC\,.\,ID = \frac{\overline{CD}^2}{4} = \text{const.}$$

Ajoutons que AB est bissectrice intérieure de l'angle formé par les demi-droites IC et ID.

NOTE II

SUR LES CERCLES ET LES SPHÈRES

----

1. Nous démontrerons d'abord le théorème suivant :

Soient dans un plan deux cercles Γ et Γ', de centres O et O' et d'axe radical Δ. Si P et P' sont respectivement les puissances d'un point M quelconque du plan par rapport à ces deux cercles et si H est la projection de M sur Δ, on a

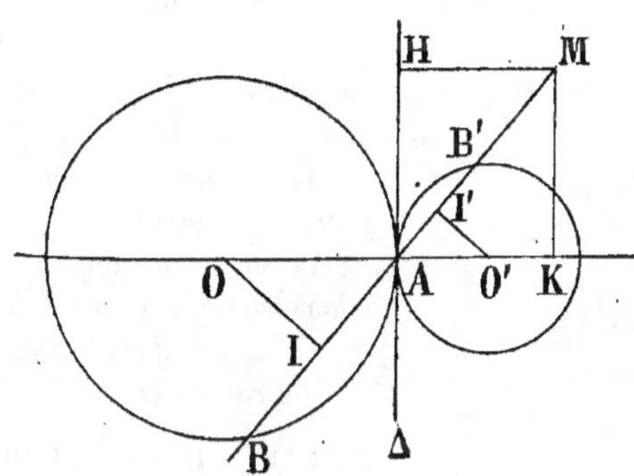

$$P - P' = 2\,\overline{OO'} \cdot \overline{HM}.$$

Remarquons d'abord que lorsque, les points O et O' étant fixes, les cercles Γ et Γ' varient de façon que la différence des carrés de leurs rayons soit constante, $P - P'$ ne change pas et l'axe radical Δ reste fixe. Pour démontrer le théorème, on pourra donc supposer que les deux cercles sont tangents à leur axe radical en un point A.

Menons la droite MA qui rencontre les cercles Γ et Γ' respectivement aux points B et B'. On a

$$P - P' = \overline{MA} \cdot \overline{MB} - \overline{MA} \cdot \overline{MB'}$$
$$= \overline{MA}\,(\overline{MB} - \overline{MB'})$$
$$= \overline{MA} \cdot \overline{B'B}.$$

Soient I et I' les projections de O et de O' sur MA. On a

$$\overline{B'B} = 2\,\overline{I'I}$$

et par suite

$$P - P' = 2\,\overline{MA} \cdot \overline{I'I}.$$

Le vecteur $\overline{II'}$ est la projection du vecteur $\overrightarrow{OO'}$ sur la droite MA.
Si $\overrightarrow{AK}$ est la projection du vecteur $\overrightarrow{AM}$ sur la droite OO', on a

$$\frac{\overline{II'}}{\overline{OO'}} = \frac{\overline{AK}}{\overline{AM}} = \frac{\overline{HM}}{\overline{AM}}$$

et par suite

$$\overline{II'} \cdot \overline{AM} = \overline{OO'} \cdot \overline{HM},$$

d'où résulte le théorème.

2. Ce théorème permet de résoudre d'une manière simple un problème général, dont voici l'énoncé :

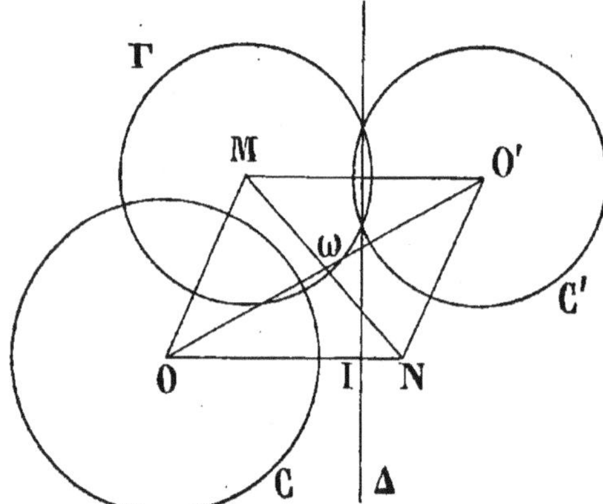

On considère un cercle variable Γ qui reste orthogonal à un cercle fixe C de centre O et dont le centre M se meut sur une courbe donnée. Trouver l'enveloppe de l'axe radical Δ du cercle variable et d'un cercle C' de centre O'.

Soit I la projection de O sur Δ. Les puissances de O par rapport aux cercles Γ et C' étant constantes, il en de même, d'après le théorème qui vient d'être établi, du produit $\overline{OI} \cdot \overline{MO'}$.

Menons par O' la parallèle à OM, qui rencontre OI au point N. Comme $\overrightarrow{ON}$ est équipollent à $\overrightarrow{MO'}$, le produit $\overline{OI} \cdot \overline{ON}$ est constant, et, en général, sa valeur k n'est pas nulle. L'enveloppe de la droite Δ est donc la polaire réciproque du lieu de N par rapport à un certain cercle de centre O. On connaît d'ailleurs le lieu de N, qui est évidemment symétrique du lieu de M par rapport au milieu ω du segment OO'.

Pour que k soit nul, il faut et il suffit que le cercle C' soit orthogonal au cercle C. L'enveloppe de Δ se réduit alors au point O.

3. Supposons que le cercle C' soit de rayon nul. L'axe radical Δ du cercle variable Γ et du cercle de rayon nul qui a pour centre O'

est l'homothétique par rapport à O′, le rapport d'homothétie
étant 1/2, de la polaire Δ′ de O′ par rapport au cercle Γ. Nous
savons donc résoudre le problème général suivant :

*Connaissant le lieu du centre M d'un cercle variable Γ qui reste
orthogonal à un cercle fixe C de centre O, trouver l'enveloppe de la
polaire Δ′ d'un point fixe O′ par rapport au cercle variable.*

Si, comme il arrive en général, O′ n'est pas situé sur le cercle
C, on prendra la courbe symétrique du lieu de M par rapport au
milieu ω de OO′, puis la polaire réciproque de cette courbe par
rapport à un certain cercle de centre O ; enfin, on prendra l'homothétique de cette dernière courbe par rapport au point O′, le rapport
d'homothétie étant 2.

Si O′ est sur le cercle C, l'enveloppe de Δ′ est réduite au point
du cercle C qui est diamétralement opposé au point O′.

Il est clair que, dans chacun de ces deux problèmes, on peut
supposer que le cercle de centre O est de rayon nul ; cela revient à
dire que le cercle variable Γ passe par un point fixe O.

4. Voici quelques applications.

1° Cherchons la condition nécessaire et suffisante pour que Δ ou
Δ′ enveloppe un cercle.

Si Δ enveloppe un cercle, le point N décrit la polaire réciproque
de ce cercle par rapport à un certain cercle de centre O, c'est-à-dire
une conique admettant le point O comme foyer. Le point M, qui
est symétrique du point N par rapport au milieu ω de OO′, décrit
alors une conique qui admet comme foyer le point O′. Réciproquement, si M décrit une conique dont O′ est foyer, la droite Δ ou
la droite Δ′ enveloppe un cercle.

En particulier, si M décrit un cercle de centre O′, l'enveloppe de
Δ ou de Δ′ est un cercle.

2° Considérons les cercles Γ tangents à deux cercles fixes C et C′,
de centres O et O′ ; ces cercles forment deux familles distinctes,
chacune de ces familles correspondant à un centre d'homothétie
des cercles C et C′. Cherchons l'enveloppe des axes radicaux d'un
cercle donné Γ et des cercles de l'une de ces deux familles.

Ces cercles sont orthogonaux à un même cercle qui a pour
centre le centre d'homothétie correspondant des deux cercles C et
C′, et le lieu de leurs centres est une conique ayant pour foyers les
points O et O′. Nous sommes ramenés au premier problème général
que nous avons résolu ; *l'enveloppe des axes radicaux d'un cercle donné*

ω *et des cercles (d'une même famille) tangents à deux autres cercles donnés* C *et* C′ *est une conique.*

Pour que cette enveloppe soit un cercle, il faut et il suffit que le cercle ω soit concentrique à un des deux cercles C et C′.

On a aussi le théorème suivant :

L'enveloppe des polaires d'un point donné ω *par rapport aux cercles (d'une même famille) tangents à deux cercles donnés est une conique.*

Cette conique est un cercle si le point ω est le centre d'un des deux cercles donnés.

5. Les résultats précédents s'étendent d'une manière évidente à l'espace et conduisent à la résolution des deux problèmes suivants :

1° *On considère une sphère variable* Σ *qui reste orthogonale à une sphère fixe* S *de centre* O *et dont le centre* M *se meut sur une surface ou sur une courbe donnée. Trouver l'enveloppe du plan radical* Π *de la sphère variable et d'une sphère fixe* Σ′ *de centre* O′.

2° *Connaissant le lieu du centre* M *d'une sphère variable* Σ *qui reste orthogonale à une sphère fixe* S *de centre* O, *trouver l'enveloppe du plan polaire* Π′ *d'un point fixe* O′ *par rapport à la sphère variable.*

Si le lieu de M est une quadrique proprement dite, l'enveloppe du plan Π ou du plan Π′ est une quadrique. Si le lieu de M est une courbe plane, l'enveloppe du plan Π ou du plan Π′ est un cône, qui est du second degré lorsque le lieu de M est une conique.

Considérons, en particulier, les sphères tangentes à deux sphères données σ et σ′ ; elles forment deux familles distinctes, chacune de ces familles correspondant à un centre d'homothétie des sphères σ et σ′. Les sphères d'une même famille sont orthogonales à une même sphère qui a pour centre le centre d'homothétie correspondant des deux sphères σ et σ′, et elles ont leurs centres sur une même quadrique de révolution ayant pour foyers les centres des deux sphères σ et σ′. L'enveloppe des plans radicaux de ces sphères et d'une sphère donnée et l'enveloppe des plans polaires d'un point donné par rapport à ces sphères sont des quadriques.

Considérons aussi les sphères tangentes à trois sphères σ, σ′ et σ″ ; elles forment, en général, quatre familles distinctes, chacune de ces familles correspondant à un axe d'homothétie. Comme on sait, les sphères Σ d'une même famille ont leurs centres dans le plan mené perpendiculairement à l'axe d'homothétie correspondant Δ par l'axe radical des sphères σ, σ′ et σ″ [1]. D'autre part, ces centres

---

[1] Guichard, *Compléments de géométrie.*

sont situés sur une quadrique de révolution ayant pour foyers les centres de deux des sphères σ, σ' et σ''. Le lieu de ces centres est donc une conique. Il s'ensuit que *l'enveloppe des plans radicaux des sphères Σ et d'une sphère donnée est un cône du second degré.*

Il s'ensuit aussi que *l'enveloppe des plans polaires d'un point P par rapport aux sphères Σ est un cône du second degré* Q. Considérons la surface Ω, dite *cyclide de Dupin*, enveloppe des sphères Σ. La courbe de contact d'une sphère Σ avec la surface Ω est le cercle C qui passe par les points de contact de la sphère Σ avec les sphères σ, σ' et σ''; le plan de ce cercle passe par l'axe d'homothétie Δ. Or, la droite d'intersection des plans polaires du point P par rapport à deux sphères Σ est située dans le plan homothétique par rapport à P, dans le rapport d'homothétie 2, du plan radical des deux sphères. En faisant tendre une des sphères vers l'autre, on voit que la génératrice G de contact avec le cône Q du plan polaire de P par rapport à une sphère Σ est située dans le plan homothétique par rapport à P, dans le rapport d'homothétie 2, du plan du cercle C de contact de la sphère Σ avec la surface Ω. Comme la droite G passe constamment par le sommet P$'$ du cône Q, le plan du cercle C passe constamment par le milieu I du segment PP$'$. Ce point est nécessairement situé sur l'axe d'homothétie Δ.

Constatons que les points P et P$'$ sont conjugués par rapport à chacune des sphères Σ; il s'ensuit que l'enveloppe des plans polaires du point P$'$ par rapport aux sphères Σ est un cône du second degré ayant pour sommet le point P.

EXERCICES

---

1. Soit l'ellipse définie en axes rectangulaires par les équations paramétriques

$$x = a\frac{1 - t^2}{1 + t^2}, \qquad y = \frac{2bt}{1 + t^2}.$$

On considère l'équation en t

$$(1) \qquad\qquad t^3 - \alpha\lambda t^2 + \lambda t - \alpha = 0,$$

où λ est un paramètre variable et α une constante.

$1°$ Les normales à l'ellipse aux points A, B, C qui ont pour paramètres t les racines de l'équation (1) sont concourantes en un point I, qui, lorsque λ varie, décrit la normale au point P de l'ellipse qui a pour paramètre $-\dfrac{1}{\alpha}$.

$2°$ Le cercle qui passe par les points variables A, B, C passe par un point fixe P$'$, symétrique de P par rapport au centre de l'ellipse.

$3°$ Il existe sur la normale en P quatre positions de I pour lesquelles deux des points A, B, C sont confondus. Ce sont les quatre points d'intersection de la normale en P à l'ellipse avec la développée de l'ellipse. Les tangentes à la développée en ces quatre points I sont concourantes.

2. L'enveloppe des axes des coniques qui passent par quatre points A, B, C, D coïncide avec l'enveloppe des asymptotes des coniques qui passent par les centres des cercles circonscrits aux quatre triangles qui ont pour sommets trois des points A, B, C, D. C'est une courbe de la troisième classe bitangente à la droite à l'infini. (E. Laguerre.)

En particulier, l'enveloppe des axes des hyperboles équilatères circonscrites à un triangle est une hypocycloïde à trois rebroussements.

3. L'enveloppe des axes des paraboles qui passent par trois points A, B, C coïncide avec l'enveloppe des asymptotes des hyperboles équilatères qui passent par les milieux des côtés du triangle ABC; c'est une hypocycloïde à trois rebroussements.

4. Les paraboles P qui admettent un triangle T comme triangle conjugué sont inscrites au triangle T$'$ qui a pour sommets les milieux des côtés du triangle T. Le lieu des foyers des paraboles P est le cercle des neuf points du triangle T; l'enveloppe de leurs axes et l'enveloppe de leurs tangentes au sommet sont des hypocycloïdes à trois rebroussements.

5. Les hyperboles équilatères qui admettent un triangle T comme triangle conjugué passent par les centres des cercles inscrit et exinscrits au triangle. L'enveloppe de leurs asymptotes et l'enveloppe de leurs axes sont des hypocycloïdes à trois rebroussements.

6. On donne dans un plan un triangle T et une direction de droite δ.

1° Montrer que les coniques qui admettent le triangle T comme triangle conjugué et la direction δ comme direction principale ont quatre points communs.

2° Déterminer le lieu de ces quatre points quand, le triangle T restant fixe, la direction δ varie.

7. Soient un triangle ABC et trois points A′, B′, C′ respectivement situés sur les côtés BC, CA, AB, de façon que les droites AA′, BB′, CC′ soient concourantes.

Montrer que les droites qui joignent les milieux des segments AA′, BB′, CC′ respectivement aux milieux des côtés BC, CA, AB sont concourantes, le point de concours étant le centre de la conique qui touche les droites BC, CA, AB respectivement aux points A′, B′, C′.

8. Lieu des points de contact des tangentes de direction donnée menées aux paraboles inscrites à un triangle donné.

9. Le lieu des centres des coniques qui ont un sommet donné S et qui passent par deux points A et B est une cubique qui admet comme point double le point S. (On comparera le lieu à la strophoïde lieu des points de contact des tangentes menées de S aux coniques qui ont pour foyers A et B.)

10. Le lieu des pôles de l'axe focal d'une ellipse donnée par rapport aux paraboles qui passent par les foyers réels de l'ellipse et qui ont leurs foyers sur cette ellipse est formé de deux cercles concentriques à l'ellipse qui ont pour rayons la demi-somme et la demi-différence des longueurs des axes de l'ellipse (*cercles de Chasles*).

11. Le lieu des pôles par rapport à une ellipse donnée des cordes de contact des paraboles bitangentes à l'ellipse qui ont leurs foyers sur cette ellipse est formé des deux cercles de Chasles.

12. Le lieu des pôles de l'axe focal d'une hyperbole donnée par rapport aux paraboles qui passent par les foyers réels de l'hyperbole et qui ont leurs foyers sur cette hyperbole est formé des deux asymptotes de l'hyperbole.

13. Soit un quadrilatère harmonique ACBD, de diagonales AB et CD. Une droite variable passant par A rencontre le cercle circonscrit au quadrilatère en un point variable M et la diagonale CD en un point M′. Démontrer que les droites BM et BM′ sont conjuguées harmoniques par rapport aux droites BC et BD. (On transformera par inversion, en prenant le point B comme pôle d'inversion.)

14. Étant donné un quadrilatère harmonique, démontrer qu'il existe une ellipse inscrite à ce quadrilatère dont les foyers réels sont respectivement situés sur les diagonales du quadrilatère.

15. Soient P et Q les points où la polaire d'un point M par rapport à une conique C à centre rencontre cette conique.

1° La polaire par rapport à la conique du foyer F de la parabole qui est tangente à la conique C aux points P et Q coïncide avec l'axe radical du cercle orthoptique de la conique C et du cercle circonscrit au triangle MPQ.

2° Cette droite passe par le point où la tangente en M au cercle circonscrit au triangle MPQ rencontre la droite PQ.

3° Le point M restant fixe et la conique C variant en restant homofocale à une conique fixe, l'axe radical du cercle orthoptique et du cercle circonscrit au triangle MPQ enveloppe une parabole tangente aux axes de la conique C.

4° Le point M se déplaçant sur un cercle concentrique à C, cette parabole a pour enveloppe la développée d'une des coniques homofocales à C.

5° Il existe un deuxième cercle concentrique à C tel que si M se déplace sur ce cercle, la parabole précédente ait pour enveloppe la même développée de conique.

6° Lorsque le point M se déplace sur une droite passant par le centre de la conique C, la parabole précédente a encore pour enveloppe la développée d'une conique homofocale à C.

16. 1° Soient dans un plan deux cercles. On fait tourner l'un d'eux autour d'un point fixe du plan. Enveloppe de l'axe radical du cercle fixe et du cercle variable.

2° Soient dans un plan deux coniques ayant un foyer commun. On fait tourner l'une d'elles autour de ce foyer commun. Lieu du point de rencontre des tangentes communes à la conique fixe et à la conique variable.

17. Le lieu des pôles d'une droite fixe par rapport à une conique de forme invariable qui tourne autour d'un de ses foyers est une conique.

18. La conique harmonique tangentielle relative à une conique et à un cercle qui a pour centre un foyer de la conique est un cercle.

19. Pour que la conique harmonique tangentielle relative à deux coniques à centre, autres que des cercles, soit un cercle, il faut et il suffit que les deux couples de foyers réels des deux coniques soient les deux couples de sommets opposés d'un quadrilatère harmonique. (H. Picquet.)

20. On considère une ellipse E et un de ses foyers F. M étant un point variable de cette ellipse, on mène par M l'axe parallèle à un axe donné Δ du plan de l'ellipse et sur cet axe, à partir de M, on porte le vecteur $\overrightarrow{MP}$ dont la mesure algébrique est positive et égale à MF.

1° Démontrer que le lieu de P est une ellipse Γ qui passe par F, la tangente en F étant perpendiculaire à Δ. (On considérera un cylindre ayant pour base l'ellipse et dont les génératrices rectilignes se projettent orthogonalement sur le plan de l'ellipse suivant des parallèles à Δ ; on démontrera que Γ est la projection orthogonale sur le plan de l'ellipse de la section du cylindre par un plan qui passe par la directrice de l'ellipse E relative au foyer F.)

2° Démontrer que les axes de l'ellipse Γ passent par les extrémités du grand axe de l'ellipse E et que le centre de Γ est situé sur le cercle principal de l'ellipse E.

3° Démontrer que la tangente en F à l'ellipse Γ est l'axe radical du cercle orthoptique de l'ellipse Γ et du cercle principal de l'ellipse E.

4° Soit le point P' symétrique de P par rapport à M. Le lieu de P' est une ellipse Γ' tangente en F à l'ellipse Γ. Démontrer que, lorsque la direction de l'axe Δ varie, la somme des aires des deux ellipses Γ et Γ' reste constante.

21. On donne un triangle T de sommets A, B, C et deux droites Δ et Δ' ne passant par aucun des points A, B, C et se rencontrant en un point O qui n'est situé sur aucun des côtés du triangle T. On considère les coniques Γ qui sont circonscrites au triangle T et qui sont telles que les tangentes menées de O à chacune d'elles soient conjuguées harmoniques par rapport aux droites Δ et Δ'.

1° L'enveloppe des polaires de O par rapport aux coniques Γ est une conique qui admet le triangle T comme triangle conjugué et qui est tangente aux droites Δ et Δ'.

2° L'enveloppe des coniques Γ est une courbe du quatrième degré admettant les points A, B, C comme points doubles.

Soient respectivement A', B', C' les pôles des côtés BC, CA, AB du triangle T par rapport à une conique Γ. Si M est le point de contact de cette conique Γ avec la courbe du quatrième degré, la tangente en M à cette courbe est la quatrième tangente commune aux coniques qui sont inscrites au triangle A'B'C' et qui sont tangentes l'une en O à la droite Δ, l'autre en O à la droite Δ'.

3° Le lieu des pôles d'un côté du triangle T par rapport aux coniques Γ est une conique.

4° Appliquer le principe de dualité aux résultats précédents. En particulier, montrer que l'enveloppe des hyperboles équilatères inscrites à un triangle T est formée des trois côtés de ce triangle et d'une courbe du sixième degré et de la quatrième classe admettant les trois côtés du triangle comme tangentes doubles. Le point de contact d'une de ces hyperboles avec la courbe précédente est le point de concours des hauteurs du triangle qui a pour sommets les points de contact de l'hyperbole avec les côtés du triangle T.

22. On donne une conique Γ et une droite Δ.

1° L'enveloppe des cordes de Γ qui ont leurs milieux sur Δ est, en général, une parabole P qui est tangente à Δ et dont la direction asymptotique est conjuguée harmonique de la direction de Δ par rapport aux directions asymptotiques de Γ. — Cas où la droite Δ est parallèle à une direction asymptotique de Γ.

2° L'enveloppe des perpendiculaires élevées aux cordes précédentes de Γ en leurs milieux est, en général, une parabole P' qui est tangente à Δ et dont la direction asymptotique est perpendiculaire à la direction asymptotique de la parabole P.

23. Soit une conique Γ ayant pour axe la droite Δ. L'enveloppe des sécantes communes à Γ et aux cercles qui ont pour centre un point donné A de Δ est une parabole ayant pour foyer A et pour axe Δ.

24. Soient deux droites rectangulaires Ox et Oy et respectivement sur ces deux droites deux points fixes A et B.

M étant un point quelconque du plan, qui se projette en P et Q respectivement sur Ox et Oy, on fait correspondre à ce point le point M' dont les projections sur Ox et Oy sont respectivement les points P' et Q' conjugués harmoniques de P et de Q par rapport aux points O et A et par rapport aux points O et B.

1° La transformation ainsi définie est une transformation quadratique.

2° Les droites PQ et $P'Q'$ rencontrent la droite AB au même point.

3° Le cercle de diamètre MM' est orthogonal à un cercle fixe.

25. Soient deux points fixes O et A. A tout point M du plan on fait correspondre un point M' de façon que les points M et M' soient en ligne droite avec A et que les droites OM et OM' soient rectangulaires.

1° Montrer que lorsque M décrit un cercle Γ de centre O, M' décrit une courbe Γ' du quatrième degré. Reconnaître les diverses formes de cette courbe quand le rayon du cercle Γ varie. Déterminer les points doubles, les tangentes en ces points, les directions asymptotiques et les asymptotes. — Dans le cas particulier où le cercle Γ passe par A, la courbe Γ' se décompose en la droite perpendiculaire en O à la droite OA et en une strophoïde droite.

2° Un cercle variable passant par O et A rencontre la courbe Γ' en deux points variables M'_1 et M'_2. Déterminer l'enveloppe de la droite $M'_1M'_2$ et le lieu du milieu du segment $M'_1M'_2$.

3° Soient M_1 et M_2 les points du cercle Γ qui correspondent aux points M'_1 et M'_2. Démontrer que la droite M_1M_2 passe par un point fixe et qu'elle est perpendiculaire à la droite $M'_1M'_2$.

4° Une droite variable passant par A rencontre Γ' en deux points variables P et Q. Déterminer le lieu du milieu du segment PQ.

5° On suppose qu'un point M décrit un cercle ayant pour centre le point A. Démontrer que le point M' correspondant décrit, en général, la podaire par rapport à O de la développée d'une conique admettant le point A comme centre et le point O comme foyer. — Cas où le cercle décrit par M passe par O.

26. Soient un point fixe O et une droite Δ passant par O.

M étant un point quelconque du plan, on considère son inverse P dans une inversion de pôle O et de puissance k et on fait correspondre au point M le point M′ d'intersection de la perpendiculaire en H à la droite OM et de la symétrique de la droite OM par rapport à Δ.

1° Il y a réciprocité entre les points M et M′.

2° La transformation ainsi définie est quadratique.

27. On considère les hyperboles équilatères qui ont un foyer donné F et qui passent par un point donné A.

1° L'enveloppe des directrices relatives au foyer F est un cercle.

2° Le lieu des centres de ces hyperboles est un limaçon de Pascal ayant le point F pour point double à distance finie.

3° L'enveloppe des hyperboles est un limaçon de Pascal ayant le point A pour point double à distance finie.

28. On considère les hyperboles équilatères qui sont tangentes à une droite donnée T en un point donné O de cette droite et dont les centres sont situés sur une droite donnée Δ.

1° L'enveloppe de ces hyperboles est formée de deux paraboles qui sont tangentes à la droite T au point O et dont les axes sont rectangulaires.

2° La somme des carrés des paramètres de ces deux paraboles est égale au carré de la distance du point O à la droite Δ.

29. Pour qu'un triangle soit conjugué par rapport à une conique, il faut et il suffit qu'il existe trois triangles inscrits à la conique et circonscrits au triangle considéré.

Pour qu'un triangle soit conjugué par rapport à une conique, il faut et il suffit qu'il existe trois triangles à la fois circonscrits à la conique et inscrits au triangle considéré.

30. Le cercle des neuf points d'un triangle est tangent à chaque cercle inscrit (ou exinscrit) au triangle (théorème de Feuerbach), le point de contact étant :

1° le centre de l'hyperbole équilatère qui est circonscrite au triangle et qui passe par le centre du cercle inscrit (ou exinscrit),

2° le foyer de la parabole qui admet le triangle comme triangle conjugué et dont la directrice passe par le centre du cercle inscrit (ou exinscrit).

31. Si de deux points A et B d'une conique on mène les quatre tangentes à une conique homofocale, ces quatre droites sont tangentes à un même cercle.

Réciproquement, si les tangentes à une conique menées par deux points A et B sont tangentes à un même cercle, les points A et B sont sur une même conique homofocale à la conique donnée.

32. Soient une parabole P et la droite D qui passe par le foyer de la parabole et est perpendiculaire à l'axe de la parabole.

1° Montrer que les cercles C qui ont leurs centres sur la parabole et sont tangents à la droite D sont orthogonaux à un cercle fixe. Déterminer l'enveloppe des cercles C.

2° Montrer que l'enveloppe des polaires d'un point fixe I par rapport aux cercles C est une conique S. Ne peut-on toutefois choisir I de façon que les polaires de I par rapport aux cercles C passent toutes par un même point ?

3° Déterminer le lieu des points I pour chacun desquels la conique S correspondante est : 1° une parabole, 2° une hyperbole équilatère. Déterminer le point I de façon que la conique S soit un cercle.

33. 1° Il existe une infinité de triangles T qui sont inscrits à une ellipse donnée E et qui ont pour orthocentre un foyer F de cette ellipse.

2° L'enveloppe des côtés des triangles T est un cercle Γ.

3° Les cercles circonscrits aux triangles T sont tangents au cercle principal de l'ellipse E et au cercle Γ′ homothétique du cercle Γ par rapport à F, le rapport d'homothétie étant 2.

4° Le cercle Γ′ est bitangent à l'ellipse donnée, la corde de contact étant perpendiculaire à l'axe focal de l'ellipse E et passant par le centre du cercle Γ.

5° Le lieu des points de concours des médianes des triangles T est une ellipse.

34. 1° Il existe une infinité de triangles T qui sont inscrits à une parabole donnée P et qui ont pour orthocentre le foyer F de cette parabole.

2° L'enveloppe des côtés des triangles T est un cercle Γ qui passe par F.

3° Les cercles circonscrits aux triangles T sont tangents à la tangente au sommet de la parabole P et au cercle Γ′ homothétique du cercle Γ par rapport à F, le rapport d'homothétie étant 2.

4° Le cercle Γ′ est bitangent à la parabole donnée, la corde de contact passant par le centre du cercle Γ.

5° Le lieu des points de concours des médianes des triangles T est une parabole.

35. Le pôle d'une corde d'une hyperbole équilatère par rapport à cette hyperbole est inverse du centre de l'hyperbole dans l'inversion qui admet comme cercle d'inversion le cercle décrit sur la corde comme diamètre.

36. On considère les hyperboles équilatères H telles que la polaire d'un point donné A à distance finie par rapport à chacune d'elles soit une droite donnée Δ à distance finie ne passant pas par A.

1° Parmi les hyperboles H, il en existe une infinité passant par un point donné M. Montrer que le lieu de leurs centres est un cercle qui passe par A.

2° Parmi les hyperboles H, il en existe une infinité qui sont tangentes à une droite donnée T. Montrer que le lieu de leurs centres est un cercle qui passe par le point commun aux droites T et Δ.

37. On donne un cercle Γ et un point A non situé sur ce cercle ; puis on considère les coniques C qui passent par A et qui admettent le cercle Γ comme cercle orthoptique, ellipses si A est intérieur à Γ, hyperboles si A est extérieur à Γ.

1° Montrer que par un point M quelconque du plan il passe deux de ces coniques. Déterminer les positions de M pour lesquelles ces deux coniques sont réelles.

2° Montrer qu'il existe deux de ces coniques qui sont tangentes à une droite quelconque du plan. Déterminer les positions de la projection de A sur la droite pour lesquelles ces deux coniques sont réelles.

3° L'enveloppe des coniques C est la conique qui admet le point A comme foyer et le cercle Γ comme cercle principal.

4° Voir ce que deviennent les résultats précédents quand on remplace le cercle Γ par une droite, les coniques C étant alors les paraboles qui ont pour foyer le point A et pour directrice la droite Γ.

38. Si les six sommets d'un quadrilatère complet sont situés sur une cubique à point double, les trois couples de sommets opposés sont des couples de points conjugués sur la cubique. En déduire que si une cubique à point double et une conique sont tels qu'il existe un quadrilatère complet dont les six sommets sont situés sur la cubique et dont les quatre côtés sont tangents à la conique, il existe une infinité de tels quadrilatères.

39. Le neuvième point commun aux cubiques qui passent par deux points I et J et par les six sommets d'un quadrilatère complet est le point de concours des secondes tangentes menées par I et J à la conique tangente à la droite IJ et aux quatre côtés du quadrilatère.

En déduire que si une cubique quelconque et une conique sont telles qu'il existe un quadrilatère complet dont les six sommets sont situés sur la cubique et dont les quatre côtés sont tangents à la conique, il existe une infinité de tels quadrilatères. (L. Gérard, E. Bally.)

40. Soit une strophoïde de point double O et de foyer singulier F. Le cercle qui a pour centre le point O et qui passe par le point F rencontre la strophoïde en trois points à distance finie autres que F. Démontrer que ces trois points sont les sommets d'un triangle équilatéral.

41. L'inverse d'une cubique circulaire Γ à pour double, quand on prend pour pôle d'inversion un point ω de la courbe, autre que le point double, est une cubique circulaire Γ' à point double qui passe par le point ω.

Quand deux points M_1 et M_2 de Γ varient de façon que la droite $M_1 M_2$ passe par un point fixe de Γ, leurs inverses M_1' et M_2' varient de façon que la droite $M_1' M_2'$ passe par un point fixe de Γ'.

Les inverses de deux points *conjugués* de Γ sont deux points *conjugués* de Γ'.

42. L'inverse d'une strophoïde, quand on prend pour pôle d'inversion le foyer singulier F de cette strophoïde, est aussi une strophoïde admettant le point F comme foyer singulier.

43. Soient une strophoïde, son point double O et son foyer F. Les droites qui joignent le point F aux trois points d'intersection de la strophoïde et de la médiatrice du segment OF font entre elles des angles de 60°.

44. Si de deux points quelconques A et B d'une cubique à point double à tangentes distinctes, on mène les tangentes à la courbe, les deux points A et B et les quatre points de contact de ces tangentes sont six points d'une même conique. (T. Lemoyne.)

45. Soit une strophoïde oblique. M étant un point variable de la courbe, soient P et P' les points de contact des deux tangentes, autres que la tangente en M, que l'on peut mener du point M à la courbe.

1° Démontrer que le cercle MPP' passe par le foyer singulier F de cette courbe.

2° Démontrer que le lieu du centre du cercle MPP' est une hyperbole tangente à la strophoïde au point F. Les asymptotes de cette hyperbole sont l'une perpendiculaire à la tangente en F à la strophoïde, l'autre parallèle à la droite qui joint le point F au point double de la strophoïde.

Quand la strophoïde est droite, l'hyperbole précédente est remplacée par une parabole.

46. On considère une courbe Γ de la troisième classe à tangente double et un point P situé sur la conique qui passe par les trois points de rebroussement A, B, C et les points de contact I et J de la tangente double. Une conique quelconque passant par les points A, B, C, P rencontre la courbe Γ en deux points variables M et M'. Démontrer que le lieu des points de rencontre des tangentes en M et M' à Γ est une droite qui est elle-même tangente à Γ. — Application à l'hypocycloïde à trois rebroussements.

47. Soient A, B, C les trois points de rebroussement d'une hypocycloïde à trois rebroussements. Si M et M' sont les points de rencontre avec cette courbe d'une tangente quelconque à la courbe, la conique qui passe par les cinq points A, B, C, M et M' est une hyperbole équilatère.

48. Soient une cardioïde, O son point de rebroussement à distance finie, I son foyer. Un cercle variable passant par O et I rencontre la cardioïde en deux points variables M et M'. Démontrer que la droite MM' est tangente à la cardioïde.

49. Soit une quadrique proprement dite ω.

1° Si deux droites ont un point commun, il en est de même de leurs conjuguées par rapport à ω.

2° Si une droite varie dans un système de génératrices rectilignes d'une quadrique proprement dite Q, sa conjuguée par rapport à ω varie dans un système de génératrices rectilignes d'une quadrique proprement dite Q'. Une droite appartenant à l'autre système de génératrices rectilignes de Q a pour conjuguée par rapport à ω une droite appartenant à l'autre système de génératrices rectilignes de Q'. Les quadriques Q et Q', évidemment réciproques, sont dites *polaires réciproques par rapport à* ω.

Le plan polaire par rapport à ω d'un point quelconque de l'une des quadriques Q et Q' est tangent à l'autre. Une droite tangente à l'une des quadriques Q et Q' a pour conjuguée par rapport à ω une tangente à l'autre.

3° Pour qu'une quadrique Q coïncide avec sa polaire réciproque Q' par rapport à ω, il faut et il suffit ou bien qu'elle passe par deux droites de la quadrique ω appartenant à un même système de génératrices rectilignes, ou bien qu'elle se raccorde à la quadrique ω le long d'une conique proprement dite γ et qu'en outre, si l'on mène par le pôle I du plan de la courbe de contact une sécante rencontrant le plan de cette courbe en K et la quadrique ω en M et M', elle passe par les points doubles de l'involution qui contient les deux couples de points I, K et M, M'.

Deux droites de Q conjuguées par rapport à ω sont dans le premier cas des génératrices du même système et dans le second cas des génératrices de systèmes différents. Dans le second cas, les droites de Q qui passent par un point de la conique γ sont conjuguées harmoniques par rapport aux droites de ω qui passent par ce point.

4° Étant données deux quadriques ω et ω' proprement dites, si la quadrique ω coïncide avec sa polaire réciproque par rapport à ω', la quadrique ω' coïncide avec sa polaire réciproque par rapport à ω.

50. Soit une conique à centre unique. Le lieu des sommets des trièdres trirectangles dont les trois faces sont tangentes à la conique est une sphère qui admet comme grand cercle le cercle orthoptique de la conique.

51. Soit une parabole. Le lieu des sommets des trièdres trirectangles dont les trois faces sont tangentes à la parabole est le plan perpendiculaire au plan de la parabole qui passe par la directrice de cette parabole.

52. 1° Soit une conique Γ. Par un point fixe O non situé sur Γ on mène deux axes rectangulaires variables rencontrant Γ l'un aux points A et A', l'autre aux points B et B'. Démontrer que la somme

$$\frac{1}{\overline{OA} \cdot \overline{OA'}} + \frac{1}{\overline{OB} \cdot \overline{OB'}}$$

est constante. (On transformera la figure par polaires réciproques par rapport à un cercle de centre O.)

2° Soit une quadrique S. Par un point fixe O non situé sur S on mène trois axes rectangulaires variables rencontrant S respectivement aux points A et A', B et B', C et C'. Démontrer que la somme

$$\frac{1}{\overline{OA} \cdot \overline{OA'}} + \frac{1}{\overline{OB} \cdot \overline{OB'}} + \frac{1}{\overline{OC} \cdot \overline{OC'}}$$

est constante.

53. 1° Soit une conique Γ à centre unique. Par un point fixe O non situé sur Γ on mène deux axes variables parallèles à deux diamètres conjugués de la conique, rencontrant la conique l'un aux points A et A', l'autre aux points B et B′. Démontrer que la somme

$$\overline{OA} \cdot \overline{OA'} + \overline{OB} \cdot \overline{OB'}$$

est constante.

2° Soit une quadrique S à centre unique. Par un point fixe O non situé sur S on mène trois axes variables parallèles à trois diamètres conjugués de la quadrique, rencontrant la quadrique respectivement aux points A et A′, B et B′, C et C′. Démontrer que la somme

$$\overline{OA} \cdot \overline{OA'} + \overline{OB} \cdot \overline{OB'} + \overline{OC} \cdot \overline{OC'}$$

est constante.

54. 1° Soit une ellipse E. Par un foyer réel F de cette ellipse, on mène deux droites rectangulaires variables, rencontrant l'ellipse l'une aux points A et A′, l'autre aux points B et B′. Démontrer que la somme

$$\frac{1}{AA'} + \frac{1}{BB'}$$

est constante. (On transformera la figure par polaires réciproques par rapport à un cercle de centre F.)

2° Soit un ellipsoïde de révolution allongé. Par un foyer réel F des méridiennes de cette surface, on mène trois droites rectangulaires variables rencontrant l'ellipsoïde respectivement aux points A et A′, B et B′, C et C′. Démontrer que la somme

$$\frac{1}{AA'} + \frac{1}{BB'} + \frac{1}{CC'}$$

est constante.

55. Le lieu des centres des hyperboles équilatères tracées sur un hyperboloïde est un cône du second degré ayant pour sommet le centre de la surface. Ce cône passe par la biquadratique d'intersection de la quadrique et de sa sphère orthoptique.

56. Le lieu des centres des hyperboles équilatères tracées sur un paraboloïde hyperbolique est un cylindre qui admet comme section droite la conique d'intersection du paraboloïde et de son plan orthoptique.

57. Soient dans l'espace quatre droites quelconques passant par un même point O. Le lieu des axes des cônes du second degré qui passent par ces quatre droites est un cône du troisième degré.

58. Soient deux droites Δ et Δ′ passant par un point O et un plan P passant par O, ne contenant ni la droite Δ ni la droite Δ′. Le lieu des axes des cônes du second degré qui passent par Δ et Δ′ et qui sont rencontrés par les plans parallèles au plan P suivant des cercles est formé du plan P et d'un cône du second degré de sommet O, qui est rencontré par les plans parallèles au plan P suivant des cercles. Ce cône est tel que le diamètre conjugué d'une de ses directions réelles de plans cycliques est perpendiculaire à l'autre direction réelle de plans cycliques.

59. Le lieu des sommets des cônes équilatères qui passent par une hyperbole équilatère donnée est le cylindre admettant cette hyperbole comme section droite.

60. Le lieu des sommets des cônes équilatères passant par une parabole donnée est le paraboloïde de révolution qui admet cette parabole comme méridienne.

61. Soient une quadrique proprement dite Q et une cubique gauche Γ. Le lieu des pôles par rapport à la quadrique Q des plans osculateurs à Γ est une cubique gauche Γ'. Le lieu des pôles par rapport à Q des plans osculateurs à Γ' est la cubique Γ.

62. Étant données une quadrique proprement dite Q et une cubique gauche Γ, s'il existe deux tétraèdres inscrits à Γ et conjugués par rapport à Q, il existe une infinité de tels tétraèdres.

63. Le lieu des points de contact avec un plan P des cubiques gauches qui passent par cinq points donnés et qui sont tangentes au plan P est une conique.

64. On donne une cubique gauche et trois points A, B, C de cette cubique. Une sphère variable passant par A, B, C rencontre la cubique en trois autres points A', B', C'. Démontrer que le plan A'B'C' est parallèle à un plan fixe. (E. DuporcQ.)

65. On donne une cubique gauche Γ et un plan Π. Un plan variable parallèle au plan Π rencontre la cubique en trois points A, B, C.

1° Le lieu du centre du cercle circonscrit au triangle ABC est une droite, et le lieu du cercle circonscrit au triangle ABC est une quadrique.

2° Le lieu de l'orthocentre du triangle ABC est une droite, qui est perpendiculaire au plan Π lorsque la cubique donnée est équilatère.

3° Le lieu du point de rencontre des médianes du triangle ABC est une droite.

4° Le lieu du cercle des neuf points du triangle ABC est une quadrique.

66. Soit une cubique gauche Γ admettant trois directions asymptotiques réelles et distinctes.

1° Il existe quatre hyperboloïdes de révolution à une nappe (ou cônes de révolution) passant par Γ. (L. CREMONA.)

2° Pour qu'une sphère soit tangente à Γ en trois points, il faut et il suffit qu'elle soit inscrite à une des quatre quadriques précédentes. (E. BLUTEL.)

67. On donne dans l'espace deux droites rectangulaires Δ et Δ', non situées dans un même plan, et leur perpendiculaire commune D. On considère les quadriques Q indécomposables qui passent par Δ, Δ' et D.

1° Déterminer le lieu des centres des quadriques Q.

2° En particulier, on considère parmi les quadriques Q les quadriques Q′ dont le cône asymptotique a une génératrice rectiligne parallèle à l'axe L d'un cône de révolution qui passe par trois droites parallèles à Δ, Δ' et D. Déterminer le lieu des centres des quadriques Q′. Démontrer qu'une quadrique Q′ contient deux droites parallèles à L, dont l'une G est fixe. Déterminer le lieu de l'autre.

3° Trouver le lieu des centres des sections des quadriques Q′ par les divers plans qui sont perpendiculaires à L. Ce lieu est une quadrique. Démontrer qu'un plan quelconque perpendiculaire à L rencontre cette quadrique suivant un cercle, et que cette quadrique est de révolution.

4° Un plan perpendiculaire à L rencontre D et D′ aux points A et A′ et Δ au point B. Déterminer le lieu de l'orthocentre du triangle AA′B quand le plan varie.

68. On considère un cylindre de révolution et un cône qui a une génératrice rectiligne commune avec ce cylindre et qui a pour base un cercle dans un plan perpendiculaire aux génératrices du cylindre. Ces deux surfaces ont en commun une cubique gauche. Lieu des sommets des paraboloïdes qui passent par cette cubique.

69. Soit une cubique gauche admettant trois directions asymptotiques réelles et distinctes. Il est possible de trois manières différentes de la projeter cylindriquement sur un plan arbitrairement donné suivant une cubique admettant un centre de symétrie.

70. On donne trois droites A, B, C non situées deux à deux dans un même plan et non parallèles à un même plan. Le lieu des points dont les projections sur les droites A, B, C sont en ligne droite est une cubique gauche qui admet comme directions asymptotiques les arêtes d'un trièdre dont les faces sont perpendiculaires aux droites A, B, C.

71. Soit un faisceau linéaire ponctuel de quadriques Q, contenant quatre cônes distincts de sommets O, O_1, O_2, O_3. La trace sur le plan $O_1O_2O_3$ de la développable qui a pour arête de rebroussement la biquadratique commune aux quadriques données est une quartique qui admet les points O_1, O_2, O_3 comme points doubles d'inflexion.

72. Soient dans un plan P deux cercles C et C′ tangents intérieurement en un point A, le rayon du cercle C étant plus grand que le rayon du cercle C′. On considère la sphère qui admet C comme grand cercle et le cylindre qui admet C′ comme section droite. La courbe Γ d'intersection de ces deux quadriques est une courbe du quatrième degré qui admet le point A comme point double.

1° La trace sur le plan P du cône qui a pour sommet un point quelconque de Γ et pour directrice Γ est une strophoïde ayant pour point double le point A.

2° La trace sur le plan P de la développable qui a pour arête de rebroussement la courbe Γ est une cissoïde admettant pour point de rebroussement le point A.

3° La trace sur le plan tangent en A à la sphère et au cylindre du cône qui a pour directrice Γ et pour sommet le point de la sphère diamétralement opposé au point A est une quartique bicirculaire admettant le point A comme point double. Dans le cas particulier où le rayon du cercle C est double du rayon du cercle C′, cette quartique est une lemniscate de Bernoulli.

73. Soient deux quadriques Q et Q′. Combien existe-t-il de droites de Q appartenant à un même système qui sont tangentes à Q′ ?

74. Soient A et B deux points d'une quadrique. Les normales en A et B rencontrent un plan principal en A′ et B′. Démontrer que le plan perpendiculaire au segment AB en son milieu passe par le milieu du segment A′B′. (On considérera le paraboloïde hyperbolique lieu des droites conjuguées par rapport aux quadriques homofocales à la quadrique donnée de la droite d'intersection des plans tangents en A et B à cette quadrique.)

75. Le lieu des points tels que les six normales menées de chacun d'eux à un ellipsoïde donné soient situées sur un même cône de révolution est formé de quatre droites passant par le centre de l'ellipsoïde.

76. Soient une quadrique Σ, un de ses foyers F et la directrice correspondante Δ. Le cône qui a pour sommet le point F et pour base la section de Σ par un plan quelconque passant par Δ est de révolution ; l'axe de révolution est la tangente en F à la focale de Σ qui passe par F.

77. On considère une quadrique quelconque S et deux droites fixes D et D′ conjuguées par rapport à cette quadrique. Soient M et M′ les points où une droite variable Δ rencontrant D et D′ coupe la quadrique S. Si on projette coniquement les deux points M et M′ d'un point O de S sur un plan, on obtient deux points m et m' qui sont conjugués par rapport à toutes les coniques d'un faisceau linéaire ponctuel fixe.

78. 1° On donne dans un plan Π deux points A et A′ symétriques par rapport à un point O, et on considère les hyperboles équilatères H qui ont pour centre O et qui passent par les points A et A′. Démontrer que les polaires d'un point quelconque m du plan Π par rapport aux hyperboles H concourent en un point m', et qu'il y a réciprocité entre les points m et m'.

2° On considère l'un quelconque S des paraboloïdes de révolution qui ont leur sommet en un point I de la droite AA′ et qui ont pour axe la perpendiculaire menée par I au plan Π. Soient M et M′ les points où ce paraboloïde est rencontré par les perpendiculaires menées par m et m' au plan Π. Démontrer que, quels que soient m et m', la droite MM′ rencontre deux droites fixes Δ et Δ' qui sont conjuguées par rapport à S. L'une de ces deux droites fixes, soit Δ, rencontre la perpendiculaire Oz menée par O au plan Π ; montrer que la puissance du point ω de rencontre de Δ et de Oz par rapport au cercle du paraboloïde S dont le plan passe par ω est indépendante du paraboloïde S.

3° On suppose que M décrit la section du paraboloïde S par un plan P. Démontrer que M′ décrit aussi la section de S par un plan P′. Démontrer que lorsque le plan P varie en passant par un point fixe de l'espace, le plan P′ varie en passant lui-même par un autre point fixe de l'espace.

79. Le lieu des points de l'espace dont les distances aux trois côtés d'un triangle sont proportionnelles à trois longueurs données est une biquadratique qui se projette sur le plan du triangle suivant une conique. Étudier les cas de décomposition de cette courbe.

Les cônes qui passent par la biquadratique et qui ont pour sommets les sommets du triangle sont des cônes de Hachette.

80. Le lieu des projections d'un point A d'un cône de révolution sur les plans tangents à ce cône est une biquadratique qui se projette sur le plan méridien du cône passant par A suivant une parabole et sur le plan mené par A perpendiculairement à l'axe du cône suivant une cardioïde admettant le point A comme point de rebroussement à distance finie.

81. Déterminer les biquadratiques qui se projettent orthogonalement sur un plan donné suivant une hypocycloïde à trois rebroussements.

82. Le lieu des axes des quadriques qui ont un centre donné O et qui passent par une conique donnée dans un plan qui ne contient pas le point O est un cône du second degré qui a pour sommet le point O et pour base dans le plan de la conique donnée l'hyperbole d'Apollonius, relativement à cette conique, de la projection du point O sur le plan de la conique.

L'enveloppe des plans principaux des quadriques considérées est le cône supplémentaire du précédent; il a pour base dans le plan de la conique donnée une parabole.

83. On considère dans l'espace un cercle Γ et deux droites Δ et Δ′ non situées dans un même plan, la droite Δ rencontrant le plan du cercle en un point du cercle, la droite Δ′ rencontrant le plan du cercle au centre du cercle.

1° Le lieu des droites G qui rencontrent les droites Δ et Δ′ et le cercle Γ est une surface S du troisième degré qui admet la droite D comme droite double et la droite Δ′ comme droite simple.

2° Les sections de la surface S par les plans parallèles au plan du cercle Γ sont des strophoïdes qui ont leurs points doubles sur la droite Δ et leurs foyers singuliers sur la droite Δ′.

3° Le lieu des asymptotes réelles de ces strophoïdes est un plan passant par la droite qui joint les points de rencontre des droites Δ et Δ′ avec le plan du cercle Γ.

84. Sur toute surface de Steiner générale du quatrième degré il existe une et une seule section plane qui est une quartique ayant trois points doubles à tangentes d'inflexion.

85. On donne un hyperboloïde à une nappe non de révolution, et on considère les génératrices rectilignes G de cette surface qui appartiennent à un même système.

D'une extrémité A du grand axe de l'ellipse principale de l'hyperboloïde on abaisse la perpendiculaire sur la perpendiculaire commune à une génératrice G et à l'axe non transverse de l'hyperboloïde. Démontrer que le lieu de cette droite est un plan passant par A et par le centre de l'hyperboloïde.

En déduire que le lieu de la perpendiculaire commune à l'axe non transverse de l'hyperboloïde et à une génératrice G est un cylindroïde ayant pour droite double l'axe non transverse de l'hyperboloïde et pour point principal sur cette droite le centre de l'hyperboloïde.

86. Soit une droite G tournant autour d'une droite fixe Δ de façon à engendrer un hyperboloïde de révolution à une nappe. G_0 étant une position particulière de cette droite, le lieu d'une droite qui rencontre constamment Δ et G_0 et qui est constamment parallèle à G est formé du plan qui passe par Δ et est parallèle à G_0 et d'une surface réglée du troisième degré ayant pour droite double la droite G_0.

87. 1° Soient quatre droites A, A$'$, B, B$'$ non situées deux à deux dans un même plan. Il existe deux droites Δ et Δ' distinctes ou confondues qui rencontrent chacune de ces quatre droites.

2° Supposons que Δ et Δ' soient distinctes. Il existe une infinité de quadriques Q telles que les droites conjuguées de A, B, Δ par rapport à chacune de ces quadriques soient respectivement A$'$, B$'$, Δ'. Ces quadriques forment un faisceau linéaire ponctuel ; elles ont quatre droites communes qui sont les côtés d'un quadrilatère gauche.

3° Soient deux droites Δ et Δ' non situées dans un même plan, et trois droites A, A$'$ et G rencontrant chacune les droites Δ et Δ'. Il existe une surface réglée du troisième ordre et une seule admettant Δ comme droite double ponctuelle, Δ' comme droite double tangentielle, A et A$'$ comme génératrices singulières, et passant par la droite G.

4° Soit une surface réglée du troisième ordre S admettant la droite double ponctuelle Δ et la droite double tangentielle Δ'. Il existe une infinité de quadriques Q telles que le lieu des droites conjuguées par rapport à une de ces quadriques des génératrices de S soit la surface S elle-même. Ce sont les quadriques qui admettent les droites Δ et Δ', les génératrices singulières de S et deux génératrices arbitrairement choisies de S comme droites conjuguées ; elles dépendent de deux paramètres arbitraires.

88. Soient un cylindroïde S de droite double Δ et la courbe Γ de contact avec S du cylindre circonscrit dont les génératrices sont parallèles à une direction de droite quelconque λ. La projection de Γ sur un plan Π perpendiculaire à Δ, quand le centre de projection est le point de Δ où passe la génératrice de S qui est située dans le plan passant par Δ et parallèle à λ, est une strophoïde, dont le point double est à l'intersection de Δ et de Π.

89. 1° Le lieu des pieds des perpendiculaires abaissées d'un point fixe réel P à distance finie sur les génératrices rectilignes d'un paraboloïde hyperbolique appartenant à un même système S est une cubique gauche qui rencontre chaque génératrice du système S en un point et chaque génératrice de l'autre système en deux points.

Montrer que pour une infinité de points P qui sont tous les points d'une droite, le lieu se décompose en les génératrices isotropes du système S et en une droite réelle.

2° Soient deux droites réelles Δ et Δ', à distance finie et non situées dans un même plan. On considère les droites G qui rencontrent Δ et Δ' et qui sont telles que le plan perpendiculaire à chacune d'elles au point où elle rencontre Δ passe par un point fixe réel P à distance finie. Montrer que la surface Σ lieu de ces droites G est rencontrée par un plan quelconque parallèle aux droites Δ et Δ' suivant une conique, et que c'est une surface réglée du troisième ordre admettant la droite Δ' comme droite double.

3° Le lieu des pieds des perpendiculaires abaissées d'un point fixe réel P à distance finie sur les génératrices rectilignes d'un hyperboloïde à une nappe appartenant à un même système S est une courbe unicursale du quatrième degré qui rencontre chaque génératrice du système S en un point et chaque génératrice de l'autre système en trois points.

Montrer que pour une infinité de points P qui sont tous les points de deux droites, le lieu se décompose en deux génératrices isotropes imaginaires conjuguées appartenant au système S et en un cercle.

90. Soient une surface réglée générale du troisième ordre S et ses deux génératrices singulières G et G'. Les coniques tracées sur S dont les plans passent par G et les coniques tracées sur S dont les plans passent par G' forment deux familles de lignes conjuguées (au sens de Dupin).

91. Soient une cubique gauche Γ et une de ses tangentes Δ. Le plan osculateur à Γ en un point variable M de Γ rencontre Δ en un point P. Le lieu de la droite MP est une surface de Cayley.

92. Le lieu des centres des quadriques qui passent par une cubique gauche Γ coïncide avec le lieu des milieux des cordes de cette courbe. C'est une surface S du troisième degré.

Déterminer les droites situées sur la surface S. On distinguera trois cas : 1° le plan à l'infini rencontre Γ en trois points distincts ; 2° il est tangent à Γ en un point et sécant à Γ en un autre point ; 3° il est osculateur à Γ. Dans ce dernier cas, la surface S est une surface de Cayley.

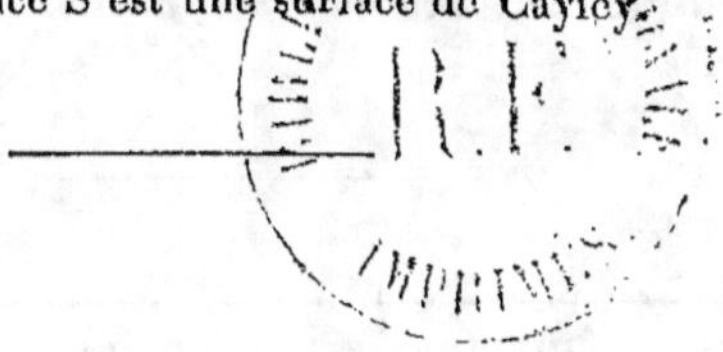

TABLE DES MATIÈRES

CHARTRES. — IMPRIMERIE DURAND, RUE FULBERT (10-1926).

COURS DE GÉOMÉTRIE ANALYTIQUE, par G. Bouligand, ancien élève de l'école Normale supérieure, professeur de Mécanique rationnelle à l'Université de Poitiers. — Vol. 22/14^{cm}, de XII-421 pages, avec une préface de M. Cartan, professeur à la Sorbonne. . . 22 fr. »

Ce *Cours de Géométrie analytique* n'utilise qu'un appareil analytique très élémentaire et ne suppose les déterminants acquis qu'à la fin du cours ; en revanche, il insiste sur les principes appliqués le plus fréquemment dans les problèmes : éléments imaginaires, étude des transformations, distinction des propriétés métriques, linéaires et projectives, dualité et polaires réciproques, enveloppes, théorie de la courbure, énumération des conditions dans toute question de construction.

LEÇONS DE GÉOMÉTRIE VECTORIELLE, par G. Bouligand. — Vol. 25/16^{cm}, avec une préface de M. E. Goursat, membre de l'Institut, professeur à la Sorbonne. . . . . 36 fr. »

Ces *Leçons* sont principalement destinées à l'enseignement supérieur. Concurremment à l'exposé du calcul vectoriel, l'auteur établit la construction de la géométrie euclidienne par voie déductive, retrouve simplement les propriétés des courbes et des surfaces qui font l'objet des cours de géométrie supérieure et qui reviennent constamment dans les problèmes d'agrégation. Par les mêmes principes, il traite ensuite les champs vectoriels, en vue de leurs applications physiques, et aboutit enfin aux géométries non euclidiennes, dont le rôle a cessé d'être purement philosophique.

PRÉCIS DE MÉCANIQUE RATIONNELLE (*Cours et problèmes*), par G. Bouligand. — Vol. 25/16^{cm} :

    Tome I. . . . . 30 fr. »
    Tome II. . . . . (*En préparation.*)

Le *Précis de Mécanique rationnelle* vise principalement à exercer les étudiants à traiter, avec sûreté, les problèmes de dynamique des systèmes. Une méthode uniforme est suivie dans toutes les discussions ; elle fait appel à des procédés graphiques et s'applique avec facilité. L'usage constant de la théorie de Lagrange, loin de nuire à la formation géométrique, fournit mainte occasion de la compléter, en faisant mieux comprendre le rôle des théorèmes généraux et en donnant des applications concrètes des idées exposées dans les *Leçons de Géométrie vectorielle*.

INITIATION AUX MÉTHODES VECTORIELLES *et aux applications géométriques de l'analyse*. Cours et Exercices à l'usage des élèves de Mathématiques spéciales et des élèves des Facultés des sciences, par G. Bouligand, et G. Rabaté, chargé de conférences de mathématiques à la Faculté des sciences de Poitiers. — Vol. 25/16^{cm}, de 216 pages. 20 fr. »

TRAITÉ DE GÉOMÉTRIE, par C. Guichard, ancien élève de l'École Normale supérieure, membre correspondant de l'Institut, professeur de Géométrie supérieure à la Sorbonne. — Deux vol. 22/14^{cm} :

    Tome I, à l'usage des élèves de Seconde, Première et Mathématiques.
    9e édition . . . . 23 fr. 75
    Tome II : *Compléments* à l'usage des élèves de Mathématiques spéciales. 5e édition, entièrement refondue. . . . . . . 23 fr. 75

COURBES GÉOMÉTRIQUES REMARQUABLES PLANES ET GAUCHES (courbes spéciales), par H. Brocard, lieutenant-colonel du génie et T. Lemoyne. Ouvrage honoré d'une subvention de l'Académie des Sciences, fondation Loutreuil. — Vol. 25/16^{cm}. . . . . . 35 fr. »

Les lecteurs trouveront dans cet ouvrage des méthodes leur permettant de résoudre géométriquement un nombre considérable de problèmes de géométrie analytique plane relatifs aux coniques et aux autres courbes.